**Node.js Design Patterns**, **Second Edition**

# Node.js设计模式

## （第2版）

［爱尔兰］Mario Casciaro　［意］Luciano Mammino　著

冯康 孙光金 丁全 许程健 译

电子工业出版社·

Publishing House of Electronics Industry

北京•BEIJING

# 内容简介

本书通过大量示例形象地阐述了 Node.js 的哲学思想和设计模式。内容主要由六部分组成：Node 核心思想、基础设计模式、异步控制流模式、流编程、Node.js 的传统设计模式和特有设计模式、通用编程的 Web 应用以及处理复杂实际问题的高级编程技巧。

这是一本值得深入品读的书籍，读者若具备一些软件设计的理论知识会有助于理解书中提出的概念。本书尤其适合于已经接触过 Node.js 并且想在效率、设计质量和可扩展性方面获得提升的开发者。

版权贸易合同登记号　图字：01-2017-0517

**图书在版编目（CIP）数据**

Node.js 设计模式：第 2 版/（爱尔兰）马里奥·卡西罗（Mario Casciaro），（意）卢西安诺·马米诺（Luciano Mammino）著；冯康等译. – 北京：电子工业出版社，2018.3
书名原文：Node.js Design Patterns, Second Edition
ISBN 978-7-121-33522-8
I. ① N…II. ① 马… ② 卢… ③ 冯…III. ① JAVA 语言 – 程序设计 IV. ① TP312.8

中国版本图书馆 CIP 数据核字（2018）第 012640 号

策划编辑：张春雨
责任编辑：牛　勇
印　　刷：三河市良远印务有限公司
装　　订：三河市良远印务有限公司
出版发行：电子工业出版社
　　　　　北京市海淀区万寿路 173 信箱　　　邮编：100036
开　　本：787×980　1/16　　印张：27.25　　　字数：595 千字
版　　次：2018 年 3 月第 1 版
印　　次：2018 年 6 月第 2 次印刷
定　　价：108.00 元

# 译者序

当前，Node.js 在服务端语言中也占有了一席之地。它独特的语言魅力、良好的生态环境，以及在服务端中的不俗表现，使得许多人都被它深深地吸引。很多公司也逐渐开始在生产环境中使用 Node.js 提供服务。特别是前端开发者，他们大多拥有深厚的 JavaScript 技术背景，有了 Node.js 可谓如虎添翼。尤其在 Web 接入层方面，Node.js 大大提高了开发效率。同样是基于 V8 引擎的 Node.js，对于类似 React 服务端渲染的处理，也具有更多的优化选择。

JavaScript 属于弱类型语言，而 Node.js 是单线程运行，同时采用事件驱动、异步编程方式，这与类似 Java 的传统后端语言有很大的不同，这一点可以说是革命性的变化。由此也引发了一系列思考，如作者在书中提出的疑问，如何去设计我们的代码？什么是正确的开发方式？Node.js 与传统后端语言的差异，导致我们的思维方式、具体的实现都有不同。本书正是从这里入手，深度剖析 Node.js 中的设计模式、编码技巧和实践经验。

《Node.js 设计模式》在第 1 版中，就写了很多关于底层的内容，并且擅长使用简单的例子来描述一些流行库的实现及其原理，使人深受启发。升级后的第 2 版更加全面地阐述了 Node.js 的设计模式与编码问题。书中还大量使用一些著名项目中常用的技术和库作为演示，来具体阐述相关的问题，以及提出解决问题的完整思路。

我们团队在翻译本书的时候，也刚好是我们的 Node.js 业务爆发式增长的阶段。底层架构在不断地补充和完善，各个业务线正在展开。当然也面临很多的挑战——如何设计底层架构才能使其既具有灵活性又兼具扩展性，如何来规范化业务代码，如何正确处理模块间的依赖关系，等等。重读本书后，掩卷沉思，不觉对于项目的实际操作、后续优化等技术问题，又有了很多新的见解和启发性的思考。最后，感谢所有为本书的出版提供帮助的同事和编辑们！如果在翻译方面有错误和不足的地方，恳请读者批评指正。

# 关于作者

**Mario Casciaro**，软件工程硕士学位，软件工程师，企业家，对技术、科学和开源知识充满了热情。他在 IBM 开始了职业生涯，数年间先后参与很多不同产品的开发，例如 Tivoli Endpoint Manager、Cognos Insight 及 SalesConnect。后来，他加入了一个成长中的 SaaS 公司——D4H Technologies，负责开发一款实时应急管理的前沿产品。现在，Mario 是 Sponsorama.com 的联合创始人兼 CEO，这是一个帮助在线项目募集企业赞助资金的平台。

Mario 也是 *Node.js DesignPatterns*（Node.js 设计模式）第 1 版的作者。

# 关于翻译团队

翻译成员全部来自陆金所大前端团队，也是公众号"大前端工程师"的翻译小组成员，他们在公众号与知乎专栏里面也有很多新的技术文章的翻译。此次由寸志老师带队，大家一边在公司进行 Node.js 项目的推广实践，一边将实践的心得注入到本书翻译的理解，这是非常难得的结合，相信大家在读的过程中能体会到这一点。

# 致谢

## 致谢 1

当我在写这本书的第 1 版时，从来没有想过它会如此成功。在这里要感谢第 1 版的读者、购买了这本书的人、为这本书留下评论的人，以及在 Twitter 或其他在线论坛向朋友们推荐这本书的人。当然我的感激之情，还要献给第 2 版的读者们，也就是正在阅读这些文字的你，是你让我的努力有了意义。同时，我想要你和我一起来祝贺我的朋友，也就是第 2 版的共同作者 Luciano，他为第 2 版的更新和新增内容做了大量的工作。第 2 版所有的功劳都应该归功于他，我只是扮演了一个顾问的角色。写书并不是一个简单的工作，但是 Luciano 给我和 Packt 出版社的工作人员们留下了深刻的印象。他的献身精神、专业能力和技术能力，向我们证明了他可以达到任何想要达到的目标。我很荣幸能与 Luciano 一起工作，也期待今后新的合作。我也要感谢其他为此书付出努力的人：Packt 出版社的工作人员、技术评审（Tane 和 Joel），以及所有为此书提出有价值意见和见解的朋友们：Anton Whalley（@dhigit9）、Alessandro Cinelli（@cirpo）、Andrea Giuliano（@bit_shark）和 Andrea Mangano（@ManganoAndrea）。谢谢所有给我无条件的爱的朋友和家人，最重要的是我的女朋友 Miriam，她是我所有冒险旅程的同伴，为我生命中的每一天带来爱和快乐。

**Luciano Mammino** 是一名软件工程师，1987 年出生。在那一年，任天堂在欧洲发布了《超级马里奥兄弟》，这是他最喜欢的视频游戏。他 12 岁就开始写代码，用的是他父亲旧式的英特尔 386 计算机，只有 DOS 操作系统和 QBASIC 语言解释器。在取得计算机科学硕士学位以后，他主要作为一名自由职业者在意大利一些成熟公司和初创公司从事 Web 开发工作。他的编程技巧获得提升主要是在这段时间。他曾在意大利的 start-up parenthesis 担任过 3 年的首席技术官，是爱尔兰 Sbaam.com 公司的创始人之一。之后他到柏林工作，成为 SmartBox 一名 PHP 高级开发工程师。他喜欢开发开源软件库，喜欢在工作中使用像 Symfony 和 Express 这样的框架。他坚信 JavaScript 的发展尚处于起步阶段，这项技术在将来会对大多数 Web 和移动相关技术产生巨大的影响。因此，他把大部分的空闲时间都用来学习 JavaScript 和耕耘 Node.js。

# 致谢 2

首先最要感谢的是 Mario 能给予我机会和信任，让我和他一起撰写本书的第 2 版。这是一个非常棒的经历，希望这也是今后一系列合作的开始。

其次，要感谢 Packt 出版社团队，他们的工作惊人地高效。特别要感谢 Onkar、Reshma 和 Prajakta 三人，感谢他们为本书付出的努力和持有的耐心。也要感谢评审 Tane Piper 和 Joel Purra，他们在 Node.js 方面的经验对这本书质量提升有非常重要的作用。

我要给这些朋友一个大大的拥抱（当然还有很多啤酒），他们是 Anton Whalley（@dhigit9）、Alessandro Cinelli（@cirpo）、Andrea Giuliano（@bit_shark）和 Andrea Mangano(@ManganoAndrea)。感谢他们一直以来对我的鼓励，以及分享的开发者经验和关于此书的深刻的见解。

另外要感谢的是 Ricardo、Jose、Alberto、Marcin、Nacho、David、Arthur 以及 SmartBox 的同事们，是他们让我爱上工作，鼓舞并激励我成为一个更好的软件开发工程师。相信没有比这更好的团队了。

我要深深地感谢我的家人，是他们在我人生中一直不断地鼓励我。感谢我的母亲，她是我生命动力和灵感的不竭源泉。感谢父亲的所有教诲、鼓励和建议，我很想和你交流，真的很想念你。谢谢我的兄弟姐妹，Davide 和 Alessia，在我痛苦和开心的时候都有你们在我身边，让我感觉我是大家庭的一员。

谢谢 Franco 和他的家人，支持我许多最初的想法，并给我分享他们的智慧和生活经验。

感谢我的"书呆子"朋友 Gianluca、Flavio、Antonio、Valerio、Luca，和他们在一起度过了一段美好时光，并且在这本书的创作过程中给予了我很多鼓励。

还要感谢"不那么书呆子"的朋友 Damiano、Pietro 和 Sebastiano。在 Dublin 的时候他们总是带给我很多的欢笑。

最后，也是最重要的，要感谢我的女朋友 Francesca。谢谢你无条件的爱，以及对我每一次冒险的支持，甚至是非常疯狂的冒险。期待与你共谱人生新篇章！

# 关于审稿者

**Tane Piper** 是英国伦敦一位全栈开发工程师。他曾在多家机构和公司从事软件工作，至今已有 10 年以上开发经验。期间，他曾使用多种开发语言，例如 Python、PHP 和 JavaScript。他自 2010 年便在工作中使用 Node.js，并且在 2011 年和 2012 年间在英国和爱尔兰的几次会议中，他最早参与探讨服务端 JavaScript 应用。他还是 jQuery 项目早期的贡献者和倡导者。目前，他在伦敦一家咨询公司工作，主要提供一些 React 和 Node 方面的创新解决方案。在专业工作之外，他热衷于潜水，还是位业余摄影师。

> 我非常感谢我的女朋友 Elina，她让我近两年的生活一帆风顺，并鼓励我去负责这本书的审稿工作。
>
> ——Tane Piper

**Joel Purra** 在他十几岁的时候便开始玩电脑，那时候他只是把电脑当作另一种视频游戏设备。不久，他在用电脑玩最新游戏的时候，会把它们都拆成零件（有时弄坏了，然后想办法修好）。是游戏让他在十几岁的时候就接触编程，当时有一款叫 Lunar Lander（平衡飞船）的游戏引发了他创建数字化工具的兴趣。后来随着家里接入了互联网，他开发了他的第一个电子商务网站，从此开始了他的事业。种种经历使他在很小的时候便开始了职业生涯。17 岁时，乔尔开始在一家核电站的学校学习计算机编程和一个能源科学项目。毕业后，他凭借他的研究能力成为瑞典陆军第二位中尉通信专家。后来他到 Linköping 大学继续读书，取得了信息技术与工程理科硕士学位。1998 年后，他在一些创业公司和成熟公司工作。从 2007 年开始，他成为了一名顾问。Joel Purra 在瑞典出生，长大，读书。作为一名自由职业的开发人员，他很享受这种弹性的生活方式。他作为一个背包客已经旅行了五大洲，并在国外生活了几年。他是一位不断寻求挑战的学者，建立和开发能广泛公用的软件是他的目标之一。你可以访问他的个人网站：http://joelpurra.com/。

我要感谢开源社区提供的用于构建大、小软件系统的积木。社区中不乏一些自由职业顾问。我们就好像站在巨人的肩膀上。记得早提交，常提交！

——Joel Purra

# 前言

很多人认为 Node.js 的出现是 Web 开发领域十年内最大的变化,它就像是游戏规则的改变者。之所以被喜爱不仅是因为技术上的出众能力,同时也因为它带给 Web 开发新的思维方式。

首先,Node.js 应用是使用 JavaScript 语言编写的,而 JavaScript 又是唯一被绝大多数 Web 浏览器原生支持的编程语言。该特性使得单语言应用栈以及服务端、客户端代码共享成为可能。Node.js 本身也促进了 JavaScript 语言的兴起和发展。人们意识到,在服务端使用 JavaScript 并不像在浏览器端使用它那样糟糕,并且人们将慢慢喜欢上它的编程思维和它混合的天性,即面向对象和函数式编程的结合。

其次,单线程和异步架构也是 Node.js 带来的革命性变化。除了性能和可扩展性方面的明显优势外,其改变了开发者处理程序并发和并行的方式。队列取代了互斥锁,回调函数和事件机制取代了多线程,因果关系取代了同步性。

最后也是最重要的一点,Node.js 拥有一套完整的生态系统:npm 包管理器、不断增长的模块数量、热情活跃的开发社区,以及基于简单、实用主义和极端模块化而产生的独特文化。

然而,因为这些特性,Node.js 开发给人一种与其他服务端语言开发非常不一样的感受,刚开始接触 Node.js 的开发者,会经常困惑于如何有效地解决一些最常见的设计和代码编写问题。常见的问题有:"如何组织代码?""设计这个系统的最好方法是什么?""怎样使我的程序更加模块化?""我该怎样高效实现大量的异步调用?""我该如何确保我的程序随着规模增大会一直稳定运行,不会崩溃?"或者更简单的问题,"Node.js 开发的正确方式是什么?"幸运的是,Node.js 已经成为一个非常成熟的开发平台,以上大部分问题都能通过设计模式、被证明有效的编码技巧或者他人提供的经验来解决。本书的目的就是指导你学习并掌握 Node.js 开发的一些设计模式、编码技巧和实践经验,告诉你解决这些常见问题的有效方法并教会你如何从这些方法出发,解决你自己遇到的特定问题。

通过阅读本书，你将掌握以下这些内容：

- Node.js 的开发方式

  如何使用正确的思维方式去解决一个 Node.js 开发设计问题。比如你会学习到，传统设计模式在 Node.js 开发中的不同体现，或者如何设计提供单一功能的模块。

- 一整套解决常见 Node.js 设计和编码问题的设计模式

  你会学习到一整套像"瑞士军刀"一样功能多样、实用的设计模式，并且你能即学即用，解决日常遇到的程序开发和设计问题。

- 如何编写模块化、高效率的 Node.js 程序

  你将会了解开发大规模并且结构组织合理的 Node.js 程序的基本方法，并能运用这些方法去解决不属于现有设计模式范畴的新问题。

在本书中，你会看到一些真实项目中用到的库和技术，比如 LevelDb、Redis、RabbitMQ、ZMQ 及 Express 等。这些会用来作为示例阐述某个设计模式或者方法，除了让例子更加实用外，它们同时会让你对 Node.js 的生态系统以及它解决问题的一套方法有所了解。

无论你正使用或打算在你的工作、非正式项目或者开源项目中使用 Node.js，认识和使用众所周知的设计模式和技术能够让你通过一种通用的语言和他人共享你的代码和设计，不仅如此，这还会帮助你更好地了解 Node.js 的未来，以及知道如何为其发展贡献自己的一份力量。

# 各章介绍

第 1 章，欢迎来到 Node.js 平台，本章通过讲解 Node.js 本身核心的设计模式来介绍 Node.js 程序的设计，包括 Node.js 的生态系统、编程思想，以及 Node.js V6 版本、ES2015 和 Reactor 模式的简单介绍。

第 2 章，Node.js 基础设计模式，开始介绍 Node.js 异步编程和设计模式，讨论和比较了回调函数与事件触发器 (观察者模式)。本章还介绍了 Node.js 的模块系统和相关模块的设计模式。

第 3 章，异步控制流模式之回调函数，介绍了系列用于有效处理 Node.js 中的异步控制流的模式和技术。这一章将教你怎样使用纯 JavaScript 和异步库来缓解"回调地狱"的问题。

第 4 章，异步控制流模式之 ES2015+，介绍了 Promise、Generator 和 async-await 的异步控制流的探索进展。

第 5 章，流编程，深度挖掘 Node.js 中最重要的模式之一：流。本章将向你展示如何处理数据流交换及如何将它们组合成不同的布局。

第 6 章，设计模式，本章涉及一个有争议的话题：Node.js 的传统设计模式。介绍了最流行的传统设计模式，并展示了它们在 Node.js 中的应用。同时也介绍了一些 JavaScript 和 Node.js 中独有的新设计模式。

第 7 章，连接模块，分析了将多个模块关联到一个应用程序中的不同解决方案。在本章中我们将学习几个设计模式，例如依赖注入容器和服务定位器。

第 8 章，通用 JavaScript 的 Web 应用程序，探讨了现代 JavaScript Web 应用最有趣的功能之一：前、后端代码共享。本章我们将学习通用的 JavaScript 基本原则，通过使用 React、Webpack 和 Babel 来构建一个简单的 Web 应用程序。

第 9 章，高级异步编程技巧，本章展示怎样使用直接可用的解决方案来解决一些常见的编码和设计问题。

第 10 章，扩展和架构模式，介绍扩展 Node.js 应用的基本技术和模式。

第 11 章，消息传递与集成模式，提出了最重要的消息传递模式，介绍如何构建和集成使用 ZMQ 和 AMQP 的复杂的分布式系统。

# 你需要为本书准备什么

为了试验代码，需要安装 Node.js 第 6 版（或更高版本）和 npm 3(或更高版本)。一些例子还要求使用转码器，例如 Babel。还需要熟悉命令提示符，了解如何安装 npm 包，还要了解怎样运行 Node.js 应用。还需要有一个文本编辑器来编写代码和一个现代浏览器进行测试。

# 适合读者

本书适合于已经接触过 Node.js 并且想在效率、设计质量和可扩展性方面获得提升的开发者。由于本书也包含一些基本概念，因此你只需要通过一些基本例子了解相关技术即可。中级 Node.js 的开发者也会从本书有所收获。

具备一些软件设计理论背景知识也会有助于理解本书提出的概念。

本书假定你有 Web 应用开发、JavaScript、Web 服务、数据库和数据结构的相关知识。

# 约定

在本书中，你会发现许多文本样式，这些样式用于区分不同种类的信息。下面是一些这些样式的例子和它们表示的含义。

代码块设置如下：

```
const zmq = require('zmq')
const sink = zmq.socket('pull');
sink.bindSync("tcp://*:5001");

sink.on('message', buffer => {
  console.log(`Message from worker: ${buffer.toString()}`);
});
```

当希望读者特别注意代码块的特定部分时，以粗体显示该部分：

```
function produce() {
  //...
  variationsStream(alphabet, maxLength)
    .on('data', combination => {
    //...
    const msg = {searchHash: searchHash, variations: batch};
    channel.sendToQueue('jobs_queue', new Buffer(JSON.stringify(msg)));
    //...
    })
  //...
}
```

任何命令行输入或输出设置如下：

```
node replier
node requestor
```

**新术语**和**重要词汇**会以黑体（汉字）或粗体（英文）显示。

# 目录

# 第 1 章

# 欢迎来到 Node.js 平台

一些原则和设计模式准确地阐述了 Node.js 平台及其生态系统的开发者经验。Node.js 最独特之处可能是它的异步特性和编程风格，大量回调函数的使用就是最直接的体现。这对于我们深入理解这些基本原则和模式是非常重要的，不仅是为了编写正确的代码，还能使我们在解决更大和更复杂问题的时候，采取有效的设计决策。

另一方面，Node.js 具有其哲学思想。准确来说，走近 Node.js 不仅仅是学习一项新技术，还使我们走进一种文化和社区。我们将看到它如何极大地影响我们设计应用程序和组件的方式，以及它与社区之间的相互影响。

除了这些方面，值得注意的是，最新版本的 Node.js 支持许多 ES2015（也称为 ES6）中的特性。ES2015 的语言更具语义，使用也更方便。为了写出更简洁和可读的代码，并拿出切实的方法来实现本书中展示的设计模式，了解新增的语法和功能特性很重要。

在本章中，我们将学习以下主题：

- Node.js 的哲学思想 "Node way"
- Node.js 6 和 ES2015
- reactor 模式——Node.js 异步架构的核心机制

# Node.js 的哲学思想

每个平台都有它自己的哲学：大众普遍接受的一套原理和准则，影响平台演化的一种做事思想，以及应用程序该如何开发与设计。这些原则中的有些原则源于技术本身，有些是被它的生态系统激活了，有些是社区中的种种趋势，以及一些其他的不同的意识形态的演变。在 Node.js 中，一些基本原则直接来自于它的创造者——Ryan Dahl 和其他为核心库做出过贡献的人，有些来自于社区中的魅力人物，还有些则是从 JavaScript 中继承而来或受到 UNIX 哲学的影响。

这些原则都不是强加的，它们总是遵循常识的。不管怎样，当我们在设计程序的过程中需要灵感来源的时候，它们被证明是非常有用的。

 可以在维基百科找到关于软件开发理念的详细清单：http://en.wikipedia.org/wiki/List_of_software_development_philosophies。

## 小核心

Node.js 自身核心库建立在几个原则的基础上。其中之一是具有功能的最小集合，其余的留给所谓的**用户平台**（或**用户空间**），模块的生态系统存在于核心库之外。这一原则对 Node.js 文化有巨大的影响，因为它给社区提供了自由，我们在用户模块范围内，使用广泛的解决方案来试验和快速迭代，而不是受制于建立在严格控制和稳定核心库基础上缓慢发展的解决方案。保持核心功能的最小集合，不仅利于可维护性，而且对于整个生态系统的进化也有积极的文化影响。

## 小模块

Node.js 使用模块的概念作为构建程序代码结构的基本方式。它是一个构建块，用于创建应用程序和复用库，复用库又叫包（一个包也经常被称为一个模块，通常情况下，它有一个单一的模块作为入口点）。在 Node.js 中，一个最重要的原则是设计小模块，这不仅指代码的大小，更是指范围的大小。

这一原则源于 UNIX 哲学，特别是它的两个准则，如下：

- "小即是美"
- "让一个程序做好一件事"

Node.js 把这些概念提升到了一个新的高度。在 NPM（官方的软件包管理器）的帮助下，Node.js 可以帮助解决依赖地狱问题，其通过确保每一个安装包有自己单独的一套依赖集合，从而使程序依赖很多包而不产生冲突。事实上，这种 Node 方式需要极高水平的可复用性，即应用程序由大量小而好的集中的依赖关系组成。虽然这在其他平台被认为是不切实际的，甚至是完全不可行的，但在 Node.js 中这种做法是被鼓励的。结果就是，经常可见到 NPM 包只有不到 100 行代码或仅暴露出一个单独的方法。

除了在可复用性方面的明显优势，小模块也可以被认为：

- 容易理解和使用
- 测试和维护简单
- 完美与浏览器共享

把更小和更集中的模块，甚至最小的代码块，授权给所有人来分享或复用，这是把 **Don't Repeat Yourself (DRY)** 原则发挥到了一个新的水平。

## 小接触面

除了体积和范围小，Node.js 模块通常也具有只暴露出最小的一组功能的特性。这样做的主要优点是增加了 API 的可用性，意味着 API 的使用变得更清晰，较少暴露出错误的使用。大多数时候，一个组件的用户感兴趣的其实只是一组非常有限和集中的功能，而不需要扩展功能或挖掘到更深的层次。

在 Node.js 中，定义模块一种非常普遍的模式是只输出一个功能，比如一个方法或者一个构造函数，而让拓展部分或次要特性成为输出方法或构造函数的属性。这有助于用户识别什么是重要的，什么是次要的。在 Node.js 中，不难找到只输出一个功能的模块，毫无疑问，它提供了一个单一的、无比清晰的切入点。

许多 Node.js 模块都有这样一个特点，即创建它们是为了直接使用而不是扩展。通过禁止任何扩展的可能性来锁定一个模块的内部结构，这可能听起来很不灵活，但却具有减少用例、简化实现、维护简单及提高可用性的优势。

## 简单和实用

你是否听说过 **Keep It Simple, Stupid (KISS)** 原则或者以下名言：

> Simplicity is the ultimate sophistication(简单是复杂的最高境界)。
>
> ——达芬奇

著名计算机科学家 Richard P.Gabriel，创造了术语"更糟的也是更好的"来描述模块。由此，更少和更简单的功能是一个很好的软件设计选择。在他的文章 *The Rise of "Worse is Better"* 中讲到：

> 设计必须是简单的，无论是实现还是接口。更重要的是实现要比接口更简单。简单是设计中最重要的考虑因素。

设计简单而非完美的、功能齐全的软件，是一个很好的实践。有几个原因：实现更简单；允许用较少的资源进行更快的传输；更容易适应、维护和理解。由于这些因素而培育出了一些社区成果，同时这也促进软件本身的发展和改进。

在 Node.js 中，强大的 JavaScript 也支持该原则。事实上该原则并不罕见，我们可以看到简单的函数、闭包和对象正在取代复杂的类层次结构。纯面向对象的设计往往试图使用计算机系统的数学术语复制现实世界，不考虑缺陷和现实世界本身的复杂性。然而事实是，软件总是和现实相似，我们先努力去做一些带有合理复杂性但能很快起作用的工作，这样可能会获得更多的成功；而不是想着创造近乎完美的软件，付出巨大的努力和使用大量的代码去维护。

在这本书中，我们将多次看到这个原则。例如，有相当数量的传统设计模式，如单例或装饰器，可以有一个平凡甚至有时并非万无一失的实现。我们将看到一个简单、实用的方法（大部分时间）为什么胜过一个纯粹的、完美的设计。

# 认识 Node.js 6 和 ES2015

在写作本书时，Node.js 最新的主要版本（4、5、6）针对 ECMAScript 2015 规范（简称 ES2015，也称为 ES6）新的功能特性进行了大量的补充，其目的是使 JavaScript 语言更灵活，使用更方便。

本书中，我们在代码示例中广泛采用了这些新特性。这些概念在 Node.js 社区中依然是很新鲜的，所以很值得快速了解一下目前在 Node.js 支持的 ES2015 中最重要的一些具体特性。我们参考的版本是 Node.js 6。

根据 Node.js 版本的不同，有些功能只有在严格模式下才能正确工作。**严格模式**可以通过在脚本最开始的地方添加"use strict"声明启用。注意，"use strict"声明是一个简单的字符串，可以使用单引号或双引号来定义它。为了简单起见，我们将不会在我们的代码示例中写这一行，但你要记得添加以确保示例能够正确运行。

下面的列表并不全面，而是简单介绍 Node.js 支持的一些 ES2015 特性，便于你理解本书后面的所有代码示例。

## let 和 const 关键字

JavaScript 历来只提供函数作用域和全局作用域来控制变量的作用域和生命周期。例如，你在 if 声明内定义一个变量，这个变量在外部也是可以访问的，不管方法体有没有被执行。例如下面的示例：

```
if (false) {
  var x = "hello";
}
console.log(x);
```

该代码不会失败，它将在控制台中打印出 undefined。这种行为是引发许多 bug 和让人陷入无奈的原因，这就是为什么 ES2015 引入了 let 关键字来声明遵守块作用域的变量。我们用 let 代替上例中的 var：

```
if (false) {
    let x = "hello";
}
console.log(x);
```

以上代码将产生引用错误：x 未定义，因为这里尝试打印一个在另一个代码块中定义的变量。

举一个更有意义的例子，可以使用 let 关键字定义一个临时变量，作为一个循环的索引：

```
for (let i=0; i < 10; i++) {
    // do something here
}
console.log(i);
```

和之前的例子一样，这段代码将产生一个引用错误：i 未定义。

let 的这种保护行为迫使我们编写更安全的代码，因为如果我们不小心访问了属于另一个作用域的变量，我们将得到一个错误提示，这样就很容易发现错误，从而避免隐性错误。

ES2015 还引入了 const 关键字。该关键字用于定义常量。我们看一个简单的例子：

```
const x = 'This will never change';
x = '...';
```

这段代码将引起类型错误：给常量赋值报错，因为我们正在试图改变一个常量的值。

需要强调的是，这里的 const 和其他允许使用该关键字定义只读变量的语言表现不同，这一点很重要。事实上，在 ES2015 中，const 并不意味着赋值是恒定不变的，但是该值的引用是静态的。为了阐明这个概念，我们可以看到在 ES2015 中，const 还能做这样的事：

```
const x = {};
x.name = 'John';
```

当改变对象的内部属性时，实际上正在改变它的值（对象），但变量和对象之间的绑定关系不会改变，所以该代码不会引发报错。相反，如果重新指定整个变量，则将改变变量和它的值之间的绑定关系，因此产生一个错误：

```
x = null; // 将会失败
```

要保护一个标量值不会在代码中被意外改变，使用常量。尤其是当你想保护一个指定的变量在代码的其他地方不被意外地赋给另一个值的时候。

当脚本中需要一个模块的时候，使用 const 声明是最佳实践，这样模块将不能被意外分配：

```
const path = require('path');
// .. do stuff with the path module
let path = './some/path'; // this will fail
```

 如果要创建一个不可变对象，只使用 const 是不够的，还需要使用 ES5 的方法 Object.freeze()（https://developer.mozilla.org/it/docs/Web/JavaScript/Reference/Global_Objects/Object/freeze）或者 deep-freeze 模块（https://www.npmjs.com/package/deep-freeze）。

# 箭头函数

ES2015 最具魅力的特性是箭头函数。箭头函数是一种更简洁的定义函数的语法，其在定义一个回调函数时尤其好用。为了更好地理解这种语法的优点，我们先来看一个数组中典型的过滤器的例子：

```
const numbers = [2, 6, 7, 8, 1];
const even = numbers.filter(function(x) {
    return x%2 === 0;
});
```

前面的代码可以使用箭头函数语法重写如下：

```
const numbers = [2, 6, 7, 8, 1];
const even = numbers.filter(x => x%2 === 0);
```

该 filter 函数可以被定义为一行，关键字 function 被删除，只留下参数列表，紧跟着是 => （箭头），然后是函数功能体。如果参数列表中包含多个参数，必须用括号包裹，并用逗号分隔。此外，当没有参数时，必须在箭头之前提供一组空括号：() = >{...}。当函数的主体只是一行时，没有必要写 return 关键字，因为它是隐式应用的。如果需要在函数主体添加多行代码，可以用 {} 括起来。但要注意，在这种情况下，不会自动调用 return，所以需要显式声明。如下面的例子：

```
const numbers = [2, 6, 7, 8, 1];
const even = numbers.filter(x => {
    if (x%2 === 0) {
        console.log(x + ' is even!');
        return true;
    }
});
```

关于箭头函数，还有另一个重要的特性：箭头函数是绑定到它们的词法作用域内的。这意味着在一个箭头函数中 this 的值和父块中的值是相同的。我们来看一个例子：

```
function DelayedGreeter(name) {
    this.name = name;
}
DelayedGreeter.prototype.greet = function() {
    setTimeout( function cb() {
        console.log('Hello ' + this.name);
    }, 500); };
const greeter = new DelayedGreeter('World');
greeter.greet(); // will print "Hello undefined"
```

在这段代码中，定义了一个简单的 greeter 原型，其接受一个 name 作为参数。然后在原型中加入了 greet 方法。该方法在当前实例被调用 500 ms 以后打印"hello"和当前实例中定义的名字。但这个方法失效了，因为超时回调函数 (cb) 的作用域和 greet 方法的作用域是不同的，this 的值是 undefined。

在 Node.js 引入箭头函数之前，为了解决这个问题需要使用 bind 修改 greet 方法，如下：

```
DelayedGreeter.prototype.greet = function() {
    setTimeout( (function cb() {
        console.log('Hello' + this.name);
    }).bind(this), 500);
};
```

但是，有了箭头函数后，由于它们是绑定到自身作用域的，因此可以只使用一个箭头函数作为回调来解决这个问题：

```
DelayedGreeter.prototype.greet = function() {
    setTimeout( () => console.log('Hello' + this.name), 500);
};
```

这是一个非常好用的特性。大多数时候，使用箭头函数可以使我们的代码更简洁。

## 类语法

ES2015 针对原型继承引入了一个新的语法，这是一种所有的开发者都熟悉，来自于 Java 或 C# 这样经典的面向对象语言的语法。要强调的是，这个新的语法不改变 JavaScript 运行时对象内部管理的方式，这一点很重要。它们仍然通过原型继承属性和方法，而不是通过类。虽然这种新的语法非常好用，可读性也很强，但是作为一个开发人员，重要的是要明白它只是一个语法糖。

我们通过简单的例子看看它是如何工作的。首先，使用经典的基于原型的方式定义一个 Person 方法：

```
function Person(name, surname, age) {
    this.name = name;
    this.surname = surname;
    this.age = age;
}
Person.prototype.getFullName = function() {
    return this.name + '' + this.surname;
};
Person.older = function(person1, person2) {
```

```
        return (person1.age >= person2.age) ? person1 : person2;
    };
```

可以看到，一个 person 有 name、surname 和 age 3 个参数。这里提供了一个原型辅助函数，通过它可以轻松地获得一个 person 对象的全名和一个直接来自于 Person 原型的普通辅助函数，它返回两个 Person 实例中年龄较大者作为输出。

现在，我们看看如何使用 ES2015 新的 class 语法实现相同的功能：

```
class Person {
    constructor (name, surname, age) {
        this.name = name;
        this.surname = surname;
        this.age = age;
    }
    getFullName () {
        return this.name + ' ' + this.surname;
    }
    static older (person1, person2) {
        return (person1.age >= person2.age) ? person1 : person2;
    }
}
```

这种语法更具可读性，简单易懂。我们为这个类显式声明了**构造函数**，并定义了 older 函数作为**静态方法**。

这两种实现方式完全可以互换，但新语法真正的杀手锏在于，其提供了使用 extend 和 super 关键字来扩展 Person 属性的可能性。假设我们要创建一个 Personwithmiddlename 类：

```
class PersonWithMiddlename extends Person {
    constructor (name, middlename, surname, age) {
        super(name, surname, age);
        this.middlename = middlename;
    }
    getFullName () {
        return this.name + '' + this.middlename + '' + this.surname;
    }
}
```

在第三个例子中，值得注意的是，这里的语法和其他面向对象语言中常见的语法非常类似。声明了一个想要扩展的类，定义了一个新的构造函数，它可以使用关键字 super 调用父类，并重写了 getFullName 方法以添加对中间名的支持。

## 增强的对象字面量

除了新的类语法，ES2015 还引入了一种增强的对象字面量语法。这个语法提供了一个分配变量和函数作为对象成员的简化形式，允许我们在创建时定义计算成员的名称，以及 setter 和 getter 方法。

下面我们通过一些例子来说明：

```
const x = 22;
const y = 17;
const obj = { x, y };
```

obj 是一个键为 x 和 y，值为 22 和 17 的对象。可以用函数做同样的事情：

```
module.exports = {
    square (x) {
        return x * x;
    },
    cube (x) {
        return x * x * x;
    }
};
```

在这个例子中，编写了一个模块，导出 square 和 cube 函数并映射到具有相同名称的属性。注意，不需要指定关键字 function。

我们来看另一个例子，如何使用计算属性（CP）名称：

```
const namespace = '-webkit-';
const style = {
    [namespace + 'box-sizing'] : 'border-box',
    [namespace + 'box-shadow'] : '10px10px5px #888888'
};
```

在这个例子中，生成的对象包含属性 -webkit-box-sizing 和 -webkit-box-shadow。

现在我们来看如何使用新的 setter 和 getter 语法，请看例子：

```
const person = {
    name : 'George',
    surname : 'Boole',
    get fullname () {
        return this.name + '' + this.surname;
    },
    set fullname (fullname) {
        let parts = fullname.split('');
        this.name = parts[0];
        this.surname = parts[1];
    }
};
console.log(person.fullname); // "George Boole"
console.log(person.fullname = 'Alan Turing'); // "Alan Turing"
console.log(person.name); // "Alan"
```

在这个例子中，定义了三个属性，两个普通的属性 name 和 surname，还有一个是通过 get 和 set 语法计算出的 fullName 属性。正如从调用 console.log 的结果所看到的，我们可以像访问对象内部一般属性一样访问计算属性，可以读写它们的值。值得注意的是，在第二次调用 console.log 时输出 Alan Turing，这是因为在默认情况下，每一个 set 方法返回的值是 get 方法返回的相同属性的值，在这个例子中是 get fullname。

## Map 和 Set 集合

作为 JavaScript 开发者，我们经常使用一个对象来创建哈希映射（Hash Map）。ES2015 引入了一个新的原型 Map，它通过一种更安全、灵活和直观的方式来定义哈希映射集合。我们来看一个简单的例子：

```
const profiles = new Map();
profiles.set('twitter', '@adalovelace');
profiles.set('facebook', 'adalovelace');
profiles.set('googleplus', 'ada');
profiles.size; // 3
profiles.has('twitter'); // true
profiles.get('twitter'); // "@adalovelace"
profiles.has('youtube'); // false
profiles.delete('facebook');
profiles.has('facebook'); // false
```

```
profiles.get('facebook'); // undefined
for (const entry of profiles) {
    console.log(entry);
}
```

可以看到，Map 原型提供了多种方便的方法，比如 set、get、has 和 delete，还有 size 属性（注意后者和数组使用的 length 属性不同）。也可以使用 for...of 语法遍历所有条目。循环中的每个条目都是一个数组，key 作为第一个元素，value 作为第二个元素。这个接口非常直观，不言自明。

但是，Map 真正有趣的地方是使用函数和对象作为 key，而这是使用普通对象不可能完成的事情，因为对象的所有 key 都会自动转换为字符串。该功能带来了新的可能性。例如，我们可以利用此功能建立一个微测试框架：

```
const tests = new Map();
tests.set(() => 2+2, 4);
tests.set(() => 2*2, 4);
tests.set(() => 2/2, 1);
for (const entry of tests) {
    console.log((entry[0]() === entry[1]) ? 'PASS' : 'FAIL');
}
```

从这个例子可以看到，可以将存储函数作为 key，将预期结果作为 value。然后可以通过迭代哈希映射执行所有的功能。值得注意的是，当通过 Map 迭代时，仍然遵循条目被插入的顺序。这也不是普通的对象所能保证的。

除了 Map 以外，ES2015 还引入了 Set 原型。这个原型可以用于轻松构建集合，一个所有值都唯一的列表：

```
const s = new Set([0, 1, 2, 3]);
s.add(3); // will not be added
s.size; // 4
s.delete(0);
s.has(0); // false
for (const entry of s) {
    console.log(entry);
}
```

如你所见，在这个例子中，该接口非常类似于我们刚才认识的 Map。它有 add（而不是 set）、has 和 delete 方法和 size 属性。也可以遍历 Set，在该例中每一个被遍历的条目都是一个

---

值，在此例子中是 一组数字中的一个数字。最后，集合还可以包含对象和函数作为值。

# WeakMap 和 WeakSet 集合

ES2015 也定义了 Map 和 Set 的"弱"版本，分别叫作 WeakMap 和 WeakSet。

就接口而言，WeakMap 和 Map 非常相似，但是它们之间两个主要的差异你必须知道：WeakMap 没有办法迭代所有条目，它只允许对象作为主键。虽然这看起来像一个限制，但背后有一个很好的理由。事实上，WeakMap 的独特之处在于当它内部只剩下引用的时候，对象作为主键可以用来进行垃圾回收。当我们存储与一个对象关联的元数据，而该对象在应用程序的正常生命周期可能被删除时，这个功能将非常有用。我们来看一个例子：

```
const s = new Set([0, 1, 2, 3]);
let obj = {};
const map = new WeakMap();
map.set(obj, {key: "some_value"});
console.log(map.get(obj)); // {key: "some_value"}
obj = undefined; // now obj and the associated data in the map
                 // will be cleaned up in the next gc cycle
```

在这段代码中，创建了一个普通的对象 obj。然后为该对象存储一些元数据，并存放在一个新的名为 map 的 WeakMap 中。可以用 map.get 方法访问这些元数据。稍后，当将其变量赋值为 undefined 来清除对象时，对象将被正确地垃圾回收，它的元数据也从 map 中移除。

和 WeakMap 类似，WeakSet 是 Set 的弱版本：它暴露出和 Set 相同的接口，但它只允许存储对象且不能重复。另外，和 Set 不同的是，WeakSet 允许内部对象在只剩下引用的时候被垃圾回收：

```
let obj1= {key: "val1"};
let obj2= {key: "val2"};
const set= new WeakSet([obj1, obj2]);
console.log(set.has(obj1)); // true
obj1= undefined; // now obj1 will be removed from the set
console.log(set.has(obj1)); // false
```

所以 WeakMap 和 WeakSet 并不比 map 和 set 更好或更糟，只是适合不同的使用场景。

## 模板字面量

ES2015 提供了一种新的更强大的语法来定义字符串：模板字面量。这个语法使用反引号（` ）作为分隔符，相比单引号（'）或双引号（"）作为分隔符，反引号作为分隔符有几个好处。主要的好处：一是模板字面量的语法允许在字符串中使用 ${expression} 插入变量或表达式（这就是为什么这种语法被称为"模板"的原因）；二是单个字符串终于可以轻松地写在多行。我们来看一个简单的例子：

```
const name = "Leonardo";
const interests = ["arts", "architecture", "science", "music",
                   "mathematics"];
const birth = { year : 1452, place : 'Florence' };
const text = `${name} was an Italian polymath
              interested in many topics such as
              ${interests.join(', ')}.He was born
              in ${birth.year} in ${birth.place}.`;
console.log(text);
```

这段代码的输出如下：

```
Leonardo was an Italian polymath interested in many topics
such as arts, architecture, science, music, mathematics.
He was born in 1452 in Florence.
```

> **下载实例代码**
> 在本书的前言中给出了下载代码包的详细步骤。
> 本书的代码包托管在 GitHub 上：http://bit.ly/node_book_code。
> 关于图书和视频的其他代码可在如下地址访问：https://github.com/
> PacktPublishing/。

## 其他 ES2015 特性

ES2015 中另一个非常有用的特性是 Promise，Node.js 从 4.0 开始引入了该特性。我们将在第 4 章（异步控制流模式之 ES2015+）中探讨其细节。

在 Node.js 6 中引入的其他 ES2015 新特性如下：

- 默认方法参数。

- 剩余参数

- 扩展运算符

- 解构

- new.target (第 2 章会详细介绍)

- Proxy(第 6 章会详细介绍)

- Reflect

- Symbol

 ES2015 更多和最新的特性介绍可以从官方 Node.js 文档获得：`https://nodejs.org/en/docs/es6/`。

# Reactor 模式

Reactor 模式是 Node.js 异步特性的核心。这一节我们将介绍模式背后的主要思想，如单线程架构和非阻塞 I/O，以及如何创建整个 Node.js 平台的基础。

## I/O 是缓慢的

I/O 绝对是计算机基本操作中最慢的。访问 RAM 的时间为 ns 级（10E-9s），而在磁盘或网络上访问数据的时间为 ms 级（10E-3 s）。带宽也是一样。RAM 的传输速率一般为 GB/s，而磁盘和网络则从 MB/s 起步，乐观情况下达到 GB/s。I/O 操作对 CPU 而言通常代价并不高，但它在请求发送的时刻和操作完成的时刻之间增加了一个延迟。除此之外，还必须考虑人为因素。通常，应用的输入来自真实的人，例如单击按钮或在实时聊天应用中发送的消息，因此I/O 的速度和频率不仅取决于技术方面，而且它可以比磁盘或网络慢许多个数量级。

## 阻塞 I/O

在传统的阻塞 I/O 编程中，与 I/O 请求相对应的函数调用将阻塞线程的执行，直到操作完成。在磁盘访问的情况下,阻塞可以持续几毫秒到几分钟甚至更多,以防数据从用户行为（例如按键）中产生。以下伪代码显示了一种典型的通过执行 socket 来阻塞线程的情况：

```
//blocks the thread until the data is available
data = socket.read();
//data is available
```

```
print(data);
```

我们很容易注意到，使用阻塞 I/O 实现的 Web 服务将无法处理同一线程中的多个连接。socket 上的每个 I/O 操作将阻止任何其他连接的处理。因此，在 Web 服务中处理并发的传统方法是为需要处理的每个并发连接启动一个线程或进程（或者重用资源池中进程）。这样，当线程被 I/O 操作阻塞时，不会影响其他请求的可用性，因为它们在单独的线程中处理。

下图说明了这种情况。

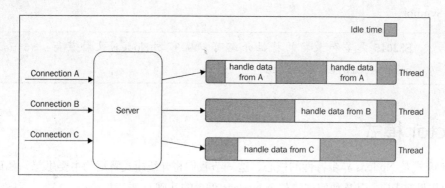

该图显示了每个线程空闲的时间量，这个时间用于等待从相关连接接收新数据。这个时候，如果我们还考虑任何类型的 I/O 都可能阻塞请求，例如，与数据库或文件系统交互时，很快就会意识到线程为了等待 I/O 操作的结果不得不阻塞多次。然而，线程是一种不便宜的系统资源，它消耗内存并导致上下文切换，因此线程为一个连接长时间运行，并且在大多数时间空闲的话，这从效率上来说不是一个最佳方案。

## 非阻塞 I/O

除了阻塞 I/O 之外，大多数现代操作系统支持另一种访问资源的机制，称为非阻塞 I/O。在此操作模式下，系统调用总是立即返回，而无须等待数据读取或写入。如果在调用的时候没有可用的结果，则函数将简单地返回预定义的常量，指示在此时没有可用的返回数据。

例如，在 UNIX 操作系统中，fcntl() 函数用于操作现有文件描述符，将其操作模式更改为非阻塞（使用 O_NONBLOCK 标志）模式。一旦资源处于非阻塞模式，任何读取操作将失败，返回码为 EAGAIN，以防该资源还没有准备好读取任何数据。

访问这种非阻塞 I/O 的最基本模式是在循环内主动轮询资源，直到返回一些实际数据，这被称为**忙碌等待**。

以下伪代码说明如何使用非阻塞 I/O 和轮询从多个资源中读取数据：

```
resources = [socketA, socketB, pipeA];
while(!resources.isEmpty()) {
    for(i = 0; i < resources.length; i++) {
        resource = resources[i];
        //try to read
        let data = resource.read();
        if(data === NO_DATA_AVAILABLE)
            //there is no data to read at the moment
            continue;
        if(data === RESOURCE_CLOSED)
            //the resource was closed, remove it from the list
            resources.remove(i);
        else
            //some data was received, process it
            consumeData(data);
    }
}
```

可以看到，使用这个简单的技术，已经可以在同一个线程中处理不同的资源，但是它仍然效率不高。实际上，在前面的示例中，循环仅消耗宝贵的 CPU 时间来对多数时间不可用的资源进行迭代。轮询算法通常会导致大量的 CPU 时间浪费。

## 事件多路分解器

忙碌等待绝对不是处理非阻塞资源的理想技术，令人高兴的是，大多数现代操作系统提供了一种本机机制，该机制通过一种有效的方式处理并发和非阻塞资源。这种机制称为**同步事件多路分解器**或**事件通知接口**。此组件收集并排列一套被监视的资源的 I/O 事件，并阻塞它们，直到有新事件来处理。以下是使用通用同步事件多路分解器从两个不同资源读取数据的算法伪代码：

```
socketA, pipeB;
watchedList.add(socketA, FOR_READ);                      //[1]
watchedList.add(pipeB, FOR_READ);
while(events = demultiplexer.watch(watchedList)) {       //[2]
    //event loop
    foreach(event in events) {                           //[3]
        //This read will never block and will always return data
        data = event.resource.read();
```

```
    if(data === RESOURCE_CLOSED)
        //the resource was closed, remove it from the watched
            list
        demultiplexer.unwatch(event.resource);
    else
        //some actual data was received, process it
        consumeData(data);
    }
}
```

上述伪代码的重要步骤为：

1. 将资源添加到数据结构，将它们中的每个都与一个具体操作相关联，在我们的示例中为 read。

2. 通过对资源组的监测，事件通知器被设置。此调用是同步的，阻塞的，直到任何被监视的资源准备好进行 read。此时，事件多路分解器从调用返回，有了一组新的事件可用于处理。

3. 处理事件多路分解器返回的每个事件。与此同时，保证准备好和每个事件相关联的资源以被读取并且在操作期间不被阻塞。当处理完所有事件后，流再次阻塞事件多路分解器，直到有新的事件再次可用于处理。这被称为**事件循环**。

有意思的是，使用这种模式，现在可以在单个线程内处理多个 I/O 操作，而无须使用忙碌等待技术。下图显示了 Web 服务能够使用同步事件多路分解器和单个线程处理多个连接。

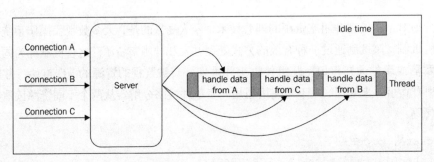

该图清楚地显示了在使用同步事件多路分解器和非阻塞 I/O 的单线程应用程序中并发如何工作。可以看到，只使用一个线程不会影响同时运行多个 I/O 绑定任务的性能。任务随着时间的推移而传播，而不是分散在多个线程。使线程总空闲时间最小化这个明显的优点在图中可以清楚地看到。这不是选择此模型的唯一原因。事实上，只有一个线程也对程序员处理并发的方式有一个有益的影响。在整本书中我们将看到，缺少进程内竞争条件和多个线程同步，使我们可以使用更简单的并发策略。

在下一章中，我们将更进一步地讨论 Node.js 的并发模型。

## Reactor 模式简介

这一节介绍 Reactor 模式，这是上一节中提出的算法的专业化实现。其背后的主要思想是让一个处理程序与每个 I/O 操作相关联（在 Node.js 中处理程序指回调函数），在事件循环产生并发处理时立即调用相应的处理程序。Reactor 模式的结构如下图所示。

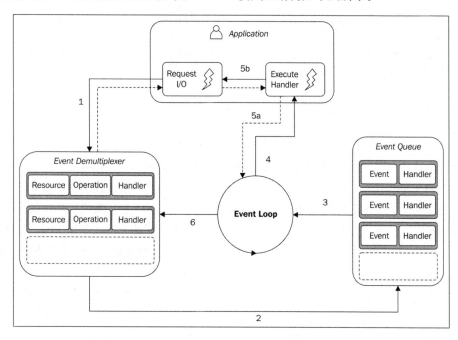

下面是在应用中使用 Reactor 模式时发生的事情：

1. 应用程序通过向 **Event Demultiplexer**（事件多路分解器）提交请求来生成新的 I/O 操作。应用程序还指定一个处理程序，当操作完成时将调用该处理程序。向 **Event Demultiplexer** 提交新请求是一种非阻塞调用，它立即将控制权返回给应用程序。

2. 当一组 I/O 操作完成时，事件多路分解器将新的事件推入 **Event Queue**（事件队列）。

3. 此时，**Event Loop** 遍历 **Event Queue** 的项目。

4. 对于每个事件，调用关联的处理程序。

5. 处理程序是应用程序代码的一部分，当它执行完成时将把控制权返回给 **Event Loop** （5a）。但是，在处理程序执行过程中可能会请求新的异步操作（5b），从而导致新的操作被插入 Event Demultiplexer（1）。

6. 当 Event Loop 中的所有项目被处理完时，循环将再次阻塞 Event Demultiplexer，当有新事件可用时，Event Demultiplexer 将触发另一个周期。

异步行为现在清楚了：应用程序表示有兴趣在一个时间点（不阻塞）访问资源，并提供一个处理程序，当操作完成时，处理程序将在另一个时间点被调用。

 当事件多路分解器中没有更多的待处理操作时，Node.js 应用程序将自动退出，并且不会在 Event Queue 中处理更多的事件。

现在可以在 Node.js 的核心定义模式：

**模式（reactor）** 通过阻塞来处理 I/O，直到一组被观察资源的新事件可用，然后将每个事件分派到相关联的处理程序来做出反应。

# Node.js-libuv 的非阻塞 I/O 引擎

每个操作系统都有自己的**事件多路分解器**接口：Linux 上的 epoll、Mac OS X 上的 kqueue 和 Windows 上的 **I/O 完成端口（IOCP）** API。除此之外，每个 I/O 操作都可以根据资源的类型（即使在同一个操作系统中）有很大的不同。例如，在 UNIX 中，常规文件系统文件不支持非阻塞操作，因此，为了模拟非阻塞行为，有必要在事件循环外使用单独的线程。所有这些不同操作系统之间以及自身内部的不一致性需要为事件多路分解器构建更高级别的抽象。这正是为什么 Node.js 核心团队创建了一个名为 libuv 的 C 库，其目的是使 Node.js 与所有主要平台兼容，并规范不同类型资源的非阻塞行为。libuv 现在被认为是 Node.js 的低层 I/O 引擎。

除了抽象底层系统调用之外，libuv 还实现了 Reactor 模式，因此提供了一系列 API，用于创建事件循环，管理事件队列，运行异步 I/O 和排队其他类型任务。

 如果想学习更多 libuv 的知识，这里有很棒的资源，即由作者 Nikhil Marathe 创建的免费在线图书，可在以下网站获取：http://nikhilm.github.io/uvbook/。

## Node.js 的秘诀

Reactor 模式和 libuv 是 Node.js 的基本构建块，但是还需要以下三个其他组件才能构建完整的平台：

- 一组绑定，负责包装和暴露 libuv 和 JavaScript 其他低级功能。
- 实现高级 Node.js API 的核心 JavaScript 库（称为 node-core）。
- **V8**，最初由 Google 开发的 Chrome 浏览器的 JavaScript 引擎。这是 Node.js 如此快速和高效的原因之一。V8 因其革命性的设计、速度和高效的内存管理而备受赞誉。

最后是 Node.js 的秘诀图，下图展示了它的最终构架。

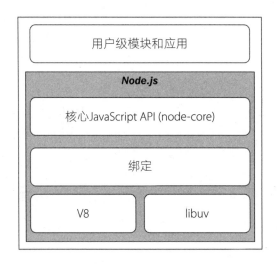

# 总结

在本章中，我们学习了 Node.js 平台是如何基于一些重要的原则，为构建高效和可重用的代码奠定基础的。平台背后的理念和设计选择实际上对我们创建的每个应用程序和模块的结构及行为有很大的影响。通常，对于从另一种技术转移过来的开发者，可能并不熟悉这些原则，人们通常的本能反应是尝试在一个世界中寻找更熟悉的模式来对抗变化，而实际上需要真正改变你的思维方式。

一方面，Reactor 模式的异步性需要不同的编程风格，通常由回调和随后发生的事情形成，而不必担心过多的线程和竞争状况。另一方面，模块模式及其简约性原则在可重用性、可维护性和可用性方面开辟了新场景。

---

最后，除了具有快速、高效和基于 JavaScript 的显而易见的技术优势之外，Node.js 因为前述的原则而引起了很多人的兴趣。对许多人来说，掌握这个世界的本质就像是回到起源，回到一种无论从规模还是复杂度上都更加人性化的编程方式，这就是开发人员最终爱上 Node.js 的原因。ES2015 使事情更加有趣，并开启了新的场景，在这种场景中，我们可以享受更富有表现力的语法所带来的种种优势。

在下一章中，我们将深入探讨 Node.js 中的两个基本的异步模式：回调模式和事件发射器。还将了解同步和异步代码之间的区别，以及如何避免编写不可预测的函数。

# 第**2**章

# Node.js 基础设计模式

接纳 Node.js 的异步特性并不那么容易，特别是对于像 PHP 这种不常用于处理异步代码的语言。

在同步编程中，我们习惯于将代码想象为解决特定问题的一系列连续计算步骤。每个操作都是阻塞的，这意味着只有当一个操作完成时，才能执行下一个操作。这种处理使代码易于理解和调试。

异步编程恰恰相反，一些诸如读取文件或执行网络请求的操作，可以作为后台操作来运行。当调用异步操作时，即使先前的操作尚未完成，也会立即执行下一个操作。在后台待处理的操作可以在任何时间完成，整个应用程序应通过编程在异步请求完成时以适当的方式做出响应。

虽然与阻塞场景相比，这种非阻塞方法几乎总能保证更好的性能，但它提供了一个很难推理的范例，并且在处理需要复杂控制流的高级应用程序时会变得非常麻烦。

Node.js 提供了一系列工具和设计模式来最优地处理异步代码。如何使用它们来获得信心，编写既有效又易于理解和调试的应用程序，这很重要。

在本章中，我们将看到两个最重要的异步模式：回调（callback）和事件发射器（event emitter）。

# 回调模式

前一章介绍了，回调是 Reactor 模式处理程序的实现，是 Node.js 独特的编程风格的印记。回调是被调用来传播操作结果的函数，这正是我们在处理异步操作时所需要的。它们会替代总是同步执行的 return 指令。JavaScript 是一种很好的表示回调的语言，因为正如你所见，函数首先是类对象，可以很容易地分配给变量，作为参数传递，从另一个函数调用返回或存储到数据结构。另一个实现回调的理想构造是**闭包**。使用闭包，我们实际上可以引用创建函数的环境，可以始终维持异步操作被请求时的上下文，不用关心它的回调被调用的时间或地点。

如果你需要重温关于闭包的知识，可以参考开发者 Mozilla 在网络上的文章：https://developer.mozilla.org/en-US/docs/Web/JavaScript/Guide/Closures。

在本节中，我们将分析回调这种特殊的编程风格，而不用 x 返回指令。

## CPS（Continuation Passing Style）

在 JavaScript 中，回调是一个作为参数传递给另一个函数的函数，当操作完成时将调用该结果。在函数编程中，这种传播结果的方式称为 **CPS（Continuation Passing Style）**。这是一个通用的概念，它并不总是与异步操作相关联。事实上，它只是表示通过将结果传递给另一个函数（回调）而使结果传播，而不是直接返回给调用者。

### 同步 CPS

为了澄清这个概念，我们来看一个简单的同步函数：

```
function add(a, b) {
    return a + b;
}
```

这里没有什么特别的，使用 return 指令将结果传递回调用者，我们也称此为**直接风格（direct style）**，它代表了在同步编程中返回结果的最常见方法。该函数的等效 CPS 如下：

```
function add(a, b, callback) {
    callback(a + b);
}
```

add() 函数是一个同步 CPS 函数，这意味着只有当回调执行完成时它才返回值。以下代码演

---

示了此函数：

```
console.log('before');
add(1, 2, result => console.log('Result: ' + result));
console.log('after');
```

由于 add() 是同步的，因此代码将简单地打印以下内容：

**before**

**Result: 3**

**after**

## 异步 CPS

现在，考虑一个 add() 函数是异步的情况，如下所示：

```
console.log('before');
function additionAsync(a, b, callback) {
  setTimeout(() => callback(a + b), 100);
}
```

在该代码中，使用 setTimeout() 来模拟回调的异步调用。现在，我们尝试使用 additional-Async 函数，并查看操作的顺序如何改变：

```
console.log('before');
additionAsync(1, 2, result => console.log('Result: ' + result));
console.log('after');
```

以上代码将输出如下内容：

**before**

**after**

**Result: 3**

由于 setTimeout() 触发异步操作，它不会等待要执行的回调，而是立即返回，将控制权返回给 additionalAsync()，然后返回到调用者。在 Node.js 中该特性非常重要，因为它会在发送异步请求后立即将控制权返回给事件循环，以处理来自队列的新事件。

下图显示了其工作原理。

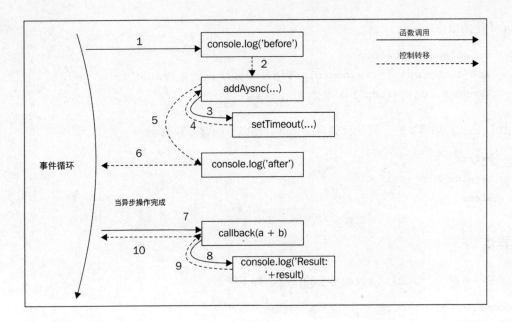

当异步操作完成时，从提供给异步函数的回调开始，将重新启动该过程，从而引发退绕。执行将从 **Event Loop** 开始，因此将有一个新的堆栈。这是 JavaScript 便利之处。由于是闭包，即使在不同的时间点和不同的位置调用回调函数，也不用维护异步函数调用者的上下文。

同步函数会发生阻塞，直到它完成操作。异步函数会立即返回，并且在事件循环的后续周期将结果传递给处理程序（我们的例子中是回调）。

## 非 CPS 回调

在有些情况下，回调参数的存在可能会让我们认为这个函数是异步的或使用 CPS，其实并不总是这样。举个例子，Array 对象的 map() 方法：

```
const result = [1, 5, 7].map(element => element - 1);
console.log(result); // [0, 4, 6]
```

很明显，回调函数只是用来遍历数组的元素的，而不是传递操作的结果。事实上，这里结果是通过一种直接形式同步返回的。是否使用回调通常会在 API 文档中清楚地说明。

# 同步或异步

我们已经看到指令的顺序是如何改变的，其依赖于函数是同步的还是异步的。这对整个应用的流程具有很大的影响，包括正确性和效率。以下是这两种范式及其陷阱的分析。一般来

Node.js 设计模式（第 2 版）

说，必须避免因 API 本身产生的不一致和混乱，因为这样可能会导致一系列非常难以检测和重现的问题。为了进一步分析，下面给出一个不一致的异步函数的示例。

## 不可预测的函数

一个最危险的情况是一个 API 在某些条件下同步运行，在其他条件下异步运行。请看下面的代码：

```
const fs = require('fs');
const cache = {};
function inconsistentRead(filename, callback) {
  if(cache[filename]) {
    //invoked synchronously
    callback(cache[filename]);
  } else {
    //asynchronous function
    fs.readFile(filename, 'utf8', (err, data) => {
      cache[filename] = data;
      callback(data);
    });
  }
}
```

上面的函数使用 cache 变量来存储不同文件读操作的结果。注意，这只是一个例子，它没有错误管理，并且缓存逻辑本身也不是最佳的。这个函数是危险的，因为如果没有设置缓存，它是异步的，直到 fs.readFile() 函数返回结果；但是它对于已经缓存文件的所有后续请求是同步的，将触发回调函数的立即调用。

## 释放 Zalgo

现在，我们来看如何使用刚才定义的不可预测函数，看它如何轻松地中断应用程序。请看下面的代码：

```
function createFileReader(filename) {
  const listeners = [];
  inconsistentRead(filename, value => {
    listeners.forEach(listener => listener(value));
  });
  return {
```

```
    onDataReady: listener => listeners.push(listener)
  };
}
```

当该函数被调用时，它创建一个新的对象作为通知器，允许我们为文件读取操作设置多个监听器。当读取操作完成并且数据可用时，将立即调用所有监听器。该函数使用 inconsistentRead() 函数来实现这个功能。下面尝试使用 createFileReader() 函数：

```
const reader1 = createFileReader('data.txt');
reader1.onDataReady(data => {
  console.log('First call data: ' + data);
  //...sometime later we try to read again from
  //the same file
  const reader2 = createFileReader('data.txt');
  reader2.onDataReady( data => {
    console.log('Second call data: ' + data);
  });
});
```

代码将输出以下内容：

**First call data: some data**

由此可见，第二个操作的回调不会被调用。我们来看看这是为什么：

- 在 reader1 的创建过程中，inconsistentRead() 函数以异步方式运行，因为没有可用的缓存结果。因此，我们有足够的时间来注册监听器，它将在读取操作完成时，在事件循环的另一个循环中被调用。

- 然后，在事件循环的循环过程中创建 reader2，此时所请求文件的缓存已经存在。在这种情况下，对 inconsistentRead() 的内部调用将是同步的。因此，它的回调将被立即执行，这意味着 reader2 的所有监听器也将被同步调用。但是，我们是在创建 reader2 之后才注册监听器，因此永远不会调用它们。

inconsistentRead() 函数的回调行为是难以预测的，因为存在很多影响因素，例如调用的频率、作为参数传递的文件名，以及加载文件所花费的时间等。

这样的错误在实际应用中识别和重现非常困难。想象一下，在 Web 服务器中使用类似的功能，其中有多个并发请求，一些请求被挂起，没有任何明显的原因，没有任何错误记录。这绝对属于令人讨厌的缺陷类别。

Isaac Z. Schlueter，npm 的创建者和前 Node.js 项目主管，在他的一篇博客文章中将使用这样不可预测的函数类比于释放Zalgo。

Zalgo 是一个互联网传说，会导致世界错乱、死亡和毁灭的一个不祥的实体。如果你不知道Zalgo，可以自己去了解一下。

可以在 http://blog.izs.me/post/59142742143/designing-apis-for-asynchrony 找到 Isaac Z. Schlueter 的原始帖子。

## 使用同步 API

通过上一节示例的学习，我们得出的教训是，API 必须明确定义其特性：同步的或异步的。

对于 inconsistentread() 函数，一个合适的解决办法是让它完全同步。这是可以做到的，因为 Node.js 为大多数基本 I/O 操作提供了一组同步的直接风格的 API。例如，可以使用 fs.readFileSync() 函数代替其异步函数。代码如下：

```
const fs = require('fs');
  const cache = {};
  function consistentReadSync(filename) {
    if(cache[filename]) {
      return cache[filename];
    } else {
    cache[filename] = fs.readFileSync(filename, 'utf8');
    return cache[filename];
  }
}
```

可以看到，整个函数也被转换为直接风格的。如果函数是同步的，则没有理由具有 CPS。事实上，我们也能看到，使用直接风格的同步 API 是最好的做法。这将消除其本身引起的任何混乱，并且从性能的角度来看也更有效。

 **模式**
更喜欢直接风格的纯同步函数。

请记住，将 API 从 CPS 风格变为直接风格，或者从异步的变为同步的（反之亦然），也需要修改使用它的所有代码的风格。例如，在我们的示例中，必须完全修改 createFileReader() 函数 API 的接口，使其始终是同步工作的。

---

此外，使用同步 API 代替异步 API 有一些注意事项：

- 用于特定功能的同步 API 可能并不总是可用的。
- 同步 API 将阻塞事件循环，并保持并发请求。它打破了 JavaScript 并发模型，使整个应用程序变慢。我们将在本书后面看到这对应用程序意味着什么。

在 consistentReadSync() 函数中，阻塞事件循环的风险被部分缓解，因为对于每一个文件名的同步 I/O，API 只被调用一次，而缓存的值将用于所有后续调用。如果静态文件的数量有限，那么使用 consistentReadSync() 不会对事件循环有很大影响。如果必须一次性读取许多个文件，情况就不同了。在 Node.js 中，在许多情况下都不建议使用同步 I/O，然而，在某些情况下，这可能是最简单和最有效的解决方案。始终评估你的情况，以选择正确的方案。例如，在启动应用程序时，使用同步阻塞 API 加载配置文件就是比较好的选择。

只在不影响应用程序处理并发请求的能力时使用阻塞 API。

## 延迟执行

解决 inconsistentRead() 函数问题的另一个方法是使它完全的异步。这里的技巧是将同步回调的调用调度到 "将来" 执行，而不是在同一事件循环周期中立即执行。在 Node.js 中，可以使用 process.nextTick() 来实现，它的作用是延迟一个函数的执行，直到下一次事件循环。它的功能非常简单，就是将回调作为参数，并将其推到事件队列的顶部，在任何等待处理的 I/O 事件之前返回。一旦事件循环再次运行，该回调将被执行。

下面我们应用这个技术来修改 inconsistentRead() 函数，如下所示：

```
const fs = require('fs');
   const cache = {};
   function consistentReadAsync(filename, callback) {
    if(cache[filename]) {
     process.nextTick(() => callback(cache[filename]));
    } else {
     //asynchronous function
     fs.readFile(filename, 'utf8', (err, data) => {
       cache[filename] = data;
       callback(data);
     });
    }
   }
```

现在，该函数在任何情况下都会异步执行它的回调。

另一个用于延迟执行代码的 API 是 setImmediate()。虽然它们的作用非常相似，但它们的语义是完全不同的。使用 process.nextTick() 延迟的回调在任何其他 I/O 事件触发之前运行，而使用 setImmediate()，回调执行将在队列中已有的任何 I/O 事件之后排队。因为 process.nextTick() 在任何已经调度的 I/O 之前运行，它可能在某些情况下导致 I/O 饥饿，例如递归调用；而使用 setImmediate() 则永远不会发生这种情况。当我们在本书后面分析使用延迟调用来运行同步计算密集型任务时，还会讲解这两个 API 之间的区别。

**模式**

通过使用 process.nextTick() 来延迟执行以实现异步执行回调。

# Node.js 回调约定

在 Node.js 中，CPS 的 API 和回调遵循一组特定的约定。这些约定不仅在 Node.js 核心 API 中被运用，也被绝大多数用户模块和应用程序所遵循。因此，我们必须对这些约定有所了解，以便我们在设计每一个异步 API 时都遵循约定，这一点非常重要。

### 回调函数置尾

在 Node.js 所有的核心方法中，一个标准约定是，当一个函数在输入中接受一个回调时，它必须作为最后一个参数传递。我们看下面的 Node.js 核心 API：

```
fs.readFile(filename, [options], callback)
```

从函数的签名我们可以看到，回调总是放在最后一个位置，即使存在可选的参数。其原因是，在回调被定义的情况下，函数调用的可读性更强。

### 暴露错误优先

在 CPS 中使用回调时，错误作为结果的其他类型传递。在 Node.js 中，CPS 函数产生的任何错误总是作为回调的第一个参数传递，任何实际结果从第二个参数开始传递。如果操作成功，没有错误，则第一个参数将为 null 或 undefined。

以下代码显示如何定义符合此约定的回调：

```
fs.readFile('foo.txt', 'utf8', (err, data) => {
  if(err)
```

```
      handleError(err);
    else
      processData(data);
  });
```

最好的做法是始终检查是否存在错误，否则，代码将更难调试，也更难发现问题点。另一个重要约定是，错误必须始终为 Error 类型。这意味着，简单的字符串或数值不应该作为错误对象传递。

## 传播错误

在直接风格的同步函数中传播错误，是通过大家熟知的 throw 语句来完成的。这会导致错误在调用堆栈中跳转，直到它被捕获。

然而，在异步 CPS 中，可以将错误简单地传递到链中的下一个回调来进行正确的错误传播。典型的模式如下：

```
const fs = require('fs');
function readJSON(filename, callback) {
  fs.readFile(filename, 'utf8', (err, data) => {
    let parsed;
    if(err)
      //propagate the error and exit the current function
      return callback(err);
    try {
      //parse the file contents
      parsed = JSON.parse(data);
    } catch(err) {
      //catch parsing errors
      return callback(err);
    }
    //no errors, propagate just the data
    callback(null, parsed);
  });
};
```

在上面的代码中，应该注意的是，当我们想要传递一个有效的结果和一个错误时，回调是如何被调用的。还要注意，当传播错误时，应使用 return 语句。这样可确保，一旦回调函数被调用就退出函数，并避免执行 readJSON 中的下一行。

Node.js 设计模式（第 2 版）

## 未捕获异常

你可能已经在 readJSON() 函数中看到,为了避免任何异常被抛出到 fs.readFile() 回调中,在 JSON.parse() 周围放了一个 try...catch 块。在异步回调中抛出异常将导致异常跳转到事件循环,并且不会传播到下一个回调。

在 Node.js 中,这是一个不可恢复的状态,应用程序将简单地关闭并输出错误到 stderr 接口。为了演示这个行为,我们尝试将 readJSON() 函数中的 try...catch 块删除:

```
const fs = require('fs');
function readJSONThrows(filename, callback) {
  fs.readFile(filename, 'utf8', (err, data) => {
    if(err) {
      return callback(err);
    }
    //no errors, propagate just the data
    callback(null, JSON.parse(data));
  });
};
```

现在,在我们刚才定义的函数中,没有办法捕获来自 JSON.parse() 的异常。如果我们尝试使用以下代码解析无效的 JSON 文件:

```
readJSONThrows('nonJSON.txt', err => console.log(err));
```

将导致应用程序突然中止,并在控制台上输出以下异常信息:

```
SyntaxError: Unexpected token d
at Object.parse (native)
at [...]
at fs.js:266:14
at Object.oncomplete (fs.js:107:15)
```

现在,如果查看前面的堆栈,将看到它从 fs.js 模块的某个位置开始,恰好在本地 API 已完成读取的地方,将结果通过事件循环返回到 fs.readFile() 函数。这清楚地告诉我们,异常从回调移动到了堆栈,然后直接进入事件循环,在那里它最终被捕获并抛出到控制台中。

这也意味着用 try...catch 块包裹 readJSONThrows() 的调用不会有效,因为该块操作的堆栈与调用回调的堆栈不同。下面的代码显示了我们刚才描述的反模式:

---

```
try {
    readJSONThrows('nonJSON.txt', function(err, result) {
        //...
    });
} catch(err) {
    console.log('This will not catch the JSON parsing exception');
}
```

这里的 catch 语句将永远不会收到 JSON 解析异常，因为它将返回到引发异常的堆栈。我们只是看到该堆栈结束于事件循环，而不是触发异步操作的函数。

如前所述，在异常到达事件循环的时刻，应用程序中止。但是，我们仍然有机会在应用程序中止之前执行一些清理或日志记录的操作。事实上，当发生这种情况时，Node.js 会在退出进程之前发出一个名为 uncaughtException 的特殊事件。以下显示了一个简单的示例：

```
process.on('uncaughtException', (err) => {
    console.error('This will catch at last the ' +
        'JSON parsing exception: ' + err.message);
    // Terminates the application with 1 (error) as exit code:
    // without the following line, the application would continue
    process.exit(1);
});
```

重要的是要理解未捕获的异常使应用程序处于不能保证一致性的状态，这可能导致无法预料的问题。例如，可能仍有未完成的 I/O 请求正在运行或闭包可能变得前后矛盾。这就是为什么总是建议，在收到未捕获的异常后退出应用程序，特别是在生产中。

# 模块系统及其模式

模块是用于构造复杂应用程序的砖块，也是通过保持所有未明确被标记为导出的函数和变量为私有的来隐藏信息的主要途径。在本节中，我们将介绍 Node.js 模块系统及其最常见的使用模式。

## 揭示模块模式

JavaScript 的一个主要问题是没有命名空间。在全局范围中运行的程序会对来自内部应用程序代码和依赖关系的数据造成污染。解决这个问题的流行技术称为**揭示模块模式**，它看起来如下所示：

```
const module = (() => {
  const privateFoo = () => {...};
  const privateBar = [];
  const exported = {
    publicFoo: () => {...},
    publicBar: () => {...}
  };
  return exported;
})();
console.log(module);
```

此模式利用自执行函数创建私有作用域，仅导出有意公开的部分。在上面的代码中，module 变量只包含导出的 API，而模块内部的其余部分实际上无法从外部访问。我们稍后会看到，这个模式背后的概念被用作 Node.js 模块系统的基础。

# Node.js 模块解释

CommonJS 是一个旨在标准化 JavaScript 生态系统的团体，其中最受欢迎的提案之一称为 CommonJS 模块。Node.js 在这个规范之上构建了它的模块系统，增加了一些自定义扩展。为了描述它是如何工作的，可以使用揭示模块模式进行类比，让每个模块在私有作用域中运行，以便本地定义的每个变量不会污染全局命名空间。

## 自制模块加载器

为了解释这是如何工作的，我们从头开始构建一个类似的系统。下面的代码创建一个和 Node.js 原始 require() 函数的子集相似的函数。

我们创建一个函数来加载模块的内容，将它包到一个私有作用域中，并评估它：

```
function loadModule(filename, module, require) {
  const wrappedSrc=`(function(module, exports, require) {
    ${fs.readFileSync(filename, 'utf8')}
  })(module, module.exports, require);`;
  eval(wrappedSrc);
}
```

模块的源代码基本上被包装到一个函数中，因为它是为了揭示模块模式。这里的区别是，我们将一个变量列表传递给模块，特别是 module、exports 和 require。请注意包装函数的出口参数是用 modele.exports 的内容初始化的，我们将在后面讨论它。

 请记住，这只是一个例子，你很少需要在实际应用程序中去评价一些源代码。可以很容易地以错误的方式或错误的输入来使用 eval() 或 vm 模块（http://nodejs.org/api/vm.html）的功能，这样，可以打开一个系统来进行代码注入攻击。使用它们时要非常小心，或完全避免使用它们。

下面通过实现 require() 函数来看看这些变量包含什么：

```
const require = (moduleName) => {
    console.log(`Require invoked for module: ${moduleName}`);
    const id = require.resolve(moduleName);          //[1]
    if(require.cache[id]) {                          //[2]
        return require.cache[id].exports;
    }
    //module metadata
    const module = {                                 //[3]
        exports: {},
        id: id
    };
    //Update the cache
    require.cache[id] = module;                       //[4]
    //load the module
    loadModule(id, module, require);                  //[5]
    //return exported variables
    return module.exports;                            //[6]
};
require.cache = {};
require.resolve = (moduleName) => {
    /* resolve a full module id from the moduleName */
};
```

上面的函数模拟了 Node.js 的原始 require() 函数的行为，该函数用于加载模块。当然，这只是为了学习的目的，它不能准确或完全地反映真正 require() 函数的内部行为，但是通过它能很好地理解 Node.js 模块系统的内部，以及模块是如何被定义和加载的。关于我们的自制模块系统的解释如下：

1. 模块名称被接受作为输入，我们做的第一件事是解析模块的完整路径，称之为 id。这个任务委托给 require.resolve() 来完成，它实现了一个特定的解析算法（稍后我们将讨论它）。

2. 如果在过去已经加载过模块，它应该在缓存中。在这种情况下，立即返回它。

3. 如果模块尚未加载，需要为首次加载设置运行环境。特别是，创建一个 module 对象，其中包含用空对象字面量初始化的 exports 属性。此属性将用于模块的代码导出任何公共 API。

4. module 对象被缓存。

5. 模块源代码从其文件被读取，代码被评估，如前所述。我们向模块提供刚刚创建的模块对象，并引用了 require() 函数。该模块通过操作或替换 module.exports 对象来导出其公共 API。

6. 最后，module.exports 的内容表示模块的公共 API，返回给调用者。

可以看到，Node.js 模块系统的运作背后没有什么神奇的东西，诀窍在于围绕模块源代码的构造器和运行构造器的人工环境。

## 定义模块

通过查看我们自定义的 require() 函数是如何工作的，你应该知道如何定义一个模块。下面为一个代码示例：

```
//load another dependency
const dependency = require('./anotherModule');
//a private function
function log() {
  console.log(`Well done ${dependency.username}`);
}
//the API to be exported for public use
module.exports.run = () => {
  log();
};
```

要记住的基本概念是，模块内的所有内容都是私有的，除非它被分配给 module.exports 变量。然后，当使用 require() 加载模块时，将缓存和返回此变量的内容。

## 定义全局变量

即使在模块中声明的所有变量和函数都在其局部作用域中定义，仍然可以定义一个全局变量。事实上，模块系统暴露了一个称为 `global` 的特殊变量，可以用于此目的。分配给此变量的所有内容将在全局范围内自动结束。

 污染全局作用域被认为是坏的做法，抵消了模块系统的优势。所以，只有当真的知道你在做什么时才使用它。

## module.exports 与 exports

对于许多不熟悉 Node.js 的开发人员来说，常见的混乱是不清楚使用 `exports` 和 `module.exports` 暴露公共 API 的区别。自定义的 `require` 函数的代码应该再次清除任何疑问。变量 `exports` 只是 `module.exports` 初始值的引用，这样的值本质上是在模块加载之前创建的简单对象字面量。

这意味着我们只能将新的属性附加到 `exports` 变量所引用的对象，如下面的代码所示：

```
exports.hello = () => {
    console.log('Hello');
}
```

给 `exports` 变量重新赋值没有任何意义，因为它不会改变 `module.exports` 的内容；它将只给变量本身重新赋值。因此，下面的代码是错误的：

```
exports = () => {
    console.log('Hello');
}
```

如果我们要导出除对象字面量之外的其他东西，例如函数、实例甚至是字符串，必须重新设置 `module.exports`，如下所示：

```
module.exports = () => {
    console.log('Hello');
}
```

## require 函数是同步的

我们应该注意另一个重要细节，自定义的 require 函数是同步的。实际上，它使用简单的直接模式返回模块内容，并且不需要回调。对于原来的 Node.js 的 require() 函数也是如此。因此对 module.exports 的任何赋值也必须是同步的。例如，以下代码不正确：

```
setTimeout(() => {
    module.exports = function() {...};
}, 100);
```

这个属性对我们定义模块的方式有重要的影响，因为它限制了我们在模块定义期间必须使用同步代码。这实际上是为什么核心 Node.js 库提供同步 API 作为大多数异步 API 的替代品的最重要原因之一。

如果我们需要让一个模块有一些异步初始化步骤，我们随时可以定义和导出一个未初始化的模块，该模块将在以后异步初始化。然而，这种方法的问题是，使用 require 加载这样的模块不能保证它已经准备好被使用。在第 9 章（高级异步编程技巧）中我们将详细分析这个问题，并提出一些模式来优雅地解决这个问题。

因为好奇，你可能想知道，在早期，Node.js 曾经有一个异步版本的 require()，但它很快被删除了，因为它实际上意味着仅在初始化时才使用的功能过于复杂化，而异步 I/O 相比其优点带来了更多的复杂性。

## 解析算法

*依赖项地狱*（*depemdency hell*）描述了一种情况，软件的依赖项依赖于共享依赖项，但是需要不同的不兼容版本。Node.js 通过加载模块的不同版本来优化解决这个问题，这取决于模块从哪里加载。这个特性的所有优点都转到 npm，以及 require 函数中使用的解析算法。

下面我们快速概述一下这个算法。正如我们看到的，resolve() 函数接受一个模块名（这里称为 moduleName）作为输入，并返回模块的完整路径。然后，该路径用于加载其代码并且还唯一地标识模块。解析算法可以分为以下三个主要部分。

- **文件模块**：如果 moduleName 以 / 开头，则它已被视为模块的绝对路径，它将按原样返回。如果它以 ./ 开头，则 moduleName 被认为是相对路径，从需求模块开始运算。
- **核心模块**：如果 moduleName 没有前缀 / 或 ./，算法将首先尝试在核心 Node.js 模块中搜索。
- **包模块**：如果没有找到与 moduleName 匹配的核心模块，则搜索将继续在第一个

node_modules 中查找匹配的模块目录，它从所需模块开始在目录结构中向上导航。该算法通过查找目录树中的下一个 node_modules 目录继续搜索匹配，直到它到达文件系统的根目录。

对于文件和包模块，单个文件和目录都可以与 moduleName 匹配。特别地，算法将尝试匹配以下内容：

- <moduleName>.js
- <moduleName>/index.js
- 在 <moduleName>/package.json 的 main 属性中指定的目录 / 文件

解析算法的完整、正式的文档可以在 http://dev.de/s.org/api/modules.html#modules_all_together 中找到。

node_modules 目录实际上是 npm 安装每个包的依赖关系的地方。这意味着，基于刚才描述的算法，每个包可以有自己的私有依赖。例如，考虑以下目录结构：

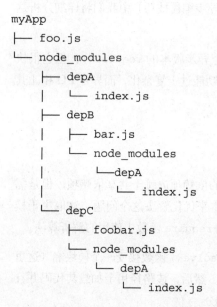

```
myApp
├── foo.js
└── node_modules
    ├── depA
    │   └── index.js
    ├── depB
    │   ├── bar.js
    │   └── node_modules
    │       └── depA
    │           └── index.js
    └── depC
        ├── foobar.js
        └── node_modules
            └── depA
                └── index.js
```

在前面的示例中，myApp、depB 和 depC 都依赖于 depA。然而，它们都有自己的私有版本的依赖。根据解析算法的规则，使用 require('depA') 时将根据需要的模块加载不同的文件，例如：

- 从 /myApp/foo.js 调用 require('depA') 将加载 /myApp/node_modules/depA/index.js。

- 从 /myApp/node_modules/depB/bar.js 调用 require('depA') 将加载 /myApp/node_modules/depB/node_modules/depA/index.js。
- 从 /myApp/node_modules/depC/foobar.js 调用 require('depA') 将加载 /myApp/node_modules/depC/node_modules/depA/index.js。

解析算法是 Node.js 依赖性管理健壮性的核心支撑，并且使得在应用中具有数百甚至数千个包，而不存在版本兼容性的冲突问题。

当我们调用 require() 时，解析算法对我们是透明的。然而，如果需要，它仍然可以由任何模块直接使用，只需调用 require.resolve() 即可。

## 模块缓存

每个模块仅在第一次需要时才加载和评估，因为任何后续的 require() 调用都将简单地返回缓存的版本。这通过查看我们自定义的 require 函数的代码就应该很清楚了。缓存对性能至关重要，但它也有一些重要的功能影响：

- 它使得在模块依赖项中可以有循环。
- 它在某种程度上保证，当在给定包中需要相同的模块时总是返回相同的实例。

模块缓存通过 require.cache 变量公开，因此如果需要，可以直接访问它。一个常见的用例是通过删除 require.cache 变量中的相对键（relative key）来使任何缓存的模块无效，这种做法在测试期间非常有用，但在正常情况下应用非常危险。

## 循环依赖

许多人认为循环依赖是一个内在的设计问题，但在真正的项目中也可能发生，所以我们有必要知道它在 Node.js 中是如何工作的。再来看一下自定义的 require() 函数，你马上就会知道它是如何工作的，以及存在的问题。

假设我们有两个模块定义如下：

- a.js 模块：

```
exports.loaded = false;
const b = require('./b');
module.exports = {
    bWasLoaded: b.loaded,
    loaded: true
```

```
    };
```

- b.js 模块：

```
exports.loaded = false;
const a = require('./a');
module.exports = {
    aWasLoaded: a.loaded,
    loaded: true
};
```

现在，我们尝试从另一个模块 main.js 加载它们，如下所示：

```
const a = require('./a');
const b = require('./b');
console.log(a);
console.log(b);
```

上面的代码将输出以下内容：

```
{ bWasLoaded: true, loaded: true }
{ aWasLoaded: false, loaded: true }
```

这个结果揭示了循环依赖关系的注意事项。虽然这两个模块在 main 模块引用的时候被完全初始化，但是当 a.js 在 b.js 中被加载时，它将不完整。尤其是，它的状态将是到达引用 b.js 的那一刻的状态。如果我们在 main.js 中交换两个模块引用的顺序，又是另一种警告。

如果你尝试这样做，你会看到，模块 a.js 收到一个不完整版本的 b.js。现在明白了，如果我们失去对某个模块首先加载的控制，可能会导致业务逻辑模糊不清。如果项目足够大，这很容易发生。

# 模块定义模式

模块系统除了是用于加载依赖关系的机制之外，还是用于定义 API 的工具。至于与 API 设计相关的任何其他问题，要考虑的主要因素是私有和公有功能之间的平衡。目标是最大限度地隐藏信息和 API 可用性，同时平衡这些问题与其他软件质量问题，如可扩展性（*extensibility*）和代码重用（*code reuse*）。

在本节中，我们将分析一些在 Node.js 中定义模块的最流行的模式，每个都在信息隐藏、可扩展性和代码重用性之间进行了平衡。

## 命名导出 (Named exports)

暴露公共 API 的最基本的方法是使用**命名导出**，其中包括将所有要公开的值赋给由 exports（或 module.exports）引用对象的属性。以这种方式，生成的导出对象成为一组相关功能的容器或命名空间。

以下代码显示了实现此模式的模块：

```
//file logger.js

exports.info = (message) => {
  console.log('info: ' + message);
};
exports.verbose = (message) => {
  console.log('verbose: ' + message);
};
```

然后，导出的函数可用作加载模块的属性，如以下代码所示：

```
//file main.js

const logger = require('./logger');
logger.info('This is an informational message');
logger.verbose('This is a verbose message');
```

大多数 Node.js 核心模块都使用这种模式。

CommonJS 规范仅允许使用 exports 变量来公开公共成员。因此，命名导出模式是唯一真正与 CommonJS 规范兼容的模式。module.exports 是 Node.js 提供的一个扩展，以支持更广泛的模块定义模式，例如下面这些定义模式。

## 导出函数

最流行的一种模块定义模式是将整个 module.exports 变量重新分配给一个函数。它的主要优点是只暴露一个单一的功能，这为模块提供了一个明确的入口点，使其更容易理解和使用。它也很好地遵循了小接触面 (*small surface area*) 的原则。这种定义模块的方式,因为最多产的用户之一 James Halliday（昵称 substack）的缘故，在社区中也被称为 **substack 模式**。如下面例子中的模式：

```
//file logger.js

module.exports = (message) => {
  console.log(`info: ${message}`);
};
```

该模式的可扩展性是使用已导出的函数作为其他公共 API 的命名空间。这是一个非常强大的组合，因为它仍然给模块提供了清晰的单一入口点（主要导出函数）。这种方法还允许我们公开次要的或更高级用例的其他功能。以下代码显示了如何使用导出的函数作为命名空间扩展我们之前定义的模块：

```
module.exports.verbose = (message) => {
  console.log(`verbose: ${message}`);
};
```

下面代码演示如何使用我们刚定义的模块：

```
//file main.js

const logger = require('./logger');
logger('This is an informational message');
logger.verbose('This is a verbose message');
```

虽然只输出一个函数似乎是一种限制，实际上它是一种完美的方式，把重心放在一个模块最重要的单一功能上。在降低次要或内部方面的可见性的同时，导出函数本身的属性。Node.js 的模块化极大地鼓励采用**单一责任原则（Single Responsibility Principle，SRP）**：每个模块应该对单个功能负责，该责任应完全由模块封装。

 **substack 模式**
仅导出一个函数来公开模块的主要功能。使用导出函数作为命名空间以暴露其他任何辅助功能。

## 导出构造函数

导出构造函数的模块是导出函数模块的特别化。不同之处在于，使用这种新模式，我们允许用户使用构造函数创建新实例，但是我们还能够扩展其原型并创建新类。以下是此模式的示例：

```javascript
//file logger.js

function Logger(name) {
  this.name = name;
}
Logger.prototype.log = function(message) {
  console.log(`[${this.name}] ${message}`);
};
Logger.prototype.info = function(message) {
  this.log(`info: ${message}`);
};
Logger.prototype.verbose = function(message) {
  this.log(`verbose: ${message}`);
};
module.exports = Logger;
```

并且，可以这样使用上面的模块：

```javascript
//file main.js

const Logger = require('./logger');
const dbLogger = new Logger('DB');
dbLogger.info('This is an informational message');
const accessLogger = new Logger('ACCESS');
accessLogger.verbose('This is a verbose message');
```

以同样的方式，我们可以轻松导出一个 ES2015 的类：

```javascript
class Logger {
  constructor(name) {
    this.name = name;
  }
  log(message) {
    console.log(`[${this.name}] ${message}`);
  }
  info(message) {
    this.log(`info: ${message}`);
  }
  verbose(message) {
    this.log(`verbose: ${message}`);
```

```
  }
}
module.exports = Logger;
```

鉴于 ES2015 类只是原型的语法糖，这个模块的使用将与其基于原型的替代方法完全相同。

导出构造函数或类仍然为模块提供单个入口点，但是与 substack 模式相比，它暴露了更多的模块内部细节，然而另一方面，它在扩展功能上也给予了更多的权力。

这种模式的差异包括应用防止不使用 new 指令调用的防护。这个小技巧允许把模块作为工厂（*factory*）使用。我们看看它是如何工作的：

```
function Logger(name) {
    if(!(this instanceof Logger)) {
      return new Logger(name);
    }
    this.name = name;
};
```

诀窍很简单：检查 this 是否存在并且是 Logger 的一个实例，如果一个条件为假，则意味着 Logger() 函数被调用而未使用 new，然后继续创建新实例并将其返回给调用者。这种技术允许将模块也用作工厂：

```
//file logger.js

const Logger = require('./logger');
const dbLogger = Logger('DB');
accessLogger.verbose('This is a verbose message');
```

通过 Node.js 6 开始提供的 ES2015 new.target 语法，可以实现一个更干净的方法。此语法公开了 new.target 属性。该属性是在所有函数内提供的 "meta 属性"，如果使用 new 关键字调用函数，则在运行时运算结果为 true。

可以使用这个语法来重写 logger 工厂：

```
function Logger(name) {
    if(!new.target) {
      return new LoggerConstructor(name);
    }
    this.name = name;
}
```

这个代码完全等同于上一个代码，所以可以说这个 `new.target` 语法是对我们更有帮助的 ES2015 语法糖，它可以使代码更加可读，也更自然。

## 导出实例

我们可以利用 `require()` 的缓存机制，轻松地使用从构造函数或工厂创建的状态来定义状态实例，该状态实例可以跨不同模块共享。以下代码是一个此模式的示例：

```
//file logger.js

function Logger(name) {
  this.count = 0;
  this.name = name;
}
Logger.prototype.log = function(message) {
  this.count++;
  console.log('[' + this.name + '] ' + message);
};
module.exports = new Logger('DEFAULT');
```

然后可以这样使用这个新定义的模块：

```
//file main.js

const logger = require('./logger');
logger.log('This is an informational message');
```

因为模块被缓存，每个引用 logger 模块的模块实际上总是得到对象的同一个实例，从而共享它的状态。这个模式非常像创建单例（*singleton*），然而，它并不能保证整个应用程序的实例的唯一性，因为它发生在传统的单例模式中。在分析解析算法时，我们都看到了，模块可以在应用的依赖树中多次安装。这将导致同一个逻辑模块的多个实例都在同一个 Node.js 应用程序的上下文中运行。在第 7 章（连接模块）中我们将分析导出状态实例和一些替代模式的结果。

该模式的一种扩展方式是，暴露用于创建实例的构造函数及实例本身。这允许用户创建相同对象的新实例，或者甚至在必要时扩展它。要启用此功能，只需要为实例分配一个新属性，如下面的代码行所示：

```
module.exports.Logger = Logger;
```

然后，可以使用导出的构造函数创建类的其他实例：

```
const customLogger = new logger.Logger('CUSTOM');
customLogger.log('This is an informational message');
```

从可用性的角度来看，这类似于使用导出函数作为命名空间。模块导出对象的默认实例，这是我们很多时候都要使用的功能，而更多高级的功能，例如创建新实例或扩展对象，仍然可以通过较少的暴露属性实现。

## 修改其他模块或全局作用域

一个模块甚至可以没有任何导出。这可能看起来不太合适。但是别忘了，模块可以修改全局作用域及其中的任何对象，包括缓存中的其他模块。请注意，这些做法通常被认为是不好的，但这种模式在某些情况（例如测试）下被野蛮粗暴地使用时，又是好用和安全的，因此值得去了解并理解。我们说一个模块可以修改其他模块或全局作用域内的对象，这被称为猴子补丁（*monkey patching*）。它通常是指在运行时修改现有对象以更改或者扩展其行为或应用临时修复的做法。

以下示例展示了如何向另一个模块添加新函数：

```
//file patcher.js

// ./logger is another module
require('./logger').customMessage = () => console.log('This is a new
    functionality');
```

使用新 patcher 模块很简单，就像下面代码这样：

```
//file main.js

require('./patcher');
const logger = require('./logger');
logger.customMessage();
```

在这个代码中，在首次使用 logger 模块之前必须引用 patcher，以便允许应用补丁。

这里描述的都是危险的应用。应该注意的是，拥有修改全局命名空间或其他模块的模块，这是一个会带来副作用的做法。换句话说，它影响其作用域之外的实体的状态，这可能导致不可预测的结果，特别是当多个模块与相同实体交互时。想象有两个不同的模块尝试设置相同的全局变量，或修改同一模块的相同属性。结果可能是不可预测的（哪个模块赢了），但最重要的是它会在整个应用程序中产生影响。

# 观察者模式

在 Node.js 中使用的另一个重要和基本的模式是观察者模式。与 Reactor 回调和模块一样，观察者模式也是平台的支柱之一，并且是使用 node 核心和用户模块的先决条件。

观察者是一个理想的解决方案，用于构建 Node.js 的反应特性，并且是回调的完美补充。下面给出一个正式的定义：

**模式（观察者）**定义了一个对象（称为主体），当它的状态发生变化时，它可以通知一组观察者（或者监听者）。

与回调模式的主要区别是，主体实际上可以通知多个观察者，而传统的 CPS 回调通常将其结果传播给一个监听者，即回调。

## EventEmitter 类

在传统的面向对象编程中，观察者模式需要接口、实体类和层次结构，而在 Node.js 中，一切都变得简单了。观察者模式已经内置在内核中，并且可以通过 EventEmitter 类获得。EventEmitter 类允许我们将一个或多个函数注册为监听器，当一个特定的事件类型被触发时，它将被调用。下面的图形象地解释了这个概念：

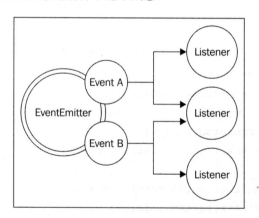

EventEmitter 是一个原型，从事件核心模块导出。下面的代码演示了如何获取它的引用：

```
const EventEmitter = require('events').EventEmitter;
const eeInstance = new EventEmitter();
```

---

EventEmitter 的基本方法如下。

- on(event, listener)：这个方法允许你为给定的事件类型（一个字符串）注册一个新的监听器（一个函数）。
- once(event, listener)：这个方法注册一个新的监听器，然后在事件第一次被触发后被删除。
- emit (event, [arg1], [...])：此方法产生一个新事件，并提供要传递给监听器的其他参数。
- removeListener(event, listener)：此方法删除指定事件类型的监听器。

上述所有方法都将返回 EventEmitter 实例以允许链式操作。监听器函数具有签名 function ([arg1], [...])，因此它只接受事件发生时提供的参数。在监听器中，this 指向触发事件的 EventEmitter 的实例。

可以看到，监听器和传统的 Node.js 回调有很大的区别，特别是第一个参数不是错误，但可以是在其调用时传递给 emit() 的任何数据。

## 创建和使用 EventEmitter

我们来看如何在实践中使用 EventEmitter。最简单的方式是创建一个新实例并立即使用它。下面代码中的函数使用 EventEmitter 在文件列表中查找特定模式，当找到时实时通知其订阅者：

```
const EventEmitter = require('events').EventEmitter;
const fs = require('fs');
function findPattern(files, regex) {
  const emitter = new EventEmitter();
  files.forEach(function(file) {
    fs.readFile(file, 'utf8', (err, content) => {
      if(err)
        return emitter.emit('error', err);
      emitter.emit('fileread', file);
      let match;
      if(match = content.match(regex))
        match.forEach(elem => emitter.emit('found', file, elem));
    });
  });
```

```
        return emitter;
    }
```

由该函数创建的 `EventEmitter` 将产生三个事件。

- `fileread`：读取文件时发生此事件。
- `found`：当找到匹配项时发生此事件。
- `error`：在读取文件期间发生错误时，会发生此事件。

下面我们看如何使用 `findPattern()` 函数：

```
findPattern(
    ['fileA.txt', 'fileB.json'],
    /hello \w+/g
)
    .on('fileread', file => console.log(file + ' was read'))
    .on('found', (file, match) => console.log('Matched "' + match +
      '" in file ' + file))
    .on('error', err => console.log('Error emitted: ' + err.message));
```

在这个例子中，为 `EventEmitter` 产生的三个事件类型（由 `findPattern()` 函数创建）注册了一个监听器。

## 传播错误

`EventEmitter` 就像回调一样，不能仅在出现错误的情况下抛出异常，因为如果事件是异步发送的，它们会在事件循环中丢失。而我们的约定是发出一个称为 `error` 的特殊事件，并将 `Error` 对象作为参数传递。这正是在之前定义的 `findPattern()` 函数中做的。最好的做法是为 `error` 事件注册一个监听器，这样 Node.js 会以特殊的方式处理它，并且如果没有找到相关联的监听器，它将自动抛出异常并退出程序。

## 使任何对象可观察

有时候，直接从 `EventEmitter` 类创建一个新的可观察对象是不够的，因为提供生成新事件以外的功能是不切实际的。事实上，更常见的是使一个普通对象可观察，这可以通过扩展 `EventEmitter` 类来实现。

为了演示此模式，我们尝试在对象中实现 `findPattern()` 函数的功能，如下所示：

```
const EventEmitter = require('events').EventEmitter;
const fs = require('fs');
class FindPattern extends EventEmitter {
  constructor (regex) {
    super();
    this.regex = regex;
    this.files = [];
  }
  addFile (file) {
    this.files.push(file);
    return this;
  }
  find () {
    this.files.forEach( file => {
      fs.readFile(file, 'utf8', (err, content) => {
        if (err) {
          return this.emit('error', err);
        }
        this.emit('fileread', file);
        let match = null;
        if (match = content.match(this.regex)) {
          match.forEach(elem => this.emit('found', file, elem));
        }
      });
    });
    return this;
  }
}
```

通过使用由核心模块 util 提供的 inherits() 函数，我们定义的 FindPattern 原型扩展了
EventEmitter。以这种方式，它成为了一个完全成熟的可观察类。以下是其用法的示例：

```
const findPatternObject = new FindPattern(/hello \w+/);
findPatternObject
  .addFile('fileA.txt')
  .addFile('fileB.json')
  .find()
  .on('found', (file, match) => console.log(`Matched "${match}"
    in file ${file}`))
```

```
    .on('error', err => console.log(`Error emitted ${err.message}`));
```

通过继承 EventEmitter 的功能，可以看到 FindPattern 对象是如何具有一套完整的方法的，以及可观察的方法。

这在 Node.js 生态系统中是一个很常见的模式，例如，核心 HTTP 模块的 Server 对象定义了 listen()、close() 和 setTimeout() 等方法，并且在内部它也继承自 EventEmitter 函数，从而它被允许产生事件。例如，接收到新的请求时的 connection 事件;，或者建立新连接时的 connection 事件，或者服务器关闭时的 closed 事件。

其他扩展的 EventEmitter 对象，著名的例子是 Node.js 的流。我们将在第 5 章（流编程）中详细地讲解流。

## 同步和异步事件

与回调一样，事件可以同步或异步发出。重要的是，绝不能在同一个 EventEmitter 中混合使用这两种方法，更重要的是，当发出相同的事件类型时，应避免产生在 "释放 Zalgo" 节中描述的相同问题。

发送同步事件和发送异步事件主要的区别在于监听器注册的方式。当事件以异步方式发出时，即使在 EventEmitter 被初始化之后，程序仍然有时间注册新的监听器，因为可以保证事件在进入事件循环的下一个周期之前不会被触发。这正是在 findPattern() 函数中发生的情况。我们之前定义了这个函数，它代表了大多数 Node.js 模块中使用的常用方法。

相反，同步发送事件需要在 EventEmitter 函数开始发出任何事件之前注册所有监听器。我们看一个例子：

```
const EventEmitter = require('events').EventEmitter;
class SyncEmit extends EventEmitter {
  constructor() {
    super();
    this.emit('ready');
  }
}
const syncEmit = new SyncEmit();
syncEmit.on('ready', () => console.log('Object is ready to be  used'))
    ;
```

如果 ready 事件是异步发出的，那么上面的代码将会完美地工作。然而，事件是同步产生的，并且监听器是在事件发送之后注册的。结果就是监听器不会被触发，控制台没有任何输出。为了不同的目的，有时以同步方式使用 EventEmitter 函数也是有意义的。因此，在文档中强调 EventEmitter 的行为以避免混淆和可能不正确的使用是非常重要的。

## EventEmitter 与回调

在定义异步 API 时，比较常见的困难是，怎么来判断应该使用 EventEmitter 还是仅接受回调。一般的原则是：当结果必须以异步方式返回时，使用回调；当需要对刚刚发生的事情做传达时，使用事件。

但是，除了这个简单的原则之外，由于这两个范例大部分时间效果相当，并且可以实现相同的效果，所以产生了许多混乱。请看下面的代码示例：

```
function helloEvents() {
  const eventEmitter= new EventEmitter();
  setTimeout(() => eventEmitter.emit('hello', 'hello world'), 100);
  return eventEmitter;
}
function helloCallback(callback) {
  setTimeout(() => callback('hello world'), 100);
}
```

两个函数 helloEvents() 和 helloCallback() 在功能上可以被认为是等效的。第一个使用事件来传达超时的完成，第二个使用回调来通知调用者，而不是将事件类型作为参数传递。但是它们在可读性、语义，以及需要实施或使用的代码量上有区别。虽然不能给出一组确定的规则来在两种风格之间进行选择，但可以有一些提示来帮助你做出决定。

作为第一个观察结果，我们可以说，在支持不同类型的事件时，回调有一些限制。事实上，我们仍然可以通过将类型作为回调的参数传递，或者通过接受几个回调（每个事件一个）来区分多个事件。然而，不能认为这是一个优雅的 API。在这种情况下，EventEmitter 可以提供更好的接口和更精简的代码。

优先选择 EventEmitter 的另一种情况是，同一个事件可能发生多次，或者根本不发生。回调函数只能被调用一次，无论操作是否成功。事实上，有一个可能重复的情况，这让我们再次考虑发生事件的语义特性，其更像是一个必须传达的事件，而不是一个结果。在这种情况下 EventEmitter 是最佳的选择。

最后，使用回调的 API 可以仅通知特定的回调，而使用 EventEmitter 函数可以使多个监听器接收相同的通知。

## 组合回调和 EventEmitter

还有一些情况，EventEmitter 可以与回调结合使用。导出传统的异步函数作为主要功能，同时通过返回 EventEmitter 来提供更丰富的功能和更多的控制，这种模式在实现小接触面（*small surface*）的原则时是非常有用的。node-glob 模块（https://npmjs.org/package/glob）提供了一个该模式的示例，它是一个执行glob-style 文件搜索的库。模块主要的入口点是它导出的函数，具有以下签名：

glob(pattern, [options], callback)

该函数将 pattern 作为第一个参数，然后是一组选项，以及一个回调函数，该函数调用与所提供的模式匹配的所有文件的列表。与此同时，函数返回 EventEmitter，并提供关于流程状态的更细粒度的报告。例如，当通过侦听匹配事件进行匹配时可以实时通知，获取所有与最终事件匹配的文件列表，或者通过收听中止事件来获知该进程是否手动中止。正如下面代码所示：

```
const glob = require('glob');
glob('data/*.txt', (error, files) => console.log(`All files found:
  ${JSON.stringify(files)}`))
.on('match', match => console.log(`Match found: ${match}`));
```

可以看到，具有简单、干净、最小入口点的特点，同时仍然以次要手段提供更先进或不怎么重要的功能，这在 Node.js 中是相当普遍的，并且将 EventEmitter 与传统回调相结合是实现此目的的方法之一。

**模式**
创建一个接受回调并返回 EventEmitter 的函数，从而为主要功能提供一个简单明了的入口点，同时使用 EventEmitter 发出更多细粒度的事件。

# 总结

在本章，我们首先学习了同步和异步代码之间的区别。然后了解了如何使用回调和事件发射器模式来处理一些基本的异步场景。还讨论了两种模式之间的主要区别，以及一个模式在何时比另一个模式更适合解决特定的问题。这一章我们只是向先进的异步模式迈出了第一步。

在下一章中，我们将了解更复杂的场景，学习如何利用回调和事件发射器模式来处理高级异步控制流。

# 第**3**章

# 异步控制流模式之回调函数

从同步编程风格转向像 Node.js 这样的将连续传递风格 (continuation-passing style, CPS) 和异步 API 作为规范的平台，可能会感到沮丧。编写异步代码是一种不同的体验，特别是当涉及控制流时。在 Node.js 应用程序中，异步代码语句的执行顺序难以预测，所以像迭代一组文件、顺序执行任务或等待一组操作完成这些简单的问题，开发人员需要采取新的方法和技术，以避免编写低效率和可读性差的代码。一个常见的错误就是陷入回调地狱问题的陷阱，并且看到代码是水平增长，而非垂直地，嵌套也使得即便简单的程序也很难阅读和维护。

在本章中，将介绍如何通过使用某些规则和一些模式来控制回调，并编写干净、可管理的异步代码。以及控制流库（如 async）如何简化问题，使代码更具有可读性和可维护性。

## 异步编程的困难

在 JavaScript 中，异步代码无疑很容易失控。闭包和匿名函数定义的引入可以为我们提供平滑的编程体验，不需要开发人员在代码库中跳转。这完全符合 KISS 原则（Keep it Simple and Stupid），代码简单流畅，工作时间更短。但是牺牲的是质量，如模块化、可重用性和可维护性，这迟早会导致回调嵌套失控的扩散、函数体积的增长，并会导致糟糕的代码结构。大多数情况下，创建闭包不是功能需要，它更像是一个条理方面的问题，而不是一个与异步编程相关的问题。能意识到我们的代码在变得笨拙还是更好，能预先知道代码可能会变得笨拙，然后采取适当的解决方案，这是新手与专家的区别。

# 创建一个简单的网络蜘蛛

为了解释这个问题，我们将创建一个小型的网络蜘蛛，一个命令行应用程序，它接受一个 Web URL 作为输入，并将其内容下载到一个本地文件中。在本章提供的代码中，将使用几个 npm 依赖关系。

- request：一个简化 HTTP 调用的库。
- mkdirp：一个用于递归创建目录的小实用程序。

另外，我们经常会引用一个名为 ./utilities 的本地模块，它包含一些我们将在应用程序中使用的帮助程序。这里为了简洁，省略了此文件的内容，但你可以在此书的下载包中找到完整的实现，以及包含完整依赖关系列表的 package.json 文件，网址为：

http://www.packtpub.com.

该应用程序的核心功能包含在一个名为 spider.js 的模块中。下面我们来看它的实现。首先，加载要使用的所有依赖项：

```
const request = require('request');
const fs = require('fs');
const mkdirp = require('mkdirp');
const path = require('path');
const utilities = require('./utilities');
```

接下来，创建一个名为 spider() 的新函数，它接受要下载的 URL 和一个在下载完成时调用的回调函数作为参数：

```
function spider(url, callback) {
  const filename = utilities.urlToFilename(url);
  fs.exists(filename, exists => {                        //[1]
    if(!exists) {
      console.log(`Downloading ${url}`);
      request(url, (err, response, body) => {            //[2]
        if(err) {
          callback(err);
        } else {
          mkdirp(path.dirname(filename), err => {        //[3]
            if(err) {
              callback(err);
            } else {
```

```
            fs.writeFile(filename, body, err => {   //[4]
                if(err) {
                    callback(err);
                } else {
                    callback(null, filename, true);
                }
            });
        }
    });
    } else {
        callback(null, filename, false);
    }
});
}
```

该函数执行以下任务：

1. 通过验证是否尚未创建相应的文件来检查 URL 是否已下载。

   `fs.exists(filename, exists => ...`

2. 如果找不到该文件，则使用以下代码行下载 URL。

   `request(url, (err, response, body)=> ...`

3. 然后，确定包含该文件的目录是否存在。

   `mkdirp(path.dirname(filename), err => ...`

4. 最后，将 HTTP 响应的正文写入文件系统。

   `fs.writeFile(filename, body, err => ...`

要完成网络蜘蛛应用程序，只需要调用 spider() 函数，并为其提供一个 URL 作为输入（在我们的例子中，从命令行参数读取）：

```
spider(process.argv[2], (err, filename, downloaded) => {
    if(err) {
        console.log(err);
    } else if(downloaded){
        console.log(`Completed the download of "${filename}"`);
    } else {
        console.log(`"${filename}" was already downloaded`);
```

---

```
    }
});
```

现在我们准备测试网络蜘蛛应用程序，首先，确保你有utilities.js模块，并且project目录中的package.json包含完整的依赖关系列表。然后，运行以下命令来安装所有依赖项：

`npm install`

接下来，执行蜘蛛模块来下载网页的内容，使用如下命令：

`node spider http://www.example.com`

 网络蜘蛛应用程序要求提供的网址中始终包含协议（例如，http://）。此外，这里不会出现HTML链接被重写或资源（如图像）被下载的情况，因为这只是演示异步编程如何工作的一个简单的例子。

## 回调地狱

看看我们之前定义的spider()函数，你肯定会注意到，即使实现的算法非常简单，代码也有好几个级别的缩进，很难阅读。使用直接风格的阻塞API实现类似的功能则更为直截了当，也就很少出现难以阅读的糟糕情况。然而，使用异步CPS又是另一回事，错误地使用闭包可能会导致极其糟糕的代码。

大量的闭包和就地定义的回调函数使代码变得不可读并难以控制的情况被称为**回调地狱**（**callback hell**）。它是Node.js和JavaScript中被公认的反面模式之一。受此问题影响的代码的典型结构如下所示：

```
asyncFoo( err => {
  asyncBar( err => {
    asyncFooBar( err => {
      //...
    });
  });
});
```

可以看到，以这种方式编写的代码由于深层嵌套而呈现金字塔的形状，这就是为什么它被俗称为**末日金字塔**（**pyramid of doom**）。

该代码片段最为明显的问题是可读性差。由于嵌套太深，几乎不可能跟踪某个功能在哪里结束，或某个功能从哪里开始。

---

另一个问题是由每个作用域使用的变量名重叠引起的。通常，我们必须使用相似甚至相同的名称来描述变量的内容。最好的例子是每个回调接收到的错误参数。有些人经常尝试使用相同名称的变体来区分每个作用域中的对象，例如 err、error、err1、err2 等。而且有些人则喜欢始终使用相同的名称来隐藏作用域中定义的变量，例如 err。这两种方案都不完美，容易造成混乱，增加引发缺陷的可能性。

另外，必须记住，闭包在性能和内存消耗方面，代价是很小的。此外，它们可能造成不容易识别的内存泄漏，因为我们都知道，活动闭包引用的任何上下文会在垃圾回收时保留。

 为了更好地理解闭包在 V8 中的工作原理，你可以参考谷歌 V8 软件工程师 Vyacheslav Egorov 的博客文章，地址是 http://mrale.ph/blog/2012/09/23/grokking-v8-closures-for-fun.html。

再回头看我们的 spider() 函数，会看到它明显地表现出了一个回调地狱的情况，并且有我们刚刚描述的所有问题。这正是我们将要在本章学习的模式和技术要解决的问题。

# 使用纯 JavaScript

前面我们遇到了第一个回调地狱的例子，知道应该避免什么。然而，写异步代码时不止要注意这一点。事实上在一些情况下，控制一组异步任务的流程需要使用特定的模式和技术，特别是当我们只使用纯 JavaScript 而不借助任何外部库的时候。顺序应用异步操作来迭代集合并不像在数组上调用 forEach() 那样简单，实际上需要一种类似于递归的技术。

在本节中，我们不仅要学习如何避免回调地狱，而且还将学习如何使用简单的纯 JavaScript 来实现一些最常见的控制流模式。

## 回调规则

在编写异步代码时，要记住的第一条规则是，在定义回调时不要滥用闭包。这样做可能很有诱惑力，因为它不需要去思考任何额外的问题，如模块化和可重用性。然而，我们已经看到了，这样做劣势比优势更多。大多数时候，修复回调地狱问题不需要任何库、花式技巧或范式的变化，仅凭一些常识即可。

这里有一些基本原则，可以帮助我们保持低嵌套层级，并改善代码的组织结构。

- 必须尽快退出。根据上下文，使用 return、continue 或 break，立即退出当前语句，而不是编写（和嵌套）完成 if ... else 语句。这将有助于保持更浅的代码层级。

- 需要为回调创建命名函数，将它们保持在闭包之外，并将中间结果作为参数传递。命名函数也能够使它们在堆栈跟踪中看起来更舒服。
- 需要对代码进行模块化。只要有可能，将代码拆分为更小的、可重用的函数。

## 应用回调规则

为了显示这些规则的强大，下面我们应用它们来修复网络蜘蛛应用程序中的回调地狱问题。

第一步，删除 else 语句以重构错误检查模式。这可以通过在收到错误后立即从函数返回来实现。所以，使用以下代码：

```
if(err) {
  callback(err);
} else {
  //code to execute when there are no errors
}
```

我们可以通过编写以下代码来改进代码结构：

```
if(err) {
  return callback(err);
}
//code to execute when there are no errors
```

使用这个简单的技巧，立即减少了函数的嵌套级别，这很容易做到，不需要任何复杂的重构。

执行该优化时常犯的错误是在调用回调之后忘记终止函数。对于错误处理，以下代码是典型的缺陷来源：

```
if(err) {
  callback(err);
} //code to execute when there are no errors.
```

我们不应该忘记，即使在调用回调函数之后，函数的执行还将继续。重要的是之后要插入 return 指令来阻止其余功能的执行。还要注意，函数返回的输出并不重要，真实的结果（或错误）是异步生成的并会被传递到回调函数。异步函数的返回值通常被忽略。该特性允许我们编写以下快捷方式：

```
return callback(...)
```

否则，必须编写稍显冗长的代码，如下所示：

```
callback(...)
return;
```

spider() 函数的第二个优化，就是尝试识别可重用的代码段。例如，将给定字符串写入文件的功能可以被轻松地分解为单独的函数，如下所示：

```
function saveFile(filename, contents, callback) {
    mkdirp(path.dirname(filename), err => {
        if(err) {
            return callback(err);
        }
        fs.writeFile(filename, contents, callback);
    });
}
```

遵循相同的规则，我们可以创建一个名为 download() 的通用函数，其将 URL 和文件名作为输入，并将 URL 下载到给定的文件中。在内部，可以使用我们之前创建的 saveFile() 函数。

```
function download(url, filename, callback) {
    console.log(`Downloading ${url}`);
    request(url, (err, response, body) => {
        if(err) {
            return callback(err);
        }
        saveFile(filename, body, err => {
            if(err) {
                return callback(err);
            }
            console.log(`Downloaded and saved: ${url}`);
            callback(null, body);
        });
    });
}
```

最后，修改 spider() 函数，如下所示：

```
function spider(url, callback) {
```

```
const filename = utilities.urlToFilename(url);
fs.exists(filename, exists => {
    if(exists) {
        return callback(null, filename, false);
    }
    download(url, filename, err => {
        if(err) {
            return callback(err);
        }
        callback(null, filename, true);
    })
});
}
```

spider() 函数的功能和接口保持完全相同，改变的只是代码的组织方式。通过应用上述的基本规则，我们能够大大减少代码的嵌套层级，同时增加可重用性和可测试性。事实上，我们可以考虑导出 saveFile() 和 download()，以便在其他模块中重用。这样测试它们也更容易。

这里所进行的重构清楚地表明，在大多数时间，我们需要的只是一些规则，以确保不滥用闭包和匿名函数。这样做效果显著，又不费力，只使用纯 JavaScript。

## 顺序执行

下面我们开始探索异步控制流模式。从分析顺序执行流开始。

按顺序执行一组任务意味着一次运行一个任务，一个接一个地运行。执行顺序很重要，必须保留，因为列表中任务运行的结果可能影响下一个任务的执行。下图说明了这个概念：

这个流程有不同的变化：

- 按顺序执行一组已知任务，而没有链接或传播结果。
- 一个任务的输出作为下一个的输入（也称为链（*chain*）、管道（*pipeline*）或瀑布（*waterfall*））。

- 在每个元素上运行异步任务时迭代一个集合，一个接一个。

顺序执行虽然在使用直接风格的阻塞 API 时没多大问题，但在使用异步 CPS 时，它却通常是引起回调地狱问题的主因。

## 按顺序执行一组已知的任务

在实现 spider() 函数时，我们已经遇到过顺序执行的情况。通过应用上述的简单规则，我们能够在顺序执行流程中组织一组已知任务。我们可以以该代码作为指导，使用以下模式推广解决方案：

```
function task1(callback) {
    asyncOperation(() => {
        task2(callback);
    });
}
function task2(callback) {
    asyncOperation(result () => {
        task3(callback);
    });
}
function task3(callback) {
    asyncOperation(() => {
        callback(); //finally executes the callback
    });
}
task1(() => {
    //executed when task1, task2 and task3 are completed
    console.log('tasks 1, 2 and 3 executed');
});
```

该模式显示了每个任务在完成普通的异步操作后，如何调用下一个任务。该模式强调任务的模块化，其显示了如何处理异步代码而不是使用闭包。

## 顺序迭代

如果我们事先知道要执行多少个任务，如何执行，上面的模式就会工作得很好。该模式允许我们对序列中下一个任务的调用进行硬编码，但是如果我们想对集合中的每个项目都执行一个异步操作，会发生什么呢？在这种情况下，我们不能硬编码任务序列了，相反，必须动态构建。

**网络蜘蛛版本 2**

为了演示顺序迭代，我们在网络蜘蛛应用程序中引入一个新功能。现在要递归地下载网页中包含的所有链接。要做到这一点，需从页面中提取所有链接，然后按顺序逐个地触发网页蜘蛛。

第一步是修改 spider() 函数，使用一个名为 spiderLinks() 的函数触发一个页面的所有链接的递归下载，稍后我们创建该函数。

然后，我们尝试读取文件，并开始搜索其中的链接，而不是检查文件是否已经存在。这样，就可以恢复中断的下载。最后，确保传播一个新的参数nesting，来限制递归深度。最终代码如下：

```
function spider(url, nesting, callback) {
  const filename = utilities.urlToFilename(url);
  fs.readFile(filename, 'utf8', (err, body) => {
    if(err) {
      if(err.code ! == 'ENOENT') {
        return callback(err);
      }
      return download(url, filename, (err, body) => {
        if(err) {
          return callback(err);
        }
        spiderLinks(url, body, nesting, callback);
      });
    }
    spiderLinks(url, body, nesting, callback);
  });
}
```

**按序爬链接**

现在我们可以创建这个新版本的网络蜘蛛应用程序的核心spiderLinks()函数，它使用顺序异步迭代算法下载 HTML 页面的所有链接。请注意我们在以下代码块中定义的方式：

```
function spiderLinks(currentUrl, body, nesting, callback) {
    if(nesting === 0) {
        return process.nextTick(callback);
    }
    const links = utilities.getPageLinks(currentUrl, body);        //[1]
    function iterate(index) {                                       //[2]
        if(index === links.length) {
            return callback();
        }
        spider(links[index], nesting - 1, err => {                  //[3]
            if(err) {
                return callback(err);
            }
            iterate(index + 1);
        });
    }
    iterate(0);                                                     //[4]
}
```

实现这个新功能的步骤如下：

1. 使用 `utilities.getPageLinks()` 函数获取页面中包含的所有链接的列表。此函数仅返回指向内部目标（相同主机名）的链接。

2. 使用名为 `iterate()` 的局部函数对链接进行迭代，该函数接受要分析的下一个链接的索引。在这个函数中，我们做的第一件事是检查索引是否等于 links 数组的长度，若是立即调用 `callback()` 函数，因为那意味着我们已经处理了所有的项目。

3. 至此，应该做好处理链接的一切准备。我们通过减少嵌套级别并在操作完成时调用迭代的下一步来调用 `spider()` 函数。

4. 作为 `spiderLinks()` 函数的最后一步，通过调用 `iterate(0)` 来引导迭代。

该算法允许我们通过顺序执行异步操作来迭代数组，在我们的例子中就是 `spider()` 函数。

我们现在可以试用这个新版本的蜘蛛程序，并观察它如何一个接一个递归地下载网页的所有链接。如果链接很多可能需要一段时间，要中断这个过程，记住我们总是可以使用 Ctrl + C。如果决定恢复它，则可以启动蜘蛛应用程序，并提供我们第一次运行时使用的相同的 URL。

现在我们的网络蜘蛛应用程序可能会触发整个网站的下载，请谨慎使用它。例如，不要设置高嵌套级别或让蜘蛛运行超过几秒钟。使用数千个请求来重载服务器是不礼貌的，在某些情况下，这也可以被认为是非法的。要做个负责任的蜘蛛！

## 模式

spiderLinks() 函数的代码示例清楚地说明了在应用异步操作时会迭代集合。我们也注意到，它是一种可以适应任何其他情况的模式，在我们需要按顺序异步迭代集合的元素或一般任务列表时可以使用该模式。该模式可以概括如下：

```
function iterate(index) {
    if(index === tasks.length) {
        return finish();
    }
    const task = tasks[index];
    task(function() {
        iterate(index + 1);
    });
}
function finish() {
  //iteration completed
}
iterate(0);
```

 重要的是要注意，如果 task() 是一个同步操作，则这些类型的算法就变为真正的递归算法。在这种情况下，不会在每一个循环中释放堆栈，可能有达到调用堆栈最大限制的风险。

该模式是非常强大的，因为它可以适应好几种情况。例如，可以映射数组的值，可以将操作的结果传递给迭代中的下一个，以实现 reduce 算法，如果满足特定条件，可以提前退出循环，甚至可以迭代无限数量的元素。

还可以选择将解决方案进一步推广到具有以下签名的函数中：

iterateSeries(collection, iteratorCallback, finalCallback)

把这个留给你作为一个练习。

**模式（顺序迭代器）**
通过创建名为 iterator 的函数依次执行任务列表，该函数调用集合中的下一个可用任务，并确保在当前任务完成时执行迭代的下一步。

# 并行执行

在某些情况下，一组异步任务的执行顺序并不重要，我们想要的只是在所有运行的任务完成时得到通知。使用并行执行流程可以更好地处理这种情况，如下图所示：

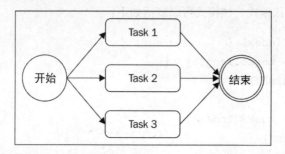

如果你认为 Node.js 是单线程，这听起来感觉很奇怪。但是如果你还记得在第 1 章中讨论过的内容，就会知道即使只有一个线程，由于 Node.js 的非阻塞特性，仍然可以实现并发功能。实际上，在这种情况下，并行（*parallel*）的说法是不准确的，因为任务并不是同时运行，而是由底层的非阻塞 API 执行，并由事件循环进行交叉运行。

我们知道，当一个任务请求新的异步操作后，会把控制权交给事件循环让它去处理另一个任务。描述这种流的更适当的词汇是并发（*concurrency*），但为了简单起见，我们仍然使用"并行"。

下图显示了两个异步任务如何在 Node.js 程序中并行运行：

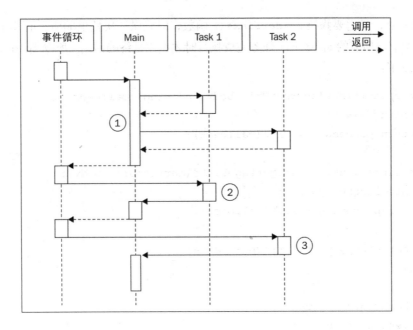

在该图中，用一个 **Main** 函数来执行两个异步任务：

1. **Main** 函数触发**任务 1** 和**任务 2** 的执行。当任务触发异步操作时，它们立即将控制权返回给 **Main** 函数，然后再将其控制权返回到事件循环。

2. 当**任务 1** 的异步操作完成时，事件循环把控制权交给它。当**任务 1** 完成其内部同步处理时，通知 **Main** 函数。

3. 当**任务 2** 触发的异步操作完成时，事件循环调用其回调，将控制权返回给**任务 2**。在**任务 2** 结束时，再次通知 **Main** 函数。此时，**Main** 函数知道**任务 1** 和**任务 2** 已都完成，所以它可以继续执行或将操作的结果返回给另一个回调。

简而言之，这意味着在 Node.js 中，我们只能以并行异步操作执行，因为它们的并发性由非阻塞 API 在内部处理。在 Node.js 中，同步（阻塞）操作不能并发运行，除非它们与异步操作交错执行，或者通过 setTimeout() 或 setImmediate() 延迟。第 9 章在介绍高级异步编程技巧时会更详细地介绍这方面的内容。

## 网络蜘蛛 V3

在应用并行执行的概念方面，我们的网络蜘蛛应用程序似乎是一个完美的候选方案。到目前为止，我们的应用程序正以顺序方式执行链接页面的递归下载。可以通过并行下载所有链接的页面来轻松提高此过程的性能。

要做到这一点，只需要修改 spiderLinks() 函数，以确保一次性生成所有的 spider() 任务，然后只有当所有的 spider() 任务完成执行时才调用最终的回调。所以 spiderLinks() 函数修改如下：

```
function spiderLinks(currentUrl, body, nesting, callback) {
    if(nesting === 0) {
        return process.nextTick(callback);
    }
    const links = utilities.getPageLinks(currentUrl, body);
    if(links.length === 0) {
        return process.nextTick(callback);
    }
    let completed = 0, hasErrors = false;
    function done(err) {
        if(err) {
            hasErrors = true;
            return callback(err);
        }
        if(++completed === links.length && !hasErrors) {
            return callback();
        }
    }
    links.forEach(link => {
        spider(link, nesting - 1, done);
    });
}
```

这里解释一下都改变了什么。如前所述，现在 spider() 任务都是立刻启动。可以通过简单地遍历 links 数组并启动每个任务来实现，而无须等待前一个任务完成：

```
links.forEach(link => {
    spider(link, nesting - 1, done);
});
```

然后，使应用程序等待所有任务完成的诀窍是为 spider() 函数提供一个特殊的回调函数，我们称之为 done()。当一个 spider 任务完成时，done() 函数增加一个计数。当完成的下载数量达到 links 数组的大小时，将调用最终回调：

```
function done(err) {
    if(err) {
```

```
      hasErrors = true;
      return callback(err);
  }
  if(++completed === links.length && !hasErrors) {
      callback();
  }
}
```

有了这些改变后，如果我们现在试图对一个网页运行该蜘蛛程序，你将注意到整个过程的速度有了巨大提升，因为每个下载并行执行而无须等待前面的链接被处理。

## 模式

此外，对于并行执行流，我们也可以提取出一个出色的小模式，它可以适应不同的情况。可以使用以下代码表示模式的通用版本：

```
const tasks = [ /* ... */ ];
let completed = 0;
tasks.forEach(task => {
  task(() => {
    if(++completed === tasks.length) {
        finish();
    }
  });
});
function finish() {
  //all the tasks completed
}
```

通过小的修改，可以调整模式以将每个任务的结果累积到集合中，过滤或映射数组的元素，或者在一个或指定数量的任务完成后调用 finish() 回调，这最后的情况被特别称为**竞争力竞赛（competitive race）**。

 **模式（无限制并行执行）**
并行运行一组异步任务，同时生成所有异步任务，然后通过计算它们的回调被调用的次数，等待所有这些异步任务完成。

## 使用并发任务修复竞争条件

使用阻塞 I/O 结合多线程来并行运行一组任务时可能会导致一些问题。但是，我们刚刚看到在 Node.js 中这是完全不同的事情。并行运行多个异步任务在资源方面实际上是简单和便宜的。这是 Node.js 最重要的优势之一，因为它让并行化成为一种常见的做法，而不是一种仅在严格必要时使用的复杂技术。

Node.js 并发模型的另一个重要特性是在同步和竞态条件下处理任务的方式。在多线程编程中，通常使用诸如锁、互斥体、信号量和监视器之类的构造来完成，这可能是并行化最复杂的方面之一，对性能也有很大的影响。在 Node.js 中，通常不需要一个花哨的同步机制，因为一切都在单个线程上运行！然而，这并不意味着不会有竞争态。相反，可能很普遍。问题的根源是异步操作的调用和其结果的通知之间的延迟。举一个具体的例子，我们可以再次考虑我们的网络蜘蛛应用程序，特别是我们创建的最后一个版本，其中包含一个竞争条件（你能找到吗？）

我们所讨论的问题在于 spider() 函数，在开始下载相应的 URL 之前检查文件是否已经存在：

```
function spider(url, nesting, callback) {
   const filename = utilities.urlToFilename(url);
   fs.readFile(filename, 'utf8', (err, body) => {
      if(err) {
         if(err.code !== 'ENOENT') {
            return callback(err);
         }
         return download(url, filename, function(err, body) {
//...
```

问题是，在同一个 URL 上操作的两个 spider 任务可能会在两个任务之一完成下载并创建文件之前，对同一个文件调用 fs.readFile()，导致两个任务开始下载同一个文件。这种情况如下图所示：

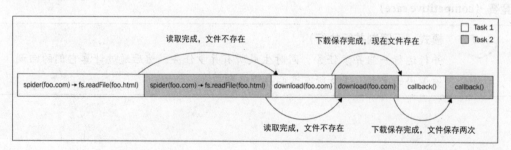

该图显示了**任务 1** 和**任务 2** 如何在 Node.js 的单线程中交错，以及异步操作如何实际地引入竞争条件。在我们描述的情况下，两个 spider 任务最终下载相同的文件。

如何解决这个问题？答案比我们想象的要简单得多。只需要一个变量来排除多个 spider() 任务在同一个 URL 上运行。可以通过如下代码来实现：

```
const spidering = new Map();
function spider(url, nesting, callback) {
    if(spidering.has(url)) {
        return process.nextTick(callback);
    }
    spidering.set(url, true);
//...
```

该修复不需要过多注解。如果给定的 url 的标志设置在 spidering 映射中，简单地退出该函数。否则，设置标志并继续下载。对于我们的情况，不需要释放锁，因为我们不想下载一个 URL 两次，即使 spider 任务在两个完全不同的时间点执行。

竞争条件可能导致许多问题，即使在单线程环境中。在某些情况下，可能导致数据损坏，并且由于它们的短暂特性通常很难调试。因此，在并行运行任务时仔细检查这种情况是很好的做法。

## 有限制的并行执行

通常，在没有控制的情况下产生并行任务可能导致过度负载。想象一下，成千上万的文件读取，URL 访问或数据库查询并行执行。在这种情况下的常见问题是资源耗尽，例如，当试图一次打开太多文件时，利用应用程序可用的所有文件描述符。在 Web 应用程序中，还可能创造可利用**拒绝服务（DoS）**攻击的漏洞。在所有这些情况下，最好限制可以同时运行的任务数。这样，可以为我们的服务器负载增加一些可预测性，并确保我们的应用程序不会耗尽资源。下图描述了一种情况，其中有 5 个任务并行运行，并发个数限制为两个：

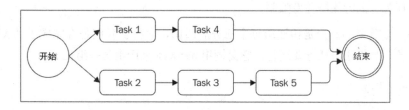

从该图中，你应该能看清楚我们的算法将如何工作：

1. 最初，在不超过并发限制的情况下产生尽可能多的任务。

2. 然后，每当一个任务完成，产生一个或多个任务，只要不达到限制个数。

## 有限的并发性

我们现在提出一种模式，以有限的并发性并行执行一组给定的任务：

```
const tasks = ...
let concurrency = 2, running = 0, completed = 0, index = 0;
function next() {                                              //[1]
  while(running < concurrency && index < tasks.length) {
    task = tasks[index++];
    task(() => {                                               //[2]
      if(completed === tasks.length) {
        return finish();
      }
      completed++, running--;
      next();
    });
    running++;
  }
}
next();
function finish() {
  //all tasks finished
}
```

此算法可以被认为是顺序执行和并行执行的混合。你可能会注意到，其和我们之前介绍的两种模式有相似之处：

1. 有一个迭代器函数，我们称之为 next()，然后是一个内部循环，尽可能多地并发执行任务，同时保持并发限制。

2. 另一个重要的部分是传递给每个任务的回调，它检查我们是否完成了列表中的所有任务。如果还有任务要运行，它会调用 next() 来产生另一组任务。

很简单，不是吗？

## 全局限制并发

我们的网络蜘蛛应用程序非常适合应用刚刚讲述的限制一组任务的并发性技术。事实上，为了避免同时爬数千个链接的情况，我们可以通过在并发下载数量上增加一些可预测性来强制执行此过程并发的限制。

 Node.js 0.11 之前已经将每个主机的并发 HTTP 连接数限制为 5。不过，这个数字可以更改以适应具体的需要。要了解详情，请访问官方文档：http://nodejs.org/docs/v0.10.0/api/http.html#http_agent_maxsockets。从 Node.js 0.11 开始，并发连接数没有默认限制。

可以将刚刚学习的模式应用到 spiderLinks() 函数，但是我们所获得的只是限制在一个页面中找到的一组链接的并发性。例如，我们选择并发性为 2，则对于每一页，将最多有两个并行下载的链接。然而，由于我们可以一次下载多个链接，每个页面将会产生另外两个下载，导致下载操作的总数增长无论如何是指数级的。

### 救援队列

我们真正想要做的是限制可以并行运行的全局下载操作的数量。可以略微修改之前显示的模式，这留给你作为一个练习，因为我希望借此机会引入另一种机制，利用**队列**来限制多个任务的并发性。下面看下它的原理。

现在要实现一个名为 TaskQueue 的简单类，它将队列与我们当前的算法组合。下面创建一个名为 taskQueue.js 的新模块：

```
class TaskQueue {
    constructor(concurrency) {
        this.concurrency = concurrency;
        this.running = 0;
        this.queue = [];
    }
    pushTask(task) {
        this.queue.push(task);
        this.next();
    }
    next() {
        while(this.running < this.concurrency && this.queue.length) {
            const task = this.queue.shift();
            task(() => {
```

```
        this.running--;
        this.next();
    });
    this.running++;
    }
  }
};
```

该类的构造函数仅接受并发限制作为输入，但除此之外，它还初始化变量 running 和 queue。前一个变量是用于跟踪所有正在运行的任务的计数器，而后者是将用作存储挂起任务队列的数组。

pushTask() 方法只是将一个新任务添加到队列中，然后通过调用 this.next() 来引导任务的执行。

next() 方法从队列中生成一组任务，并确保它不超过并发限制。

你可能会注意到，这种方法与前面提到的限制并发的模式有一些相似之处。它本质上从队列中启动尽可能多的任务，并且不超过并发限制。当每个任务完成时，它会更新运行任务的计数，并且调用 next() 开始另一轮任务。TaskQueue 类比较有趣的特性是它允许我们动态地将新项添加到队列中。另一个优点是，现在有一个中央实体负责限制任务的并发性，它可以在函数执行的所有实例中共享。在我们的例子中，它是 spider() 函数，我们稍后将看到。

### 网络蜘蛛 V4

现在我们有了通用队列来执行有限的并行流程中的任务，下面在我们的网络蜘蛛应用程序中直接使用它。首先加载新的依赖关系，并通过将并发限制设置为 2 来创建 TaskQueue 类的新实例：

```
const TaskQueue = require('./taskQueue');
const downloadQueue = new TaskQueue(2);
```

接下来，需要更新 spiderLinks() 函数，以便它可以使用新创建的 downloadQueue：

```
function spiderLinks(currentUrl, body, nesting, callback) {
    if(nesting === 0) {
        return process.nextTick(callback);
    }
    const links = utilities.getPageLinks(currentUrl, body);
    if(links.length === 0) {
        return process.nextTick(callback);
```

```
  }
  let completed = 0, hasErrors = false;
  links.forEach(link => {
    downloadQueue.pushTask(done => {
      spider(link, nesting - 1, err => {
        if(err) {
          hasErrors= true;
          return callback(err);
        }
        if(++completed === links.length && !hasErrors) {
          callback();
        }
         done();
      });
    });
  });
}
```

这个新函数的实现非常简单，它非常类似于无限制并行执行的算法，我们在本章前面介绍过该算法。这是因为我们将并发控制权委托给 TaskQueue 对象，我们唯一要做的是检查所有任务是否完成。上面代码中唯一有趣的部分是如何定义任务：

- 通过提供自定义回调来运行 spider() 函数。
- 在回调中，检查所有与 spiderLinks() 函数的执行相关的任务是否完成。当这个条件为真时，调用 spiderLinks() 函数的最终回调。
- 在任务结束时，调用 done() 回调，以便队列可以继续执行。

应用了这些小的更改后，可以尝试再次运行 spider 模块。这一次，我们应该能注意到，同时处于活动状态的下载将不超过两个。

# async 库

纵观目前为止我们分析的每个控制流模式，它们可以作为构建可重用和更通用的解决方案的基础。例如，可以将无限制的并行执行算法包装到一个函数中，该函数接受一组任务，并行执行，然后在所有任务完成时调用给定的回调。这种将控制流算法包装到可重用函数中的方式使我们可以更具声明性和表达性地来定义异步控制流，这正是 async（https://npmjs.org/package/async）所做的。async 库在 Node.js 和 JavaScript 中处理异步代码方面是一个非常流行的解决方案。它提供了一组函数，大大简化了在不同架构中的任务列表的执行，它还对异步处理集合提供了很有用的帮助。即使还有其他几个具有相似功能的库，但是由于 async 的受欢迎程度，它成了 Node.js 中一个事实上的标准。

下面让我们来看它的功能。

# 顺序执行

async 库在实现复杂的异步控制流方面可以帮助我们，但是使用它的一个难点是如何选择合适的方法来解决问题。例如，对于顺序执行流的情况，有大约 20 个不同的函数可供选择，包括 eachSeries()、mapSeries()、filterSeries()、rejectSeries()、reduce()、reduceRight()、detectSeries()、concatSeries()、series()、while()、doWhilst()、until()、doUntil()、forever() 和 timesSeries()。

选择正确的函数是编写更加简捷和可读的代码的重要一步，但这也需要一些经验和实践。在这里，我们仅介绍其中的一些情况，但它们仍能提供一个坚实的基础来理解和有效使用该库。

现在，要在实践中展示 async 如何工作，需要调整一下我们的网络蜘蛛应用程序。直接从版本 2 开始：按顺序递归地下载所有的链接。

首先，将 async 库安装到我们当前的项目中：

```
npm install async
```

然后，从 spider.js 模块加载新的依赖关系：

```
const async = require ('async') ;
```

## 顺序执行一组已知任务

首先修改 download() 函数。正如我们可以看到的，它按顺序执行以下三个任务：

1. 下载 URL 的内容。
2. 如果目录不存在，创建新的目录。
3. 将 URL 的内容保存到一个文件中。

处理该流最理想的函数绝对是 async.series()，它具有以下形式：

```
async.series(tasks, [callback])
```

需要一个 tasks 列表和一个在所有任务完成后调用的 callback 函数。每个任务只是一个函数作为参数，其接受一个 callback 函数作为参数，然后必须在任务完成执行时调用它：

```
function task(callback){}
```

async 的好处是它使用了与 Node.js 相同的回调约定，并且它自动处理错误传播。因此，如果任何任务调用其回调时发生错误，async 将跳过列表中的其余任务，直接跳转到最后的回调。

考虑到这一点，我们看看如何使用 async 修改 download() 函数：

```
function download(url, filename, callback) {
  console.log(`Downloading ${url}`);
  let body;

  async.series([
    callback => {                                    //[1]
      request(url, (err, response, resBody) => {
        if(err) {
          return callback(err);
        }
        body = resBody;
        callback();
        });
    },

    mkdirp.bind(null, path.dirname(filename)),       //[2]
      callback => {                                  //[3]
        fs.writeFile(filename, body, callback);
        }
  ], err => {                                        //[4]
    if(err) {
      return callback(err);
    }
    console.log(`Downloaded and saved: ${url}`);
    callback(null, body);
  });
}
```

如果你记得这个代码的回调地狱版本，一定会欣赏 async 组织任务的方式。没有必要嵌套回调，因为我们只需要提供一个平面的任务列表，通常每个异步操作对应一个，然后 async 将依次执行。我们如何定义每个任务：

1. 第一个任务涉及 URL 的下载。另外，将 response 主体保存到一个闭包变量（body）中，以便可以与其他任务共享。

2. 在第二个任务中，要创建将保存下载页面的目录。通过执行 mkdirp() 函数的部分应用来完成此操作，绑定要创建的目录的路径。这样可以节省几行代码，增加可读性。

3. 最后，将下载的 URL 的内容写入文件。在这种情况下，我们无法执行部分应用程序（如我们对第二个任务所做的那样），因为变量 body 仅在系列中的第一个任务完成后可用。然而，我们仍然可以利用 async 的自动错误管理器，通过将任务的回调直接传递到 fs.writeFile() 函数来保存一些代码行。

4. 所有任务完成后，最终执行回调函数 async.series()。在我们的例子中，我们只是做一些错误管理的事情，然后将 body 变量返回到 download() 函数的 callback。

对于这种特定情况，async.series() 的一个可能的替代方法是 async.waterfall()，它仍然按顺序执行任务，此外，它还提供每个任务的输出作为下一个任务的输入。在我们的情况下，可以使用这个特性来传播 body 变量，直到序列结束。作为练习，你可以尝试使用瀑布流实现相同的功能，然后看看差异。

## 顺序迭代

现在我们知道了如何顺序执行一组已知的任务，可以使用 async.series() 来做。我们可以使用相同的函数来实现网络蜘蛛 V2 版的 spiderLinks() 函数。然而，async 为特定情况提供了一个更好的助手，在这种情况下，我们必须遍历一个集合。这个助手是 async.eachSeries()。我们使用它来重新实现 spiderLinks() 函数（版本 2，串联下载），如下所示：

```
function spiderLinks(currentUrl, body, nesting, callback) {
  if(nesting === 0) {
    return process.nextTick(callback);
  }
  const links = utilities.getPageLinks(currentUrl, body);
  if(links.length === 0) {
    return process.nextTick(callback);
  }
  async.eachSeries(links, (link, callback) => {
    spider(link, nesting - 1, callback);
```

```
  }, callback);
}
```

如果将这里的代码（使用async）与使用纯JavaScript模式实现的相同函数的代码进行比较，可以发现，async在代码组织和可读性方面给我们带来了巨大优势。

## 并行执行

async库不具有处理并行流的能力。其中我们可以找到each()、map()、filter()、reject()、detect()、some()、every()、concat()、parallel()、applyEach()和times()函数。它们遵循我们刚看到的用于顺序执行的函数相同的逻辑，区别在于所提供的任务是并行执行的。

为了演示，我们可以尝试应用这些函数之一来实现网络蜘蛛应用程序的版本3，使用无限制并行流执行下载。

如果我们记得之前实现spiderLinks()函数顺序版本的代码，那么调整它使其并行工作非常简单：

```
function spiderLinks(currentUrl, body, nesting, callback) {
  // ...
    async.each(links, (link, callback) => {
    spider(link, nesting - 1, callback);
  }, callback);
}
```

该函数与用于顺序下载的函数完全相同，但是这里我们使用async.each()而不是async.eachSeries()。这清楚地显示了使用诸如async的库来抽象异步流的能力。代码不再绑定到特定的执行流。没有专门为此编写的代码。大多数只是应用程序逻辑。

## 有限制的并行执行

如果你想知道async是否也可以用于限制并行任务的并发性，答案是肯定的，它可以！可以使用这些函数来实现，如eachLimit()、mapLimit()、parallelLimit()、queue()和cargo()。

现在我们尝试使用其中的一个函数来实现Web蜘蛛应用程序的版本4，通过有限制的并发并行地执行链接下载。幸运的是，async有async.queue()函数，它的工作方式类似于我们在本章前面创建的 TaskQueue 类。async.queue() 函数创建一个新队列，它使用一个 worker() 函数来执行一组具有指定并发限制的任务：

```
const q = async.queue (worker, concurrency) ;
```

worker() 函数接受要运行的 task 和一个当任务完成时要调用的 callback 函数作为输入：

```
function worker(task, callback)
```

你应该注意到，在这个例子中的 task 可以是任何东西，而不只是一个函数。事实上，worker 有责任以最适当的方式处理任务。可以使用 q.push(task, callback) 将新任务添加到队列。与任务相关联的回调必须在任务处理后由 worker 调用。

现在，我们再次修改代码，以使用 async.queue() 实现并行全局限制执行流。首先，需要创建一个新的队列：

```
const downloadQueue = async.queue((taskData, callback) => {
    spider(taskData.link, taskData.nesting - 1, callback);
}, 2);
```

代码真的很简单。只是创建一个并发限制为 2 的新队列，一个 worker 函数简单地调用了 spider() 函数，并带有与任务相关的数据。接下来，我们实现 spiderLinks() 函数：

```
function spiderLinks(currentUrl, body, nesting, callback) {
    if(nesting === 0) {
        return process.nextTick(callback);
    }
    const links = utilities.getPageLinks(currentUrl, body);
    if(links.length === 0) {
        return process.nextTick(callback);
    }
    const completed = 0, hasErrors = false;
    links.forEach(function(link) {
        const taskData = {link: link, nesting: nesting};
        downloadQueue.push(taskData, err => {
            if(err) {
                hasErrors = true;
                return callback(err);
            }
            if(++completed === links.length&& !hasErrors) {
            callback();
```

```
            }
        });
    });
}
```

上面的代码看起来很熟悉吧，因为它几乎和我们使用 TaskQueue 对象实现的流一样。此外，在这个例子中，要分析的重要部分是将新任务推入队列的地方。这里，我们确保传递一个回调，使得我们能够检查当前页面的所有下载任务是否完成，并最终调用最后的回调。

由于有了 async.queue()，我们可以轻松地复制 TaskQueue 对象的功能。再次证明使用 async，我们可以真正避免从头开始编写异步控制流模式，既省力，又节省宝贵的代码行。

## 总结

在本章的开始，我们说 Node.js 的编程可能很难，因为它的异步性，特别是对于其他平台上的开发人员而言。随后展示了异步 API 如何从简单的 JavaScript 开始，为我们提供分析更复杂技术的基础。然后我们看到，除了为每一种情况提供编程风格外，我们能使用的工具确实是多样化的。本章也为我们大部分的问题提供了很好的解决方案。例如，可以选择异步来简化最常见的流。

本章是向更高级技术过渡的章节，例如 promise 和 generator，它们将是下一章的重点。当你了解了所有这些技术后，你将能够为你的需求选择最佳的解决方案，或者在同一个项目中使用其中的许多解决方案。

# 第4章

# 异步控制流模式之 ES2015+

在上一章中，我们学习了如何使用回调来处理异步代码，以及回调如何对我们的代码产生不良影响，产生**回调地狱**等问题。回调是 JavaScript 和 Node.js 中的异步编程的基础，但是经过几年的发展，出现了其他替代方案。这些方案更精致，能够让我们以更方便的方式处理异步代码。

在本章，我们将探讨一些最著名的替代方案，如 **promise** 和 **generator**。还将探讨 **async await**，这是在 JavaScript 中提供的一种创新语法，作为 ECMAScript 2017 发行版的一部分。

我们将看到这些替代方法如何简化我们处理异步控制流的方式。最后，我们将比较所有这些方法，以了解每个方法的优点和缺点，从而能够明智地选择最适合我们下一个 Node.js 项目需求的方法。

## promise

我们曾在前面的章节中讲过，**连续传递风格（CPS）** 不是编写异步代码的唯一方式。事实上，JavaScript 生态系统为传统的回调模式提供了很好的替代方案。最有名的一个替代方案是 promise，它越来越受瞩目，尤其现在，它是 ECMAScript 2015 的一部分，自 Node.js 4.0 以后一直可用。

# 什么是 promise

简单来说，promise 是一个抽象，允许函数返回一个名为 promise 的对象来表示异步操作的最终结果。在 promise 术语中，我们会说，当异步操作尚未完成时，一个 promise 是 **pending（预备态）**，当操作成功完成时，它是 **fulfilled（成功态）**，当操作因错误终止时它是 **rejected（拒绝态）**。一旦 promise 被履行或被拒绝，我们认为它是 **settled（完成态）**。

要得到履行值或与拒绝相关的错误（reason），可以使用 promise 的 then() 方法。写法如下：

promise.then([onFulfilled], [onRejected])

在上面的代码中，onFulfilled() 是一个最终接受 promise 履行值的函数，onRejected() 是另一个函数，它将接受拒绝原因（如果有的话）。这两个函数都是可选的。

要了解 promise 如何转换代码，我们来看下面的示例：

```
asyncOperation(arg, (err, result) => {
    if(err) {
        //handle error
    }
    //do stuff with result
});
```

promise 允许将这个典型的 CPS 代码转换为更结构化、更优雅的代码，像这样：

```
asyncOperation(arg)
    .then(result => {
        //do stuff with result
    }, err => {
        //handle error
    });
```

then() 方法的一个关键特性是它同步返回另一个 promise 对象。如果 onFulfilled() 或 onRejected() 任何一个函数返回一个值 x，then() 方法返回的 promise 将如下所示：

- 如果 Fulfill 中的 x 是一个值，则使用 x。
- 如果 Fulfill 中的 x 是一个 promise 或一个 thenable，则使用 x 的履行值。
- 如果 Reject 中的 x 是一个 promise 或一个 thenable，则使用 x 的最终的拒绝理由。

---

**thenable** 是一个带有 `then()` 方法，类似于 promise 的对象。该术语用于表示一个 promise，但是和我们使用的特定 promise 实现无关。

该特性允许我们构建 promise 链，允许在多种结构中轻松聚合和排列异步操作。此外，如果不指定 `onFulfilled()` 或 `onRejected()` 处理程序，则履行值或拒绝原因将被自动转发到链中的下一个 promise 中。这使我们能够在整个链中自动传播错误，直到被 `onRejected()` 处理程序捕获。使用 promise 链，任务的顺序执行突然变成一个简单的操作：

```
asyncOperation(arg)
  .then(result1 => {
    //returns another  promise
    return asyncOperation(arg2);
  })
  .then(result2 => {
    //returns a value
    return 'done';
  })
  .then(undefined, err => {
    //any error in the chain is caught here
  });
```

下图从另一个视角展示了一个 promise 链是如何工作的：

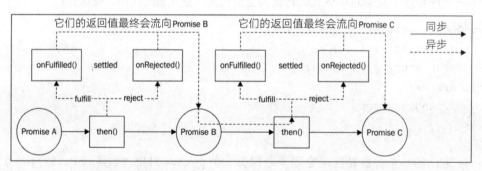

promise 的另一个重要特性是确保 `onFulfilled()` 和 `onRejected()` 函数异步调用，即使我们使用一个值同步解决 promise，正如我们在前面的例子中所做的那样，在链的最后一个 `then()` 函数中也返回字符串 done。这种行为可以保护代码，使我们可能无意中触发 Zalgo 的所有情况得到避免（参见第 2 章内容）。这样，我们的异步代码变得更加一致和强壮，并且也很容易做到。

最精彩的部分是，如果在 onFulfilled() 或 onRejected() 处理程序中抛出异常（使用 throw 语句），then() 方法返回的 promise 将自动拒绝，异常作为拒绝原因抛出。这相对于 CPS 是一个巨大的优势，因为这意味着使用 promise，异常会在链中自动传播，并且 throw 语句最终是可用的。

历史上，有许多不同的 promise 库的实现，并且大多数时候它们彼此不兼容，这意味着不可能在使用不同 promise 实现库的 promise 对象之间创建可靠链。

JavaScript 社区非常努力地解决这个限制，这些努力带来了 **Promises/A+** 规范的创建。这个规范详细说明了 then 方法的行为，提供了一个可互操作的基础，使来自不同库的 promise 对象能够一起工作，开箱即用。

 有关 **Promises/A+** 规范的详细描述，可以参考官方网站：https:// promisesaplus.com。

## Promises/A+ 实现

在 JavaScript 中以及在 Node.js 中，有几个库实现了 Promises/A+ 规范。以下是最受欢迎的：

- **Bluebird** (https://npmjs.org/package/bluebird)
- **Q** (https://npmjs.org/package/q)
- **RSVP** (https://npmjs.org/package/rsvp)
- **Vow** (https://npmjs.org/package/vow)
- **When.js** (https://npmjs.org/package/when)
- **ES2015** promises

真正区分它们的是它们在 Promises/A+ 标准之上提供的附加功能集。正如我们所说，标准定义了 then() 方法和 promise 解析过程的行为，但它没有指定其他功能，例如，promise 是如何从基于回调的异步函数创建的。

在我们的示例中，将使用 ES2015 promises 实现的一组 API，因为它自 4.0 版本以来一直在 Node.js 中得到天然支持，而且无须任何外部库的支持。

作为参考，下面是 ES2015 promises 提供的 API 列表。

**Constructor(new Promise (function(resolve, reject){}))**：其将创建一个新的 promise，根据作为参数传递的函数的行为来履行或拒绝。构造函数的参数解释如下：

- resolve(obj)：它将解决带有履行值的 promise，如果 obj 是一个值，履行值将是 obj。如果 obj 是一个 promise 或一个 thenable，履行值将是 obj 的履行值。

- reject(err)：它将拒绝带有原因 err 的 promise。err 是 Error 实例的一个惯例。

**Promise对象的静态方法**

- Promise.resolve(obj)：从一个 thenable 或一个值创建一个新的 promise。

- Promise.reject(err)：创建一个被拒绝的 promise，err 作为原因。

- Promise.all(iterable)：创建一个 promise，当 iterable 对象中的每个项目履行时，用 iterable 中项目的一组履行值执行履行操作，如果其中任何一个项目被拒绝，则以第一个拒绝理由执行拒绝操作。iterable 对象中的每个项目都可以是一个 promise，一个普通的 thenable 或一个值。

- Promise.race(iterable)：返回一个 promise。只要有一个在 iterable 中的 promise 解决或拒绝，那么这个 promise 的值或原因就用来解决或拒绝我们返回的这个 promise。

**Promise 实例的方法**

- promise.then(onFulfilled, onRejected)：这是 promise 的基本方法。它的行为与我们之前描述的 Promises/A+ 标准兼容。

- promise.catch(onRejected)：这只是 promise.then(undefined, onRejected) 的语法糖。

> 值得一提的是，一些 promise 实现提供了另一种机制来创建新的 promise，称为 **deferred**。我们不打算在这里描述它，因为它不是 ES2015 标准的一部分，但如果你想知道更多的信息，可以阅读 Q 的文档（https://github.com/kriskowal/q#using-deferreds）或 When.js 的文档（https://github.com/cujojs/when/wiki/Deferred）。

# Node.js 风格函数的 promise 化

在 JavaScript 中，并非所有的异步函数和库都支持开箱即用的 promise。大多数时候，必须将一个典型的基于回调的函数转换成一个返回 promise 的函数，这个过程也被称为 **promisification**。

幸运的是，Node.js 使用的回调约定允许我们创建一个可重用的函数，我们可以利用它来 promise 化任何 Node.js 风格的 API。使用 Promise 对象的构造函数可以轻松做到这一点。下面我们创建一个名为 promisify() 的新函数，并将其包含在 utilities.js 模块中（以便稍后在网络蜘蛛应用程序中使用它）：

```
module.exports.promisify = function(callbackBasedApi) {
  return function promisified() {
    const args = [].slice.call(arguments);
    return new Promise((resolve, reject) => {         //[1]
      args.push((err, result) => {                     //[2]
        if(err) {
          return reject(err);                          //[3]
        }
        if(arguments.length <= 2) {                    //[4]
          resolve(result);
        } else {
          resolve([].slice.call(arguments, 1));
        }
      });
      callbackBasedApi.apply(null, args);              //[5]
    });
  }
};
```

该函数返回另一个名为 promisified() 的函数，它代表输入中给出的 callbackBasedApi 的 promise 化版本。以下是它的工作原理：

1. promisified() 函数使用 Promise 构造函数创建一个新的 promise，并立即将其返回给调用者。

2. 在传递给 Promise 构造函数的函数中，确保传递给 callbackBasedApi，一个特殊的回调函数。因为我们知道回调总是在最后，只需将它附加到提供给 promisified() 函数的参数列表（args）中。

3. 在特殊回调中，如果收到错误，立即拒绝该 promise。

4. 如果没有收到错误，则使用一个值或一个值数组解决 promise，具体值的数量取决于传递给回调的结果数。

5. 最后，简单地调用 callbackBasedApi，并带有已经创建的 arguments 列表。

## 顺序执行

在学习了一些必要的理论之后，我们准备使用 promise 来转换我们的网络蜘蛛应用程序。直接从版本 2 开始，按顺序下载网页的链接。

在 spider.js 模块中，第一步是加载 promises 实现（将在以后使用），并且 promise 化我们计划使用的基于回调的函数：

```
const utilities = require('./utilities');
const request = utilities.promisify(require('request'));
const mkdirp = utilities.promisify(require('mkdirp'));
const fs = require('fs');
const readFile = utilities.promisify(fs.readFile);
const writeFile = utilities.promisify(fs.writeFile);
```

现在，我们开始转换 download() 函数：

```
function download(url, filename) {
console.log(`Downloading ${url}`);
let body;
return request(url)
  .then(response => {
    body = response.body;
    return mkdirp(path.dirname(filename));
  })
  .then(() => writeFile(filename, body))
  .then(() => {
    console.log(`Downloaded and saved: ${url}`);
    return body;
  });
}
```

这里要注意的事情是，我们还为 readFile() 返回的 promise 注册了一个 onRejected() 函数来处理页面未下载（文件不存在）的情况。此外，有趣的是，可以看到如何使用 throw 从处理程序内部传播错误。

我们已经转换了 spider() 函数，现在修改它的主要调用：

```
spider(process.argv[2], 1)
    .then(() => console.log('Download complete'))
    .catch(err => console.log(err));
```

注意，我们第一次使用语法糖 catch 来处理来自 spider() 函数的任何错误情况。如果你再次看到到目前为止编写的所有代码，你会惊奇地发现，代码中没有包含任何错误传播逻辑，因为在使用回调时其会被强制执行。这显然是一个巨大的优势，因为它大大减少了样板代码和错过任何异步错误的机会。

现在，要完成网络蜘蛛应用程序第 2 版，唯一缺少的是对 spiderLinks() 函数的修改，我们将在稍后修改。

## 顺序迭代

到目前为止，网络蜘蛛代码库主要概述 promise 是什么，如何使用它，展示了使用 promise 实现顺序执行流是多么地简单和优雅。然而，之前我们的代码只涉及执行一组已知的异步操作。因此，探索顺序执行流，还应该看看如何使用 promise 来实现一个迭代。再次，网络蜘蛛版本 2 的 spiderLinks() 函数是一个很好的例子。

我们来添加缺少的部分：

```
function spiderLinks(currentUrl, body, nesting) {
  let  promise  = Promise.resolve();
  if(nesting === 0) {
    return  promise ;
  }
  const links = utilities.getPageLinks(currentUrl, body);
  links.forEach(link => {
    promise  =  promise .then(() => spider(link, nesting - 1));
  });
  return  promise ;
}
```

要异步迭代一个网页上的所有链接，必须动态构建一个 promise 链：

- 首先，定义一个"空"的 promise，解决为 undefined。这个 promise 只是作为建立链的起点。

---

- 然后，在一个循环中，通过链中上一个 promise 调用 then() 获得的新 promise 更新 promise 变量。这就是使用 promise 的异步迭代模式。

这样，在循环结束时，promise 变量将包含循环中最后一次 then() 调用的 promise，因此只有当链中的所有 promise 都被解决时，它才会被解析。

由此，我们可以使用 promise 完全转换网络蜘蛛版本 2。你现在可以再试一次。

## 顺序迭代之模式

为了总结本节的顺序执行，我们来提取顺序迭代一组 promise 的模式：

```
let tasks = [ /* ... */ ]
let promise = Promise.resolve();
tasks.forEach(task => {
  promise = promise.then(() => {
    return task();
  });
});
promise.then(() => {
  //All tasks completed
  });
```

forEach() 循环的替代方法是使用 reduce() 函数，你会发现它的代码更简捷：

```
let tasks = [ /* ... */ ]
let promise = tasks.reduce((prev, task) => {
  return prev.then(() => {
    return task();
  });
}, Promise.resolve());
promise.then(() => {
  //All tasks completed
});
```

和往常一样，通过对这种模式的简单调整，可以获取数组中所有任务的结果。我们可以实现一个映射算法，或者构建一个过滤器等。

**模式（promise 顺序迭代）：**
此模式使用循环动态构建 promises 链。

# 并行执行

使用 promise 后而变得微不足道的另一个执行流是并行执行流。所有我们需要做的只是使用内置的 `Promise.all()`。这个帮助函数创建另一个 promise，当从输入接收的所有 promise 履行时它才履行。这本质上是一个并行执行，因为不同 promise 的执行是没有顺序的。

为了演示这一点，回顾网络蜘蛛应用程序版本 3，它并行下载页面中的所有链接。我们使用 promise 再次修改 `spiderLinks()` 函数来实现并行流：

```
function spiderLinks(currentUrl, body, nesting) {
    if(nesting === 0) {
        return Promise.resolve();
    }
    const links = utilities.getPageLinks(currentUrl, body);
    const promises = links.map(link => spider(link, nesting - 1));
    return Promise.all( promise s);
}
```

这里的模式包括在 `elements.map()` 循环中一次性启动 `spider()` 任务，该循环也收集所有的 promise。这一次，在循环中，我们不用等待前一个下载完成再开始新的下载，所有的下载任务一次性在循环中启动。之后，利用 `Promise.all()` 方法返回一个新的 promise，当数组中所有 promise 被履行时，该 promise 也将被履行。换句话说，它在所有的下载任务完成后被履行，这正是我们想要的。

# 有限制的并行执行

不幸的是，ES2015 Promise API 不提供对限制并发任务数量方式的天然支持，但我们总是可以依靠我们所了解的纯 JavaScript 来限制并发性。我们在 `TaskQueue` 类中实现的模式可以很容易被调整以支持返回 promise 的任务。这可以通过修改 `next()` 方法很容易地实现：

```
next() {
    while(this.running < this.concurrency && this.queue.length) {
        const task = this.queue.shift();
        task().then(() => {
```

```
        this.running--;
        this.next();
    });
    this.running++;
    }
}
```

简单地调用返回的 promise 的 then() 方法，而不是通过回调处理任务。其余的代码基本上与旧版本的 TaskQueue 相同。

我们回到 spider.js 模块，并修改它以支持新版本的 TaskQueue 类。首先，定义一个 TaskQueue 的新实例：

```
const TaskQueue = require('./taskQueue');
const downloadQueue = new TaskQueue(2);
```

然后，就是 spiderLinks() 函数。这里的变化也很漂亮，直截了当：

```
function spiderLinks(currentUrl, body, nesting) {
    if(nesting === 0) {
        return Promise.resolve();
    }
    const links = utilities.getPageLinks(currentUrl, body);
    //we need the following because the Promise we create next
    //will never settle if there are no tasks to process
    if(links.length === 0) {
        return Promise.resolve();
    }
    return new Promise((resolve, reject) => {
        let completed = 0;
        let errored = false;
        links.forEach(link => {
            let task = () => {
                return spider(link, nesting - 1)
                    .then(() => {
                        if(++completed === links.length) {
                            resolve(); }
                    })
                    .catch(() => {
                        if (!errored) {
```

```
                errored = true;
                reject();
            }
        });
    };
    downloadQueue.pushTask(task);
  });
 });
}
```

对于上面这段代码我们需要注意以下事情：

- 首先，需要返回一个使用 Promise 构造函数创建的新 promise。正如我们将看到的，这使我们能够在队列中的所有任务完成后手动解决 promise。
- 第二，应该看看如何定义任务。这里是将一个 onFulfilled() 回调附加到由 spider () 返回的 promise，所以可以计算已完成下载的任务的数量。当完成的下载量与当前页面中的链接数量匹配时，我们就知道已完成处理，因此可以调用外部 promise 的 resolve() 函数。

 Promises/A+ 规范规定，then() 方法的 onFulfilled() 和 onRejected() 回调只能被调用一次（仅调用其中一个）。一个合规的 promise 实现需要确保即使我们多次调用 resolve 或 reject，promise 也只能被履行或拒绝一次。

使用 promise 实现的网络蜘蛛应用程序第 4 版现在应该可以试用了。请再次注意，下载任务现在并行运行，并发限制为 2。

## 在公共 API 中暴露 callback 和 promise

如前所述，promise 可以作为回调的一个很好的替代。它证明了代码具有更好的可读性和容易理解多么有用。虽然 promise 带来了许多优点，但它们还要求开发人员理解许多特殊的概念，以便能正确和熟练地使用。再加上其他一些原因，在某些情况下，使用回调而不是 promise 显得更实际。

想象一下，我们要构建一个执行异步操作的公共库。应该做什么？是创建一个面向回调的 API 还是面向 promise 的 API？我们是固执己见地选择其中一个，还是有方法来支持这两种方式，使每个人都满意？

这是许多知名库面临的问题，至少有两种方法值得一提，能使我们提供一个通用的 API。

第一种方法，像 request、redis 和 mysql 等库在使用，这种方法提供了一个只基于回调的简单的 API，让开发人员在需要的时候选择 promise 化暴露函数。这几个库中有一些提供了帮助，以便能够 promise 化它们提供的所有异步函数，但开发人员仍然需要以某种方式转换暴露的 API，以便能够使用 promise。

第二种方法更加透明。这种方法也提供了一个回调式 API，但它的回调参数可选。每当回调作为参数传递时，函数将正常运行，在完成或失败时执行回调。当未传递回调时，函数将立即返回一个 Promise 对象。这种方法有效地结合了回调和 promise，允许开发人员在调用时选择采用什么接口，而不需要事先 promise 化该函数。许多库，如 mongoose 和 sequelize，都支持这种方法。

下面通过以一个例子来看看这个方法的简单实现。假设我们要实现一个异步执行分区的虚拟模块：

```
module.exports = function asyncDivision (dividend, divisor, cb) {
  return new Promise((resolve, reject) => {                        // [1]
    process.nextTick(() => {
      const result = dividend / divisor;
      if (isNaN(result) || !Number.isFinite(result)) {
        const error = new Error('Invalid operands');
        if (cb) { cb(error); }                                    // [2]
        return reject(error);
      }
      if (cb) { cb(null, result); }                               // [3]
      resolve(result);
    });
  });
};
```

模块的代码非常简单，但有一些细节强调下：

- 首先，返回一个使用 Promise 构造器创建的新 promise。在作为参数传递给构造器的函数内部定义整个逻辑。

- 在错误的情况下，拒绝 promise，但如果在调用时传递了回调函数，也执行回调函数来传播错误。

- 在计算结果后，解决了 promise，但是再次强调，如果有一个回调，也将结果传递给回调。

我们看如何使用这个回调和 promise 同时存在的模块：

```
// callback oriented usage
asyncDivision(10, 2, (error, result) => {
  if (error) {
    return console.error(error);
  }
  console.log(result);
});
 // promise oriented usage
asyncDivision(22, 11)
  .then(result => console.log(result))
  .catch(error => console.error(error));};
```

很明显，要使用新模块的开发人员能够轻松地选择最符合自己需要的风格，而且无论是否使用 promise 都无须引入外部 promisification 函数。

## generator

ES2015 规范引入了另一种机制，除了其他功能外，该机制可以简化 Node.js 应用程序的异步控制流。它就是 **generator**，也称为 **semi-coroutines**。它是子程序的泛化，可以有不同的入口点。在一般的函数中，只能有一个入口点，也就是函数本身的调用。一个 generator 类似于一个函数，但此外，它可以挂起（使用 yield 语句），然后在稍后恢复。generator 在实现迭代器时特别有用，迭代器大家应该很熟悉，因为我们已经讨论了如何使用它来实现重要的异步控制流模式，如顺序执行和有限制并行执行。

## generator 基础

在探讨在异步控制流中使用 generator 之前，需要学习一些基本概念。我们从语法开始，可以通过在 function 关键字后面附加 *（星号）运算符来声明一个 generator 函数：

```
function* makeGenerator() {
  //body
}
```

在 makeGenerator() 函数中，可以使用关键字 yield 暂停执行，并将 yield 的传递值返回给调用者：

```
function* makeGenerator(){
    yield 'Hello World';
    console.log('Re-entered');
}
```

在上面的代码中，generator 将函数的执行暂停来生成字符串 Hello World。当 generator 继续时，执行将从 console.log('Re-entered') 开始。

makeGenerator() 函数本质上是一个工厂，当它被调用时，返回一个新的 generator 对象：

```
const gen = makeGenerator();
```

generator 对象最重要的方法是 next()，用于 start 或 resume generator 的执行，并以下面的形式返回一个对象：

```
{
    value: <yielded value>
    done: <true if the execution reached the end>
}
```

该对象包含由 generator 产生的值 (value)，和用于指示 generator 已完成执行的标志 (done)。

## 一个简单的例子

为了演示 generator，我们创建一个名为 fruitGenerator.js 的新模块：

```
function* fruitGenerator() {
    yield 'apple';
    yield 'orange';
    return 'watermelon';
}
const newFruitGenerator = fruitGenerator();
console.log(newFruitGenerator.next());     //[1]
console.log(newFruitGenerator.next());     //[2]
console.log(newFruitGenerator.next());     //[3]
```

上面的代码将输出以下内容：

```
{ value: 'apple', done: false }
{ value: 'orange', done: false }
{ value: 'watermelon', done: true }
```

对于该例子做几点解释：

- 第一次调用 newFruitGenerator.next() 时，generator 开始执行，直到到达第一个 yield 命令，它使 generator 暂停并返回值 apple 给调用者。
- 第二次调用 newFruitGenerator.next() 时，generator 从第二个 yield 命令开始恢复，同时又使执行再次暂停，并向调用者返回值 orange。
- 最后一次调用 newFruitGenerator.next() 时，生成器从最后一条指令开始执行，其是一个 return 指令，它结束了 generator，返回值 watermelon，并在 result 对象中设置 done 属性为 true。

## generator 作为迭代器

为了更好地理解为什么 generator 对于实现迭代器非常有用，我们来构建一个迭代器。在一个新的模块中调用 iteratorGenerator.js，代码如下：

```
function* iteratorGenerator(arr) {
  for(let i = 0; i <arr.length; i++) {
    yield arr[i];
  }
}
const iterator = iteratorGenerator(['apple', 'orange',  'watermelon'])
  ;
let currentItem = iterator.next();
while(!currentItem.done) {
  console.log(currentItem.value);
  currentItem = iterator.next();
}
```

此代码应输出数组中项目的列表，如下所示：

```
apple
orange
watermelon
```

在这个例子中，每次调用 iterator.next()，就会恢复 generator 的 for 循环，通过挂起数组中的下一个项目来运行另一个循环。这里的代码演示了如何在调用之间维护 generator 的状态。当恢复时，循环和所有变量与执行暂停时完全相同。

---

## 将值回传给 generator

对 generator 基本功能的探索，还包括如何将值回传给 generator。其实很简单，需要做的是为 next() 方法提供一个参数，该值将作为 generator 内 yield 语句的返回值。

为了说明这一点，我们创建一个新的简单模块：

```
function* twoWayGenerator() {
    const what = yield null;
    console.log('Hello ' + what);
}
const twoWay = twoWayGenerator();
twoWay.next();
twoWay.next('world');
```

执行上面的代码将输出 Hello world。这意味着发生了以下情况：

- 第一次调用 next() 方法时，generator 会到达第一个 yield 语句，然后暂停。
- 当 next('world') 被调用时，generator 从它被暂停的点恢复，这里是在 yield 指令上，但是这次有一个值被传递回 generator。该值将被赋给 what 变量。然后 generator 执行 console.log() 指令并终止。

以类似的方式，我们可以强制一个 generator 抛出异常。可以使用 generator 的 throw 方法来实现，如下所示：

```
const twoWay = twoWayGenerator();
twoWay.next();
twoWay.throw(new Error());
```

在这段代码中，twoWayGenerator() 函数将在 yield 方法返回时抛出异常。就像从 generator 内部抛出异常一样，这意味着异常可以被捕获，可以像任何其他异常一样使用 try ... catch 块来处理。

## generator 的异步控制流

你肯定想知道 generator 是如何帮助我们处理异步操作的。为了演示这一点，可以创建一个特殊函数，它接受一个 generator 作为参数，并允许在 generator 中使用异步代码。当异步操作完成时，该函数需要重新启动 generator 的执行。将这个函数命名为 asyncFlow()：

```
function asyncFlow(generatorFunction) {
```

```
  function callback(err) {
    if(err) {
      return generator.throw(err);
    }
    const results = [].slice.call(arguments, 1);
    generator.next(results.length> 1 ? results : results[0]);
  }
  const generator = generatorFunction(callback);
  generator.next();
}
```

该函数使用一个 generator 对象作为输入，将它实例化，然后立即开始执行：

```
const generator = generatorFunction(callback);
generator.next();
```

generatorFunction() 接受一个特殊的 callback 函数作为输入，如果接受一个错误，调用 generator.throw()。否则，通过传回 callback 函数中收到的结果来恢复 generator 的执行：

```
if(err) {
  return generator.throw(err);
}
const results = [].slice.call(arguments, 1);
generator.next(results.length> 1 ? results : results[0]);
```

为了演示这个简单函数的强大功能，我们创建一个名为 clone.js 的新模块，没什么意味深长的原因，它克隆了自身。粘贴刚刚创建的 asyncFlow() 函数，然后是程序的核心：

```
const fs = require('fs');
const path = require('path');
asyncFlow(function* (callback) {
  const fileName = path.basename(__filename);
  const myself = yield fs.readFile(fileName, 'utf8', callback);
  yield fs.writeFile(`clone_of_${filename}`, myself, callback);
  console.log('Clone created');
});
```

值得注意的是，在 asyncFlow() 函数的帮助下，我们能够使用线性方法编写异步代码，因为我们在使用阻塞函数！这个结果背后的魔力现在应该很清楚了。传递给每个异步函数的回调函数将在异步操作完成后依次恢复 generator。没什么复杂性，但结果肯定令人印象深刻。

该技术有两种其他变体，一种涉及 promise 的使用，另一种使用 thunk。

 在基于 generator 的控制流中使用的 **thunk** 只是一个函数，它应用了原始函数的所有参数（回调函数除外）。return 值是仅接受回调函数作为参数的另一个函数。例如，fs.readFile() 的 thunk 化版本将如下所示：

```
function readFileThunk(filename, options) {
  return function(callback){
    fs.readFile(filename, options, callback);
  }
}
```

thunk 和 promise 都允许我们创建不需要回调函数作为参数传递的 generator。例如，使用 thunk 的 asyncFlow() 可能如下所示：

```
function asyncFlowWithThunks(generatorFunction) {
  function callback(err) {
    if(err) {
      return generator.throw(err);
    }
    const results = [].slice.call(arguments, 1);
    const thunk = generator.next(results.length> 1 ? results :
                  results[0]).value;
    thunk && thunk(callback);
  }
  const generator = generatorFunction();
  const thunk = generator.next().value;
  thunk && thunk(callback);
}
```

诀窍是读取 generator.next() 的返回值，其中包含 thunk。下一步是通过注入特殊回调函数来调用 thunk 本身。很简单！我们可以这样写代码：

```
asyncFlowWithThunks(function* () {
  const fileName = path.basename(__filename);
  const myself = yield readFileThunk(__filename, 'utf8');
  yield writeFileThunk(`clone_of_${fileName}`, myself);
  console.log("Clone created");
});
```

以同样的方式，我们可以实现一个 asyncFlow() 的版本，它接受一个 promise 作为 yield。你可以把它作为一个练习，因为它的实现只需要对 asyncFlowWithThunks() 函数进行很小的修改。还可以实现一个 asyncFlow() 函数，它使用相同的原理接受 promise 和 thunk 作为 yield。

## 使用 co 实现基于 generator 的控制流

你可能猜到了，Node.js 生态系统提供了一些解决方案来使用 generators 处理异步控制流，例如, suspend (https://npmjs.org/package/suspend) 是最早的解放方案之一，它支持 promise、thunk、Node.js 风格的回调，以及原始回调。此外，我们在本章前面分析的大多数 promise 库都提供了关于 generator 和 promise 结合使用的帮助程序。

所有这些解决方案都基于我们刚刚使用 asyncFlow() 函数演示的相同原理。所以，可以重用这些方案，而不是自己写一个。

对于本节中的示例，我们选择使用 co (https://npmjs.org/package/co)。它支持几种类型的 yield，其中有：

- Thunk
- Promise
- Array (并行执行)
- Object (并行执行)
- Generator (委托)
- Generator function (委托)

co 也有自己的包生态系统，包括：

- Web 框架，最受欢迎的是 koa (https://npmjs.org/package/koa)
- 实现特定控制流模式的库
- 包含流行 API 的库，用于支持 co

下面我们将使用 co 重新实现使用 generator 的网络蜘蛛应用程序。

在将 Node.js 样式函数转换为 thunk 时，将使用到一个名为 thunkify 的小库 (https://npmjs.org/package/thunkify)。

---

## 顺序执行

可以通过修改网络蜘蛛应用程序的版本 2 来实际探索 generator 和 co。首先要做的是加载依赖关系，并生成将要使用的函数的 thunk 化版本。这些将位于 spider.js 模块的顶部：

```
const thunkify = require('thunkify');
const co = require('co');
const request = thunkify(require('request'));
const fs = require('fs');
const mkdirp = thunkify(require('mkdirp'));
const readFile = thunkify(fs.readFile);
const writeFile = thunkify(fs.writeFile);
const nextTick = thunkify(process.nextTick);
```

观察前面的代码，你肯定会注意到，它与本章前面使用的一些 API 的代码有一些相似之处。很有趣的是，如果我们决定使用 promise 化版本的函数而不是应用 thunk 化替代方案，代码将完全一样，这要感谢 co 支持把 thunk 和 promises 都作为 yieldable 对象。事实上，如果我们想，甚至可以在相同的应用程序中同时使用 thunk 和 promise，即使在同一个 generator 中。这在灵活性方面是一个巨大的优势，因为它允许使用基于 generator 的控制流，无论我们已经拥有了什么解决方案。

好吧，现在我们将 download() 函数转换为一个 generator：

```
function* download(url, filename) {
    console.log(`Downloading ${url}`);
    const response = yield request(url);
    const body = response[1];
    yield mkdirp(path.dirname(filename));
    yield writeFile(filename, body);
    console.log(`Downloaded and saved ${url}`);
    return body;
}
```

通过使用 generator 和 co，download() 函数突然变得微不足道。所要做的就是把它转换成一个 generator 函数，并使用 yield 生成异步函数（作为 thunk）来调用。

接下来，修改 spider() 函数：

```
function* spider(url, nesting) {
    const filename = utilities.urlToFilename(url);
```

```
    let body;
    try {
      body = yield readFile(filename, 'utf8');
    } catch(err) {
      if(err.code !== 'ENOENT') {
        throw err;
      }
      body = yield download(url, filename);
    }
    yield spiderLinks(url, body, nesting);
  }
```

我们看最后一段代码，你会发现一个有趣的细节，可以使用 try ... catch 块来处理异常。
另外，现在可以用 throw 来传播错误！另一个值得注意的地方是挂起的 download() 函数，
它不是一个 thunk 也不是一个 promise 化函数，而只是另一个 generator。这是可能的，由于
co，它也支持其他 generator 作为 yield。

最后，还可以转换 spiderLinks()，在这里实现了一个迭代，按顺序下载网页的链接。使
用 generator，这变得微不足道：

```
function* spiderLinks(currentUrl, body, nesting) {
  if(nesting === 0) {
    return nextTick();
  }
  const linkss = utilities.getPageLinks(currentUrl, body);
  for(let i = 0; i <linkss.length; i++) {
    yield spider(linkss[i], nesting - 1);
  }
}
```

这段代码无须多解释。这里没有用于顺序迭代的模式。generator 和 co 为我们做了所有“脏活
儿”，所以我们能够编写异步迭代，像是在使用阻塞的、直接风格的 API。

接着是最重要的部分，程序的入口点：

```
co(function* () {
  try {
    yield spider(process.argv[2], 1);
    console.log('Download complete');
  } catch(err) {
```

```
            console.log(err);
        }
    });
```

这是唯一必须调用 co(...) 来包装一个 generator 的地方。一旦我们这样做了，co 会自动将任何 generator 包装到 yield 语句中，这会递归地发生，所以程序的其余部分对于我们使用 co 的情况是完全不可感知的，即使它在底层。

现在应该可以运行基于 generator 的网络蜘蛛应用程序。

## 并行执行

关于 generator 的坏消息是，它们非常适合编写顺序算法，但是不能用于并行化执行一组任务，至少仅使用 yield 和 generator 是不能的。事实上，在这些情况下使用的模式简单地依赖于基于回调或基于 promise 的函数，这些函数可以容易地被依次挂起并与 generator 一起使用。

幸运的是，对于无限制并行执行的具体情况，co 已经允许通过简单地挂起一系列 promise、thunk、generator 或 generator 函数来实现。

基于此，网络蜘蛛应用程序的版本 3 可以简单地通过重写 spiderLinks() 函数实现：

```
function* spiderLinks(currentUrl, body, nesting) {
    if(nesting === 0) {
        return nextTick();
    }
    const links = utilities.getPageLinks(currentUrl, body);
    const tasks = links.map(link => spider(link, nesting - 1));
    yield tasks;
}
```

这里所做的只是收集所有的下载任务，本质上是 generator，然后在结果数组上执行 yield。所有这些任务将由 co 并行执行，然后当所有任务完成运行时，generator（spiderLinks）的执行将恢复。

你是否觉得通过使用 co 的功能在一个数组上执行 yield，可以使用类似于本章前面已经使用的基于回调的解决方案，来演示如何实现相同的并行流。我们使用这个技术来重写 spiderLinks()：

---

Node.js 设计模式（第 2 版）

```
function spiderLinks(currentUrl, body, nesting) {
    if(nesting === 0) {
        return nextTick();
    }
    //returns a thunk
    return callback => {
        let completed = 0, hasErrors = false;
        const links = utilities.getPageLinks(currentUrl, body);
        if(links.length === 0) {
            return process.nextTick(callback);
        }
        function done(err, result) {
            if(err && !hasErrors) {
                hasErrors = true;
                return callback(err);
            }
            if(++completed === links.length && !hasErrors) {
                callback();
            }
        }
        for(let i = 0; i < links.length; i++) {
            co(spider(links[i], nesting - 1)).then(done);
        }
    }
}
```

为了并行运行 spider() 函数，使用 co 执行 generator 并返回一个 promise。这样，我们能够等待 promise 被解决并调用 done() 函数。通常，基于 generator 的控制流的所有库都具有类似的功能，因此，如果需要，你可以将 generator 转换为基于回调或基于 promise 的函数。

为了并行启动多个下载任务，这里只是重用了本章前面定义的基于回调的并行执行模式。还应该注意到，将 spiderLinks() 函数转换为 thunk（它甚至不再是一个 generator），这使得我们有一个 callback 函数，在所有并行任务完成时调用它。

**模式**（generator-to-thunk）
它将 generator 转换为 thunk，以便能够并行运行它，或基于它来利用其他基于回调或基于 promise 的控制流算法。

# 有限制的并行执行

现在我们知道了如何处理非顺序执行流，就应该很容易规划网络蜘蛛应用程序版本 4 的实现，对并发下载任务数量施加限制。有几个选择，其中有：

- 使用以前实现的 TaskQueue 类的基于回调的版本。只需要 thunk 化它的函数和想用作任务的任何 generator。
- 使用 TaskQueue 类的基于 promise 的版本，并确保要用作任务的每个 generator 都被转换为返回 promise 的函数。
- 使用 async，thunk 化计划使用的任何帮助程序，除了把任何 generator 转换为库可以使用的基于回调的函数以外。
- 使用专门为这种类型的流设计的 co 生态系统的库，例如 **co-limiter** (https://npmjs.org/package/co-limiter)。
- 实现基于生产者-消费者模式的官方算法，与 co-limiter 内部使用的相同。

为了学习的目的，我们选择最后一个选项，因此可以深入研究一个通常与协同程序（也是线程和进程）相关联的模式。

## 生产者-消费者模式

目标是利用队列来"养活"固定数量的 worker，数量与我们想要设置的并发级别一样多。为了实现这个算法，我们将以本章前面定义的 TaskQueue 类作为起点：

```
class TaskQueue {
  constructor(concurrency) {
    this.concurrency = concurrency;
    this.running = 0;
    this.taskQueue = [];
    this.consumerQueue = [];
    this.spawnWorkers(concurrency);
  }
  pushTask(task) {
    if (this.consumerQueue.length !== 0) {
      this.consumerQueue.shift()(null, task);
    } else {
      this.taskQueue.push(task);
    }
```

```
    }
    spawnWorkers(concurrency) {
      const self = this;
      for(let i = 0; i < concurrency; i++) {
        co(function* () {
          while(true) {
            const task = yield self.nextTask();
            yield task;
          }
        });
      }
    }
    nextTask() {
      return callback => {
        if(this.taskQueue.length !== 0) {
          return callback(null, this.taskQueue.shift());
        }
        this.consumerQueue.push(callback);
      }
    }
  }
```

下面我们分析这个 TaskQueue 的新实现。第一个要强调的是构造函数。注意 this. spawnWorkers() 的调用，因为这是负责启动 worker 的方法。

我们的 worker 很简单。它们只是用 co() 包裹的 generator，然后立即执行，每一个都并行运行。在内部，每个 worker 运行一个无限循环，该循环会阻塞（yield）以等待一个新的任务在队列中可用（yield self.nextTask()），当这种情况发生时，循环 yield 该任务（这是任何有效的 yieldable）并等待其完成。你可能想知道如何等待下一个任务排队，答案在 nextTask() 方法中。我们来看看在这个方法中会发生什么：

```
nextTask() {
  return callback => {
    if(this.taskQueue.length !== 0) {
      return callback(null, this.taskQueue.shift());
    }
    this.consumerQueue.push(callback);
  }
}
```

在这个方法中做了以下事情，这是模式的核心：

1. 该方法返回一个 thunk，它是 co 的有效 yield。

2. 通过提供 taskQueue 函数中的下一个任务（如果有任何可用的）来调用返回的 thunk 的回调。这将立即解锁一个 worker，并提供下一个任务继续 yield。

3. 如果队列中没有任务，则回调本身将被推入 consumerQueue 中。这样，基本上让一个 worker 处于空闲模式。consumerQueue 函数中的回调将在有新任务要处理时被调用，这将恢复相应的 worker。

现在，要了解如何恢复 consumerQueue 函数中的空闲 worker，需要分析 pushTask() 方法。pushTask() 方法调用 consumerQueue 函数中的第一个回调（如果可用），这将反过来解除对 worker 程序的阻塞。如果没有回调可用，这意味着所有的 worker 都在忙，所以只是添加一个新的项目到 taskQueue 函数。

在 TaskQueue 类中，worker 有消费者的角色，而使用 pushTask() 的任何人都可以被认为是生产者。这个模式告诉我们一个 generator 可以和线程（或进程）非常相似。事实上，生产者-消费者的互动可能是研究进程间通信技术时最常见的问题，但正如我们已经提到的，它也是协同程序的一个常见的用例。

## 限制并发下载任务

现在我们已经实现了使用生成器和生产者-消费者模式的有限制并行算法，我们可以应用它来限制网络蜘蛛应用程序（版本 4）的下载任务的并发性。首先，加载并初始化一个 TaskQueue 对象：

```
const TaskQueue = require('./taskQueue');
const downloadQueue = new TaskQueue(2);
```

接下来，修改 spiderLinks() 函数。它的主体几乎与我们刚刚用于实现无限并行执行流的主体相同，因此这里只显示修改的部分：

```
function spiderLinks(currentUrl, body, nesting) {
    //...
    return (callback) => {
      //...
      function done(err, result) {
        //...
      }
      links.forEach(function(link) {
```

```
        downloadQueue.pushTask(function *() {
            yield spider(link, nesting - 1);
            done();
        });
    });
} }
```

在每个任务中，在下载完成后调用 done() 函数，因此可以计算下载了多少个链接，然后在完成后通知 thunk 的回调。

作为练习，你可以尝试使用我们在本节开头介绍的其他四种方法来实现网络蜘蛛应用程序的第 4 版。

# 使用 Babel 的 async await

callback、promise 和 generator 是我们处理 JavaScript 和 Node.js 中的异步代码的利器。正如我们所看到的，generator 非常有趣，因为它提供了一种方法来实际暂停函数的执行，并在稍后阶段恢复它。现在我们可以采用这个特性来编写异步代码，允许开发人员在每个异步操作中编写"出现"阻塞的函数，在继续执行下面的语句之前等待结果。

问题是 generator 函数被设计为主要处理迭代器，并且使用异步代码的函数使用起来有点麻烦。可能很难理解，导致代码很难阅读和维护。

但希望在不久的将来会有一个更清晰的语法。实际上，有一个有趣的提议将被引入定义 async 函数语法的 ECMAScript 2017 规范中。

 想了解有关 async await 提案当前状态的更多信息，请看这里：https://tc39.github.io/ecmascript-asyncawait/。

async 函数规范旨在通过在语言中引入两个新关键字来显著改进用于编写异步代码的语言级模型：async 和 await。

为了说明这些关键字的用法以及它们的用途，我们来看一个简单的例子：

```
const request = require('request');
function getPageHtml(url) {
    return new Promise(function(resolve, reject) {
        request(url, function(error, response, body) {
            resolve(body);
    }); });
```

```
}
async function main() {
    const html = await getPageHtml('http://google.com'); console.log(
        html);
}
main();
console.log('Loading...');
```

在这段代码中，有两个函数：getPageHtml 和 main。第一个是非常简单的函数，它提供了一个给定其 URL 的远程 Web 页面的 HTML 代码。值得注意的是，这个函数返回一个 promise。

main 函数是最值得关注的一个函数，因为它使用了新的 async 和 await 关键字。首先要注意的是，函数前面带有 async 关键字。这意味着该函数执行异步代码，并允许它在其主体内使用 await 关键字。在调用 getPageHtml 之前，await 关键字告诉 JavaScript 解释器在继续执行下一条指令之前，"等待" getPageHtml 返回的 promise 的解决。这样，main 函数在内部被挂起，直到异步代码完成，而不阻塞程序其余部分的正常执行。事实上，我们将在控制台中看到字符串 Loading ...，稍后将显示 Google 目标网页的 HTML 代码。

这种方法不是更容易阅读和理解吗？

不幸的是，这个提议还不是最终的，即使它被批准，还需要等待 ECMAScript 规范的下一个版本出来并被集成到 Node.js 中，以便能够本地使用这个新的语法。

那么我们现在做什么？只是等待？不，当然不！我们已经可以在我们的代码中使用 async await，这要归功于像 Babel 这样的转换器。

## 安装和运行 Babel

Babel 是一个 JavaScript 编译器（或转换器），它能够使用语法变换器将 JavaScript 代码转换为其他 JavaScript 代码。语法变换器允许使用诸如 ES2015、ES2016 及 JSX 等新语法来生成可在现代 JavaScript 运行时环境（例如浏览器或 Node.js）下执行的向下兼容的等效代码。

可以使用 npm 通过以下命令在项目中安装 Babel：

```
npm install --save-dev babel-cli
```

还需要安装扩展以支持 async await 的解析和转换：

```
npm install --save-dev babel-plugin-syntax-async-functions
babel-plugin-transform-async-to-generator
```

现在，假设我们要运行我们前面的例子（名为 index.js），需要启动以下命令：

```
node_modules/.bin/babel-node --plugins
"syntax-async-functions,transform-async-to-generator"index.js
```

这里，我们转换 index.js 中的源代码，应用变换器来支持 async await。这个新的向后兼容的代码存储在内存中，然后在 Node.js 运行时环境即时执行。

Babel 还可以被配置为构建处理器，将生成的代码存储到文件中，以便可以轻松部署和运行生成的代码。

 你可以在官方网站了解有关如何安装和配置 Babel 的更多信息：https://babeljs.io。

# 比较

现在，我们做一个梳理，以便更好地理解 JavaScript 的异步特性。每一个解决方案都有自己的利弊。我们在下表中进行了总结：

| 解决方案 | 优点 | 缺点 |
|---|---|---|
| plain JavaScript | • 不需要任何其他库或技术<br>• 提供最佳性能<br>• 提供与第三方库的最佳兼容性<br>• 允许创建自创和更高级的算法 | 可能需要额外的代码和相对复杂的算法 |
| async (library) | • 简化最常见的控制流模式<br>• 仍然是基于回调的解决方案<br>• 性能良好 | • 引入外部依赖关系<br>• 可能还不足以用于先进流 |
| promise | • 极大地简化了最常见的控制流模式<br>• 强大的错误处理<br>• ES2015 规范的一部分<br>• 保证延迟调用 onFulfilled 和 onRejected | • 需要 promise 化基于回调的 API<br>• 造成小的性能损失 |
| generator | • 使非阻塞 API 看起来像一个阻塞的 API<br>• 简化错误处理<br>• ES2015 规范的一部分 | • 需要一个补充控制流库<br>• 仍然需要回调或 promise s 来实现非顺序流<br>• 需要 thunk 化或 promise 化基于非 generator 的 API |

| 解决方案 | 优点 | 缺点 |
|---|---|---|
| async await | • 使非阻塞 API 看起来像阻塞的<br>• 清晰直观的语法 | • JavaScript 和 Node.js 本身尚不支持<br>• 目前还需要使用 Babel 或其他换装器和一些配置 |

值得一提的是，本章我们仅介绍最流行的一些解决方案来处理异步控制流，或者说介绍一些势头比较强劲的解决方案，但是你也可以查看更多解决方案，例如，Fibers（https://npmjs.org/package/fibers）和 Streamline（https://npmjs.org/package/streamline）。

# 总结

在本章中，我们分析了处理异步控制流的一些替代方法，包括 promise 、generator 和即将面世的 async await 语法。

我们学习了如何使用这些方法来编写更简捷、更清晰和更容易推理的异步代码。讨论了这些方法的一些最重要的优点和缺点，并明白即使它们非常有用，仍需要一些时间来掌握。这就是为什么它们不应该被看作一个完整的回调，回调在许多情况下仍然非常有用。作为开发人员，你现在应该能够确定哪种解决方案最适合你遇到的问题。如果你正在构建一个执行异步操作的公共库，你应该提供一个易于使用的接口，即使是只想使用回调的开发人员。

在下一章中，我们将探讨与异步代码执行相关的另一个引人入胜的主题，它是整个 Node.js 生态系统中的另一个基本构建块：stream。

第 $5$ 章

# 流编程

流是 Node.js 最重要的组成和设计模式之一。社区流行这样一句格言，"stream all the things!"，足见流在 Node.js 中扮演的重要角色。Dominic Tarr 是一位著名的 Node.js 社区贡献者，他形容流是 Node.js 中最棒的理念，同时也是最容易让人产生误解的地方。有许多不同的原因使得 Node.js 中的流如此有吸引力，不仅因为其在技术层面表现出的良好性能和高效率，更因为它的优雅，以及能完美契合 Node.js 的编程思想。

在本章中，我们将学习以下这些内容：

- 为什么流在 Node.js 中如此重要
- 使用和创建流
- 流编程范式：除了 I/O 操作以外流在很多不同编程领域的优势
- 管道模式以及如何在不同使用场景中对流进行拼接

## 流的重要性

Node.js 是以事件为基础的，处理 I/O 操作最高效的方法就是实时处理，尽快地接收输入内容，并经过程序的处理尽快地输出结果。

在这一节，我们将对 Node.js 的流以及流的功能进行一个最简单的介绍。请记住这只是一个概述，更多关于如何使用和组合流的分析将在本章后面介绍。

## 缓冲和流

到目前为止，你在本书中看到的几乎所有异步 API 都使用了缓冲模式。比如要完成一个输入操作，使用 buffer 将所有的源数据存放到缓存中，当整个数据源被读取完毕后，会将缓存中的数据立即传递给回调函数处理。下图生动地展示了这个处理过程：

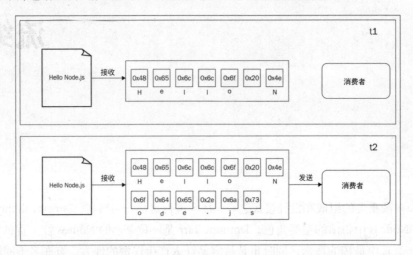

在该图中，可以看到在 t1 时刻，有些数据被读取到缓存中。在 t2 时刻，最后一个数据块也被接收，完成了本次读取数据的过程并将整个缓存区的数据传输给处理程序。

不同的是，使用流就能尽可能快地处理接收到的数据。下图很好地展示了这一过程：

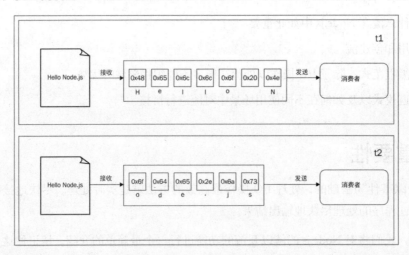

该图展示了如何从数据源读取每一个数据块，然后立即提供给后续的处理流程，这时就可以立即处理读取到的数据而不需要等待所有的数据被先存放在缓存中。

但是这两种处理数据的方式到底有什么不一样呢？我们可以从两个主要的方面来分析：

- 空间效率
- 时间效率

除此之外，Node.js 流还有另外一个重要的优势：可组合性。现在我们来看下这些特性是如何影响我们程序设计和代码编写的。

# 空间效率

首先，流可以帮助我们实现一些无法通过缓存数据并一次性处理来实现的功能。例如，考虑这样一种情况，我们需要读取一个很大的文件，比如说有几百 MB 甚至几百 GB 的大小。很明显，读取整个文件内容，然后从缓存中一次性返回的方式并不好。设想一下，如果程序同时读取很多这样的大文件，很容易导致内存溢出。除此之外，V8 中的缓存区最大不能超过 0x3FFFFFFF 字节 (略小于 1GB)。所以我们根本无法去完全耗尽物理内存。

## 通过缓存实现 Gzip

举个具体的例子，我们考虑实现一个简单的命令行接口 (CLI) 应用程序，它使用 Gzip 格式来压缩一个文件。在 Node.js 中使用缓存 API，程序代码会是这样的 (为了代码简捷，省略了错误的处理)：

```
const fs = require('fs');
const zlib = require('zlib');

const file = process.argv[2];

fs.readFile(file, (err, buffer) => {
    zlib.gzip(buffer, (err, buffer) => {
        fs.writeFile(file + '.gz', buffer, err => {
            console.log('File successfully compressed');
        });
    });
});
```

现在，可以将上述代码保存到 gzip.js 文件中并使用以下命令来执行：

```
node gzip <path to file>
```

如果选择一个足够大的文件，比如大于1GB，我们会得到预想的错误信息，提示我们尝试读取的文件大小超过了缓存允许的最大值，比如下面的输出：

```
RangeError: File size is greater than possible Buffer:0x3FFFFFFF bytes
```

这是我们能预想到的错误，说明我们使用了错误的方法。

### 通过流实现 Gzip

想要修改 Gzip 程序使其能够处理大文件，最简单的方式就是使用流。我们来看下具体怎么实现，修改刚刚创建的文件内容：

```
const fs = require('fs');
const zlib = require('zlib');
const file = process.argv[2];
fs.createReadStream(file)
    .pipe(zlib.createGzip())
    .pipe(fs.createWriteStream(file + '.gz'))
    .on('finish', () => console.log('File successfully compressed'));
```

你也许会问，就这么简单？是的，正如我们之前说的，流的神奇性也在于它提供的接口和可组合性，能使代码更加整洁和优雅。接下来我们会了解更多的细节，但现在你需要知道的是，我们的程序可以顺利地处理任何大小的文件，同时内存的使用率还能够保持恒定。你可以自己尝试一下（但同时你需要知道压缩一个大文件会耗费很长的时间）。

## 时间效率

现在让我们来考虑这样的情况，一个应用程序压缩一个文件并将其上传到远程的 HTTP 服务器，接着服务器会解压缩这个文件并将文件保存到文件系统中。如果你在客户端使用缓存的方式实现，只有在整个文件被读取并压缩之后才会开始执行上传操作。同时，服务器端只有接收到所有数据之后才能开始解压缩文件。使用流来实现这个功能应该是一个更好的方案。在客户端，一旦从文件系统读取到数据块，流允许你立即进行压缩和发送这些数据块，而同时，在服务器上你也可以立即解压缩从远程收到的每个数据块。下面我们创建一个这样的应用程序，先从服务端开始吧。

创建一个 gzipReceive.js 文件，代码如下：

```
const http = require('http');
const fs = require('fs');
```

```javascript
const zlib = require('zlib');

const server = http.createServer((req, res) => {
    const filename = req.headers.filename;
    console.log('File request received: ' + filename);
    req
    .pipe(zlib.createGunzip())
    .pipe(fs.createWriteStream(filename))
    .on('finish', () => {
        res.writeHead(201, {'Content-Type': 'text/plain'});
        res.end('That's it\n');
        console.log(`File saved: ${filename}`);
});

server.listen(3000, () => console.log('Listening'));
```

使用 Node.js 的流，服务器能够迅速处理从网络上接收到的数据块，解压缩并且保存到文件系统中。

创建一个 gzipSend.js 文件作为应用程序的客户端模块，代码如下：

```javascript
const fs = require('fs');
const zlib = require('zlib');
const http = require('http');
const path = require('path');
const file = process.argv[2];
const server = process.argv[3];
const options = {
    hostname: server,
    port: 3000,
    path: '/',
    method: 'PUT',
    headers: {
        filename: path.basename(file),
        'Content-Type': 'application/octet-stream',
        'Content-Encoding': 'gzip'
    }
};

const req = http.request(options, res => {
```

```
    console.log('Server response: ' + res.statusCode);
});

fs.createReadStream(file)
    .pipe(zlib.createGzip())
    .pipe(req)
    .on('finish', () => {
        console.log('File successfully sent');
});
```

在上面的代码中，我们再一次使用流从文件系统读取文件内容，并立即压缩发送每一个数据块。

现在，可以试运行一下我们的应用程序，先使用以下命令启动服务端：

**node gzipReceive**

然后，启动客户端程序并指定要发送的文件和服务器的地址 (比如localhost)：

**node gzipSend <path to file> localhost**

如果选择的文件足够大，我们会更容易明白数据是怎样从客户端传递到服务端的，但是到底为什么使用流会比使用缓存来处理发送数据更加高效呢？下图会给我们一些启示：

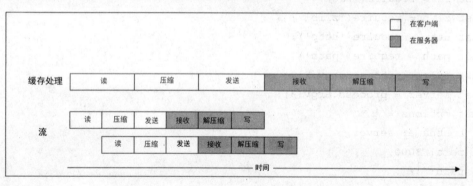

文件处理会经过以下一系列的步骤：

1. [客户端] 从文件系统读取数据。

2. [客户端] 对数据进行压缩。

3. [客户端] 发送到服务端。

4. [服务端] 接收客户端发送的数据。

5. [服务端] 解压缩接收到的数据。

6. [服务端] 将数据写入磁盘。

为了完成整个处理过程，我们必须像流水线一样按顺序完成以上所有的步骤。如上图所示，使用缓存，整个过程是完全顺序执行的。首先必须等待整个文件被读取之后才能进行数据压缩，然后必须等待文件读取完毕且数据压缩完成之后才可以向服务端发送数据。相反，如果使用流，当读取到第一个数据块的时候，整条流水线就开始运行起来，而不需要等待整个文件内容被读取完。但是更加令人惊奇的是，当下一个数据块到达的时候，不需要等待之前的任务完成，相反，另一条流水线并行启动。之所以能这样是由于每个任务都是异步执行的，在 Node.js 中可以并行来处理。唯一的限制是数据块在每个阶段到达的顺序必须被保存起来 (这一点 Node.js 的流模块已经帮我们实现了)。

由上图我们可以看到，使用流的方式，整个处理流程花费的时间更少，因为不需要等待所有的数据被读取完毕再一次性地进行处理。

## 组合性

前面的代码已经大概展示了如何将流组合起来使用，这要归功于 pipe() 这个方法，它可以将不同的处理单元连接起来，而每一个处理单元只实现单一的功能，这一点很符合 Node.js 的编程风格。这之所以可行是因为流提供了统一的处理接口，从 API 层面来看流都是互通的。唯一的前提就是管道中的下一个流必须支持上一个流输出的数据类型，有可能是二进制流、文本甚至对象，这些在后面的章节中都会讲到。

通过另一个例子来看下这一特性的应用，我们尝试在之前构建的 gzipReceive/gzipSend 应用中添加一个加密层。

为此，我们只需要简单更新客户端程序，在管道中增加一个流。具体来说，添加 crypto.create-Chipher() 对现有的流进行处理。最终代码是这样的：

```
const crypto = require('crypto');
// ...
fs.createReadStream(file)
    .pipe(zlib.createGzip())
    .pipe(crypto.createCipher('aes192', 'a_shared_secret'))
    .pipe(req)
    .on('finish', () => console.log('File succesfully sent'));
```

使用同样的方式，修改服务端程序使数据在解压缩之前先解密：

```
const crypto = require('crypto');
```

```
// ...
const server = http.createServer((req, res) => {
// ...
req
    .pipe(crypto.createDecipher('aes192', 'a_shared_secret'))
    .pipe(zlib.createGunzip())
    .pipe(fs.createWriteStream(filename))
    .on('finish', () => { /* ... */ });
});
```

只需要很少的修改(事实上只是几行代码),就在我们的应用程序中增加了一个加密层。简单地将一个已有的转换流嵌入到已经搭建的流管道中。使用类似的方式,可以像玩乐高积木一样随意地添加和组合其他流。

显然,这种方法的主要优点是可重用性,但同时,从这个例子可以看出,流能使代码更加清晰和模块化。正因为如此,流不仅仅可以用来处理纯 I/O 问题,也可以用来对代码进行简化和模块化处理。

# 开始学习流

通过上一节的学习,我们知道了为什么流的功能如此强大,并且从 Node.js 的核心模块开始,流是随处可见的。比如,fs模块使用createReadStream()方法来读取文件,使用createWriteStream()方法来写文件,HTTP 的request和response对象从本质上来说也是流,zlib 模块允许使用流来压缩和解压缩数据。

既然我们知道了流的重要性,现在让我们从头开始学习,探索流更多的细节。

## 流的分类

Node.js 中的每个流的实例都是stream模块提供的四个基本抽象类之一的实现:

- stream.Readable
- stream.Writable
- stream.Duplex
- stream.Transform

每一个stream类也同样是EventEmitter 类的实例。事实上流可以产生好几类事件,比如在

---

Node.js 设计模式(第 2 版)

可读流完成读取之后会产生end事件，或者在发生错误时会产生error事件。

 注意：为了简单起见，在本章提供的例子中，经常忽略必要的错误处理。然而，对于生产环境的应用来说，建议你为所有使用的流都注册相应的错误监听器。

流之所以如此灵活的一个原因是，它除了可以处理二进制数据，也可以处理 Javascript 中几乎所有的变量。事实上，流支持下面两种操作模式。

- **二进制模式 (Binary mode)**：在该模式下，流中的数据是以块的形式存在的，比如缓冲或者字符串。
- **对象模式 (Object mode)**：在该模式下，流中的数据被看作一系列独立的对象 (允许我们使用几乎任何 Javascript 变量)。

使用这两种操作模式，不仅可以处理 I/O 问题，也可以使用流作为工具来优雅地组合不同功能的处理单元，本章后面会介绍这一点。

 在本章中，我们主要使用 Node.js 提供的流接口，也被称为第三版的接口，其是在 Node.js v0.11 中引入的。如果想了解更多和老接口的不同之处，你可以阅读 StrongLoop 上发布的一篇精彩的文章：*https://strongloop.com/strong blog/whats-new-io-js-beta-streams3/*。

# 可读流

一个可读流代表了一个数据源，在 Node.js 中，可以使用stream模块提供的Readable抽象类来实现。

## 从流中读取数据

从可读流中获取数据有两种模式：非流动 (non-flowing) 模式和流动 (flowing) 模式。下面我们具体来分析下这两种模式。

### 非流动模式

从可读流中读取数据的默认方式都是添加一个对于readable事件的监听器，在读取新的数据时进行通知。然后，在一个循环中，读取所有的数据直到内部的缓存被清空。这可以通过read()方法来实现，该方法能同步读取缓存中的数据并返回一个Buffer或者String对象表示数据块。read()方法的使用如下：

**readable.read([[size]])**

使用该方法，数据是根据需要从流中被拉取。

为了说明该模式是如何工作的，我们创建一个新的模块readStdin.js，实现一个简单的程序，从标准输入(可读流)读取数据并将所有内容返回到标准输出：

```
process.stdin
    .on('readable', () => {
        let chunk;
        console.log('New data available');
        while((chunk = process.stdin.read()) !== null) {
            console.log(
                `Chunk read: (${chunk.length}) "${chunk.toString()}"`
            );
        }
    })
    .on('end', () => process.stdout.write('End of stream'));
```

read()方法从可读流的缓存读取数据块是一个同步的操作。如果工作在二进制模式下，那返回的数据块默认是Buffer对象。

 在二进制模式下，可以通过调用setEncoding(encoding)，给可读流设置一个有效的编码格式(比如，utf8)从而直接读取到字符串而不是buffer值。

数据可以在readable的事件监听器中被读取到，该事件会在新数据可读时被触发。当内部缓存中没有更多的数据可读时，read()方法会返回null，这时，就必须等待readable事件再次被触发，告诉我们有新的数据可以读取或者等待end事件，告诉我们整个可读流已经结束了。在二进制模式下，还可以在调用read()方法时指定 size 的值，表示想要读取的数据大小。在实现网络协议或者解析特定格式的数据时，这一点非常有用。

现在，我们准备运行readStdin模块看看实际效果。在控制台输入一些字符，然后按下回车键就能看到数据被打印到标准输出。想要结束流并触发end事件，需要插入一个EOF(end of file)标识符(在 Windows 下可以使用 Ctrl + Z 组合键，而 Linux 下可以使用 Ctrl + D 组合键)。

还可以尝试将程序和其他的处理流程连接，可以使用管道操作符(|)，重定向标准输出流成

为另一个程序的标准输入流。例如，可以执行以下的命令：

```
cat <path to a file> | node readStdin
```

这是一个很神奇的示例，向我们展示了流的传输使用的是一个完全通用的接口，它使得使用不同语言编写的程序之间可以进行通信。

### 流动模式

另一种从流中读取数据的方式是给 data 事件添加一个监听器，这就是流动模式的流读取，在该模式下数据并不是通过 read() 来拉取，相反，只要流中的数据可读，便会立即被推送到 data 事件的监听器。例如，若使用这种模式，我们之前创建的 readStdin 应用就会像下面这样：

```
process.stdin
    .on('data', chunk => {
        console.log('New data available');
        console.log(
            `Chunk read: (${chunk.length}) "${chunk.toString()}"`
        );
    })
    .on('end', () => process.stdout.write('End of stream'));
```

流动模式继承了旧版本的流接口 (也被称作 Streams1)，其在控制数据流上灵活性不大。而在 Streams2 中，流动模式不是默认的工作模式，如果想要启用，需要为 data 事件添加监听器或者显式地调用 resume() 方法。可以调用 pause() 方法来实现临时阻止流触发 data 事件，将接收的数据存放到内部缓存中。

 调用 pause() 并不会导致流转换回非流动模式。

## 实现可读流

现在我们知道了如何从流读取数据，接下来学习如何实现一个新的可读流。为此，需要创建一个新的类，继承 stream.Readable 的原型。具体的流实例必须提供对于 _read() 方法的实现，该方法如下所示：

```
readable._read(size)
```

Readable 类内部会调用 _read() 方法，紧接着调用 push() 方法将数据填充到缓存中：

```
readable.push(chunk)
```

 read()方法被流的消耗者调用，而_read()是被流的子类实现的方法，永远不能被直接调用。下划线通常用来表示某个方法并不是公共的，不能被直接调用。

为了演示如何实现新的可读流，可以尝试实现一个生成随机字符串的流。我们创建一个新的模块randomStream.js，具体的代码如下：

```
const stream = require('stream');
const Chance = require('chance');
const chance = new Chance();

class RandomStream extends stream.Readable {
    constructor(options) {
        super(options);
    }

    _read(size) {
        const chunk = chance.string();   //[1]
        console.log(`Pushing chunk of size: ${chunk.length}`);
        this.push(chunk, 'utf8');   //[2]
        if(chance.bool({likelihood: 5})) {   //[3]
            this.push(null);
        }
    }
}

module.exports = RandomStream;
```

在文件的顶部，先加载依赖模块。并没有什么特别之处，只是加载了一个npm模块chance (https://npmjs.org/package/chance)，这是一个用来生成各种随机值的模块，包括数字、字符串等各种数据类型。

接下来创建一个RandomStream类，其继承父类stream.Readable。在上面的代码中，调用父类的构造函数来初始化内部状态，接收options作为传入的参数。通过options对象传递的参数有以下这些：

- encoding参数用来将Buffers转换成Strings(默认是null)。

- 开启对象模式的标识符(objectModel默认为false)。
- 内部缓存存储数据的大小上限,达到上限后,将不会从流中读取更多的数据(high-WaterMark默认为16KB)。

下面我们来解释下_read()方法:

- 该方法使用chance来生成一个随机的字符串。
- 它将生成的字符串推送到内部缓存中。注意,在推送字符串的同时,也指定了编码格式utf8(如果数据块是简单的二进制Buffer,则不需要这样设置的)。
- 流有5%的可能性会随机终止,通过推送null到内部缓存中来表示文件终止,或者说流的终止。

可以看到,_read()函数的size参数被忽略了,因为这是可选的参数。可以简单地推送所有的数据,但是如果一次调用中会多次推送数据,则需要检查push()方法是否返回false,表示内部缓存达到了hignWaterMark的限制,此时应该停止将更多的数据添加到流中。

这就是RandomStream,现在可以使用了。下面我们创建一个新的模块generateRandom.js,用来初始化RandomStream对象并从中获取数据:

```
const RandomStream = require('./randomStream');
const randomStream = new RandomStream();

randomStream.on('readable', () => {
    let chunk;
    while((chunk = randomStream.read()) !== null) {
        console.log(`Chunk received: ${chunk.toString()}`);
    }
});
```

现在,我们已经准备好使用自定义流了。像以往一样简单地执行generateRandom,就能看到屏幕上输出的随机字符串。

## 可写流

可写流表示数据的目的地,在Node.js中可以使用流模块提供的抽象类Writable来实现。

## 向流中写入数据

向可写流中写入数据是非常简单的，只需要调用write()方法，该方法签名如下：

```
writable.write(chunk, [encoding], [callback])
```

encoding参数是可选的，当数据块是String时可以指定该参数 (默认为utf8，当数据块为Buffer时会被忽略)，而当数据块完全被写入时，callback函数会被调用，该函数也是可选的。

如果不再将更多数据写入流中，需要使用end()方法：

```
writable.end([chunk], [encoding], [callback])
```

可以通过end()方法写入最后的数据块，这时的callback函数相当于为finish事件注册的监听器，当流中所有的数据被清空时，该函数会被执行。

现在，我们创建一个简单的 HTTP 服务端，输出随机的字符串：

```
const Chance = require('chance');
const chance = new Chance();

require('http').createServer((req, res) => {   //[1]
    res.writeHead(200, {'Content-Type': 'text/plain'});
    while(chance.bool({likelihood: 95})) {   //[2]
        res.write(chance.string() + '\n');   //[3]
    }

    res.end('\nThe end...\n');   //[4]
    res.on('finish', () => console.log('All data was sent'));   //[5]
}).listen(8080, () => console.log('Listening on http://localhost:8080'));
```

该 HTTP 服务端会向res对象中写数据，该对象是http.ServerResponse的实例，同时也是一个可写流。下面具体来解释上面的代码：

1. 首先向 HTTP 响应中写入头信息。注意writeHead()并不是可写流提供的接口，事实上，这是http.ServerResponse暴露的方法。

2. 设置了一个有 5% 的可能性被终结的循环 (让chance.bool()方法 95% 的时间返回true)。

3. 在循环内部，向流中写入随机的字符串。

4. 一旦循环结束，调用end()方法，这意味着不会再写入更多的数据。同时，在结束之前写入最后的字符串。

5. 最后，为finish事件注册监听器，当缓存中所有数据被清空时会被触发。

我们将这个小模块命名为entropyServer.js，然后执行。为了测试这个服务端程序，我们可以打开浏览器，访问 http://localhost:8080，或者在终端中使用 curl 命令：

`curl localhost:8080`

这时，服务端就开始向你选择的 HTTP 客户端发送随机的字符串 (请记住，有一些浏览器会缓存数据，流的相关行为并不明显)。

## 背压（Back-pressure）

和液体在真实的管道中流动一样，Node.js 中的流也可能遇到瓶颈，即将数据写入流的速度比从流中读取的速度快。处理该问题的机制是缓存写入的数据，然而如果流不对数据写入者做出任何回应，则可能导致越来越多的数据聚积到内部缓存中，导致不必要的内存使用。

为了防止这种情况的发生，当内部缓存超过了highWaterMark的限制时，writable.write() 会返回false。可写流有highWaterMark这个属性，当内部缓存超出限制后，write()方法会返回false，告诉应用应该停止写数据的操作。当缓存被清空后，drain事件会被触发，通知应用现在已经安全，可以重新执行写操作。这一机制被称作背压 (**back-pressure**)。

> 该机制对于可读流也同样适用。事实上，背压机制在可读流中也是存在的，_read() 内部的 push() 方法调用时也可能返回 false。然而，这是特定流的内部实现问题，所以我们一般不会去处理它。

通过简单修改之前创建的entropyServer，我们可以演示可写流中的背压机制：

```
const Chance = require('chance');
const chance = new Chance();

require('http').createServer((req, res) => {
    res.writeHead(200, {'Content-Type': 'text/plain'});

    function generateMore() {   //[1]
        while(chance.bool({likelihood: 95})) {
            let shouldContinue = res.write(
                chance.string({length: (16 * 1024) - 1}) //[2]
```

```
        );

        if(!shouldContinue) {   //[3]
            console.log('Backpressure');
            return res.once('drain', generateMore);
        }
    }

    res.end('\nThe end...\n',() => console.log('All data was sent'));
    }
    generateMore();
}).listen(8080, () => console.log('Listening on http://localhost:8080'));
```

下面来总结下这段代码中最重要的几个步骤：

1. 将主要的逻辑封装成generateMore()函数。

2. 为了提高发生背压的概率，将数据块的大小提高到 16KB − 1Byte，这和默认的 highWaterMark 非常接近。

3. 在向响应中写入一个数据块后，会检查res.write()的返回值，如果为false，就表示内部缓存已经满了，应该停止发送更多的数据。这时，会跳出函数的执行，并在 drain 事件触发时开启写数据流程。

如果我们现在试着重新运行服务端，并使用curl来发送一个客户端请求，这时有很大的可能会遇到背压的情况，因为服务端以非常快的速度生成数据，远比底层套接字处理得更快。

## 实现可写流

我们可以通过继承stream.Writable类和实现_write()方法来创建一个新的可写流。下面来看具体的实现细节。

首先创建一个接收以下格式对象的可写流：

```
{
    path: <path to a file>
    content: <string or buffer>
}
```

对于每一个这样的对象，可写流都会将content部分的内容保存到path指定路径的文件中。可以看到，我们创建的可写流接受的参数是obejct，并不是string或者buffer，这意味着我们的流需要使用对象模式来工作。

下面创建一个toFileStream.js模块：

```
const stream = require('stream');
const fs = require('fs');
const path = require('path');
const mkdirp = require('mkdirp');

class ToFileStream extends stream.Writable {
    constructor() {
        super({objectMode: true});
    }

    _write (chunk, encoding, callback) {
        mkdirp(path.dirname(chunk.path), err => {
            if (err) {
                return callback(err);
            }
            fs.writeFile(chunk.path, chunk.content, callback);
        });
    }
}
module.exports = ToFileStream;
```

首先，加载了需要使用的模块。注意，这里引入了mkdirp模块，由前面章节的介绍你应该知道，可以通过NPM安装该模块。

创建了一个新的类来继承stream.Writable。

需要调用父类的构造函数来进行初始化，通过options参数来指定流以对象模式(objectMode: true)工作。stream.Writable还接收以下这些参数：

- highWaterMark（默认为16KB）：用来控制背压的限制。
- decodeStrings（默认为true）：这允许在将字符串传入 _write() 方法之前其被自动解码成二进制流。在对象模式中会忽略该配置项。

最后，实现了_write()方法。如你所见，该方法的前两个参数为要写入的数据块和指定的编码方式(只有当使用二进制模式并且将decodeStrings选项设置成false时才会生效)。同时，该方法还接受一个callback函数作为参数，当操作完成时会被调用，没有必要将操作的过程实例反馈给程序，但是如果需要，在流操作发生错误，触发error事件时，可以将错误传递到回调函数并执行。

现在，为了测试我们刚创建的流，可以新建一个模块，比如writeToFile.js，然后执行一些写操作。

```
const ToFileStream = require('./toFileStream.js');
const tfs = new ToFileStream();

tfs.write({path: "file1.txt", content: "Hello"});
tfs.write({path: "file2.txt", content: "Node.js"});
tfs.write({path: "file3.txt", content: "Streams"});
tfs.end(() => console.log("All files created"));
```

这样，就创建并使用了第一个自定义的可写流。像之前一样运行这个新模块，查看它的输出，你会看到当执行这段代码时会创建三个新的文件。

## 双向流 (Duplex stream)

双向流指的是既可以读取又可以写入的流。当我们想要描述一个既是数据源又是数据目的地的实体时，双向流就显得非常有用，比如网络套接字。双向流同时继承了stream.Readable和stream.Writable的方法，所以这对我们来说并不是全新的概念。这意味着我们既可以通过read()和write()方法读写数据，也可以同时监听readable和drain事件。

想要创建自定义的双向流，必须同时实现 _read()和 _write()方法，传递给Duplex()构造函数的options对象在内部会同时被传递给可读流和可写流的构造函数。配置项options和我们之前讨论的是一样的，只是添加了一个新选项allowHalfOpen(默认为true)，如果它被设置为false，只要读或者写的一部分终止，整个流都会终止。

 为了使双向流能同时工作在对象模式和二进制模式下，我们需要手动在流的构造器中设置以下属性：this._writableState.objectMode和this._readableState.objectMode。

## 变换流

变换流是一种特殊的双向流，用来处理数据的转换。

在简单的双向流中，从流中读取的数据和写入到流中的数据并没有直接的联系 (至少流和这种关系本身并不相干)。考虑一个 TCP 的套接字，只是简单地从远程接收数据及向其发送数据，并不关心输入和输出之间的关系。下图说明了双向流中的数据流：

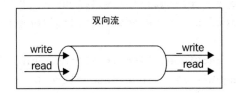

另一方面，变换流会对读取到的每一个数据块进行一些变换使其能被可读流读取。下图展示了变换流中的数据流：

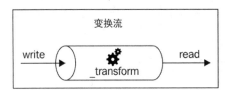

从外部看，变换流的接口与双向流完全一致。然而，当我们想要创建一个新的双向流时，需要提供 _read() 和 _write() 方法，但如果想要实现一个新的变换流，则需要提供另一对方法：transform() 和 flush()。

下面我们通过一个例子来说明如何创建新的变换流。

## 实现变换流

我们实现一个用来将目标字符串替换成指定字符串的变换流。为此，创建一个新的模块replaceStream.js。直接来看具体的实现：

```
const stream = require('stream');
const util = require('util');

class ReplaceStream extends stream.Transform {
    constructor(searchString, replaceString) {
        super();
    this.searchString = searchString;
    this.replaceString = replaceString;
        this.tailPiece = '';
    }

    _transform(chunk, encoding, callback) {
```

```
        const pieces = (this.tailPiece + chunk)  //[1]
            .split(this.searchString);
        const lastPiece = pieces[pieces.length - 1];
        const tailPieceLen = this.searchString.length - 1;

    this.tailPiece = lastPiece.slice(-tailPieceLen);  //[2]
    pieces[pieces.length - 1] = lastPiece.slice(0, tailPieceLen);

    this.push(pieces.join(this.replaceString));  //[3]
    callback();
    }

    _flush(callback) {
        this.push(this.tailPiece);
        callback();
    }
}

module.exports = ReplaceStream;
```

和之前一样，从依赖的模块开始构建新模块。这一次我们不使用第三方的模块。

接着，创建一个新的类并继承stream.Transform这个基类。该类的构造函数接受两个参数：searchString和replaceString。可以想象，这两个参数用于指定需要查找匹配的字符串以及用来替换的字符串。同时还初始化了一个内部变量tailPiece提供给_transform()方法使用。

现在，我们分析下_transform()方法，这是新类的核心方法。实际上，_transform()方法和_write()方法有相同的方法签名，但并不是将数据直接写到底层资源，而是使用this.push()方法将其推送到内部缓存，就像我们在可读流的_read()方法中做的一样。这就说明了变换流中的两部分事实上是被连接起来的。

ReplaceStream模块的_transform()方法实现了我们的核心算法。实现查找和替换一个字符串是很轻松的事，但对于流中的数据来说是完全不同的，可能匹配会横跨多个数据块。代码的执行逻辑解释如下：

1. 使用searchString作为分隔符来分隔数据块得到字符串片段数组。
2. 然后，获取数组中的最后一项，并抽取最末尾长度为searchString.length-1的字符串，将其存放到tailPiece变量中，并添加到获得的下一个数据块之前。

3. 最后，使用 replaceString 将 split() 方法处理得到的字符串片段进行连接，得到替换后的结果，并将其写入缓存中。

当流结束的时候，可能仍然有最后一个变量 tailPiece 还未被推送到缓存中。这正是 _flush() 方法的用途，该方法在流结束之前会被调用，这是我们最后的机会，在完全结束一个流之前将剩下的数据推送至内部缓存中。

_flush() 方法只接受一个回调函数作为参数，必须确保在所有操作完成之后调用它，使流终结。至此，我们就完成了 ReplaceStream 类。

现在，我们可以来试用下这个新的流。创建另一个新的模块 replaceStreamTest.js，写入一些数据，然后读取变换之后的结果：

```
const ReplaceStream = require('./replaceStream');

const rs = new ReplaceStream('World', 'Node.js');
rs.on('data', chunk => console.log(chunk.toString()));

rs.write('Hello W');
rs.write('orld!');
rs.end();
```

为了使流更复杂一些，将需要查找的部分 (即 World) 分布在两个不同的数据块中，然后使用流动模式从同一个流读取数据，记录每一个变化过的数据块。运行上面的程序，就可以看到以下输出：

```
Hel
lo Node.js
!
```

 还有第五种类型的流需要提一下：stream.PassThrough。它和我们之前看到的其他流不同，PassThrough 并不是抽象类，可以直接被实例化，而不需要实现任何的抽象方法。事实上，它只是一个特殊的变换流，将接收到的数据块原样输出，并不会做任何的变换处理。

# 使用管道拼接流

UNIX 管道的概念是由 Douglas Mcllroy 提出的，管道允许一个程序的输出被连接起来，作为下一个程序的输入。如以下的命令：

```
echo Hello World! | sed s/World/Node.js/g
```

在该命令中，echo会将"Hello World!"写入标准输出，然后数据会被重定向为 sed 命令的标准输入 (这多亏了管道操作符 | )，接着sed命令会使用"Node.js"替换单词"World"，最后将结果打印到标准输出流 (即控制台)。

类似地，在 Node.js 中可以使用可读流提供的pipe()方法将流连接起来，该方法接口如下：

```
readable.pipe(writable, [options])
```

非常直观，pipe()方法接收可读流中发送的数据并将其输入可写流中。同时，当可读流触发end事件时，可写流会自动终止 (除非我们在 options 中指定了{end: false})。pipe()方法会将参数中传递进来的可写流返回，当该可写流同时也是可读流时，就可以进行链式调用 (比如双向流或者变换流)。

使用管道将两个流连接起来可以使数据自动传输到可写流中，所以没有必要再调用read()或者write()方法，最重要的是我们再也不用考虑背压的问题，管道会自动处理。

为了快速编写一个例子 (后面会有更多的例子)，可以创建一个新的模块replace.js，从标准输入接收一个文本流，对其进行文本替换后再将其重新推送到标准输出：

```
const ReplaceStream = require('./replaceStream');
process.stdin
    .pipe(new ReplaceStream(process.argv[2], process.argv[3]))
    .pipe(process.stdout);
```

该程序能将标准输入流中的数据通过管道传送到ReplaceStream，然后再将其传送到标准输出流中。现在，我们来运行这个小程序，使用 UNIX 的管道将数据重定向到程序的标准输入流，请看下面的示例：

```
echo Hello World! | node replace World Node.js
```

运行后可以看到以下输出：

**Hello Node.js**

这个简单的例子说明了流 (准确地说是文本流) 是一个通用的接口，管道使用一种神奇的方式，可以将流组合和连接起来。

 error事件不会在管道中自动传递。举个例子，看下面的代码片段：

```
stream1
  .pipe(stream2)
  .on('error', function() {});
```

在上面这个管道中，只能捕捉到stream2产生的错误，即被添加了错误监听器的流。这意味着，如果想要捕捉任何stream1产生的错误，需要直接对其添加错误监听器。稍后我们会看到有一种设计模式可以解决这种不便(组合流)。此外，要注意，如果目标流发生了错误，管道会和源头流脱离，从而导致管道终止。

### 使用 through 和 from 模块完成流操作

到目前为止，我们并不是完全按照 Node 的方式创建自定义流，事实上，继承一个基础的stream类违背了最小暴露原则而且需要引入一些公式化的代码。但这并不意味着流的设计有问题，事实上我们应该知道，既然流是 Node.js 的核心部分，它就必须足够灵活，以便用户模块可以继承来实现更多的功能需求。

然而，大多数时候，我们并不需要通过原型继承来使用各种强大功能和可扩展性，而是需要使用一种快速和有效的方式来创建新的流。当然，Node.js 社区中已有相应的解决方案。through2(https://npmjs.org/package/through2) 就是一个很好的例子，它简化了创建变换流的方式。使用through2模块，可以调用简单的方法来创建一个新的变换流：

```
const transform = through2([options], [_transform], [_flush])
```

类似地，from2()允许通过以下代码来简单快速地创建可读流：

```
const readable = from2([options], _read)
```

当我们在本章后面部分介绍这些模块的用途时，你就会慢慢了解它们的优点。

 through (https://npmjs.org/package/through) 和 from (https://npmjs.org/package/from) 是基于Streams1封装的模块。

## 使用流处理异步流程

通过前面的例子，你应该清楚流不仅仅能够处理 I/O 问题，同时还可以作为一种优雅的编程模式来处理各种类型的数据。但流的用途不局限于这些，在本章接下来的部分，我们会使用流将异步流程转换成同步方式。

# 顺序执行

流在默认情况下是顺序处理数据的，例如，变换流的_transform()函数，只有当上一次调用完成并执行callback()后，才会对下一个数据块进行处理。这是流的重要特性，对于以正确顺序来处理数据块很重要，但同时流也可以用来优雅地替代传统的流程控制模式。

看代码还是更直接一些，所以我们直接通过一个例子说明如何使用流来顺序执行异步的任务。我们创建一个函数，该函数能将接收到的一系列文件拼接起来，同时要保证按照文件被接收的顺序来拼接。下面创建一个新的模块concatFiles.js，并引入需要依赖的模块：

```
const fromArray = require('from2-array');
const through = require('through2');
const fs = require('fs');
```

我们将会使用through2来简化创建变换流的过程，使用from2-array来创建可读流，其能从一个对象数组来读取数据。

接着，定义concatFiles()函数：

```
function concatFiles(destination, files, callback) {
    const destStream = fs.createWriteStream(destination);
    fromArray.obj(files)  //[1]
        .pipe(through.obj((file, enc, done) => { //[2]
            const src = fs.createReadStream(file);
            src.pipe(destStream, {end: false});
            src.on('end', done) //[3]
        }))
        .on('finish', () => {  //[4]
            destStream.end();
            callback();
        });
}
module.exports = concatFiles;
```

该函数顺序迭代files数组，将其转换成流。函数的执行过程如下：

1. 首先，使用from2-array创建files数组的可读流。

2. 接着，创建一个through(变换)流来顺序处理每一个文件。对于每一个文件，我们创建了一个可读流，并将其通过管道输出到destStream，即输出的文件。通过在pipe()方法中指定{end:false}，可以确保在源文件完成读取后才关闭destStream。

3. 当一个源文件的内容被全部传送到destStream中时，调用through.obj提供的done函数，来表示当前文件处理流程结束，同时也触发了下一个文件的处理流程。

4. 当所有文件都被处理之后，finish事件会被触发，最后结束destStream并且调用concatFiles()中传入的 callback() 函数，表示整个操作的完成。

我们可以来试用下刚创建的这个简单的模块。首先创建一个新的文件concat.js：

```
const concatFiles = require('./concatFiles');
concatFiles(process.argv[2], process.argv.slice(3), () => {
    console.log('Files concatenated successfully');
});
```

现在可以运行上面的程序，在命令行调用时，会传入两个参数，第一个参数是要创建的目标文件，接着是一组想要合并的文件列表，请看具体运行代码：

```
node concat allTogether.txt file1.txt file2.txt
```

此时会创建一个名为allTogether.txt的新文件，它的内容由file1.txt和file2.txt两个文件按顺序拼接而成。

使用concatFiles()函数，可以仅仅通过流来实现异步的顺序迭代操作。正如在第3章所看到的，这里需要使用迭代器，可以用纯 JavaScript 实现或者使用第三方的库，比如async。我们也提供了另一种实现方式，同样非常简单和优雅。

---

 **模式**
使用流或者流的组合，可以简单地实现一系列异步任务的顺序迭代操作。

---

# 无序并行执行

在刚才的例子中，流顺序地处理了每个数据块，但是有时这会成为瓶颈，因为我们并没有充分利用 Node.js 的并发性。如果对于每个数据块的操作都是一个非常耗时的异步过程，建议并列执行这些操作以便提高整体的处理速度。当然，只有当任何两个数据块之间都没有联系的时候，我们才能使用这种方式，比如在对象流的操作中这种方式比较常见，而在二进制流操作中几乎不会使用。

> **警告**
>
> 当需要保证数据处理的顺序时，就不能使用并列流了。

为了并列执行变换流的操作，可以使用在第 3 章中学习的一些实现模式，但是想要使用流的话还需要做一些配置工作。下面我们来看下具体的实现。

## 实现无序并列流

通过一个例子来说明。创建一个名为parallelStream.js的模块，定义一个通用的变换流来并列执行指定的变换函数：

```
const stream = require('stream');

class ParallelStream extends stream.Transform {
    constructor(userTransform) {
        super({objectMode: true});
        this.userTransform = userTransform;
        this.running = 0;
        this.terminateCallback = null;
    }

    _transform(chunk, enc, done) {
        this.running++;
        this.userTransform(chunk, enc, this.push.bind(this),
        this._onComplete.bind(this));
        done();
    }

    _flush(done) {
        if(this.running> 0) {
            this.terminateCallback = done;
        } else {
            done();
        }
    }

    _onComplete(err) {
        this.running--;
```

```
        if(err) {
            return this.emit('error', err);
        }
    if(this.running === 0) {
            this.terminateCallback && this.terminateCallback();
        }
    }
}

module.exports = ParallelStream;
```

我们分析下新创建的这个类。如你所见，构造函数会接受一个userTransform()函数作为参数，并将其保存到一个实例变量中，同时我们调用父类的构造函数。为了处理简单，默认开启了对象模式。

接下来是_transform()方法。在该方法中，执行了userTransform()函数，并增加当前运行任务的数量，最终调用done()方法，表示当前变换过程的结束。触发并列进行另一个变换的关键就在于此，在调用done()方法之前我们并不会等待userTransform()函数执行完成，而是立即调用done()方法。换句话说，我们会为userTransform()提供一个特殊的回调函数this.onComplete()，当userTransform()执行完毕时就会通知我们。

只有流终止时_flush()方法才会被调用，所以如果还有任务在运行中，只要不立即调用done()，就能延迟finish事件的触发，相反可以将done()函数赋值给this.terminateCallback变量。为了理解流是如何正确终止的，我们需要看一下onComplete()的实现。当一个异步任务完成后，该方法就会被调用。该方法会检查当前是否还有正在运行的任务，如果没有话，就调用this.terminateCallback()函数，结束整个流，并触发finish事件，该事件在_flush()方法中被延迟触发了。

刚刚构建的ParallelStream类使我们可以轻松地创建一个变换流，并列执行其中的任务，但是有个需要注意的地方：该变化流无法保证它接收到任务的顺序。事实上，任何时刻异步操作都可能结束和推送数据，而不需要关心它是何时开始的。可以看到，这一特性对于二进制流并不适用，因为此时数据的顺序是至关重要的，但是该特性对于对象流来说却是非常有用的。

## 实现一个 URL 状态监控应用

下面，在具体的例子中使用ParallelStream。我们想要构建一个简单的服务来监控一大组 URL 的状态。设想所有这些 URL 都存放在一个单独的文件中，并使用换行的方式进行分隔。

流可以提供一种非常有效和优雅的方式来解决该问题，具体来说，可以使用ParallelStream类来并列执行对 URL 的检查工作。

我们来构建这个简单的应用，同样，创建一个新的模块checkUrls.js：

```
const fs = require('fs');
const split = require('split');
const request = require('request');
const ParallelStream = require('./parallelStream');

fs.createReadStream(process.argv[2])  //[1]
    .pipe(split())  //[2]
    .pipe(new ParallelStream((url, enc, push, done) => {  //[3]
        if(!url) return done();
        request.head(url, (err, response) => {
            push(url + ' is ' + (err ? 'down' : 'up') + '\n');
            done();
        });
    }))
    .pipe(fs.createWriteStream('results.txt'))   //[4]
    .on('finish', () => console.log('All urls were checked'));
```

正如你所见，由于使用了流，代码看起来非常优雅和简捷，我们具体来看下该应用是如何工作的：

1. 首先，创建了一个可读流来读取指定文件的内容。

2. 使用管道将文件内容传输给变换流 split (https://npmjs.org/package/split)，它能够将文件中的每一行内容作为不同的数据块输出。

3. 然后，可以使用我们的 ParallelStream 来检查 URL。发送一个 head 请求并等待返回结果。当回调函数被调用时，将操作的结果写入流中。

4. 最后，所有的结果会通过管道被写入 result.txt 文件中。

现在，可以使用以下的命令来运行 checkUrls 模块：

```
node checkUrls urlList.txt
```

urlList.txt 文件包含了一组 URL，例如：

- http://www.mariocasciaro.me

---

- http://loige.co

- http://thiswillbedownforsure.com

执行完该命令后，会得到一个新创建的文件 result.txt。该文件中包含了操作的结果，具体如下：

**http://thiswillbedownforsure.com is down**
**http://loige.co is up**
**http://www.mariocasciaro.me is up**

极有可能写入文件的操作结果顺序和指定文件中 URL 的顺序是不一致的。这就很清楚地说明了流是并列执行这些任务的，并不会强调不同的数据块之间的顺序。

 出于好奇，你可能会想到使用 through2 流来替换 ParallelStream 流，并比较两者的不同 (可以作为练习，自己尝试一下)。你要明白使用 through2 处理会更慢，因为每个 URL 的检查都是顺序执行的，不过此时 results.txt 文件中记录的结果也保留了指定 URL 本身的顺序。

## 无序有限制的并行执行

如果我们试着用 checkUrls 这个应用来对包含了成千上万条 URL 的文件进行处理，肯定会遇到麻烦。应用程序会一次创建不可控数量的连接，并行发送大量的数据，这有可能会破坏应用程序的可靠性和整个系统的可用性。我们已经知道，控制负载和资源使用的方法就是限制任务的并发执行。

我们创建一个新的模块limitedParallelStream.js，看下具体是如何实现的，该模块对之前创建的parallelStream.js进行了一些修改。

先来看下构造函数 (修改的地方以高亮显示)：

```
class LimitedParallelStream extends stream.Transform {
    constructor(concurrency, userTransform) {
        super({objectMode: true});
        this.concurrency = concurrency;
        this.userTransform = userTransform;
        this.running = 0;
        this.terminateCallback = null;
        this.continueCallback = null;
    }
```

```
//...
```

新增了一个控制并发的变量concurrency作为传入的参数，同时保存两个回调函数，一个在调用transform方法时会执行(continueCallback)，另一个在调用flush()方法时会执行(terminateCallback)。

接下来看下_transform()方法的实现：

```
_transform(chunk, enc, done) {
    this.running++;
    this.userTransform(chunk, enc, this._onComplete.bind(this));
    if(this.running < this.concurrency) {
      done();
    } else {
      this.continueCallback = done;
    }
}
```

此时在_transform()方法中，在调用done()方法和触发下一个处理流程之前需要检查是否还有空闲的资源可以用于执行下一个任务。如果当前工作中的流总数已经达到了最大的限制，可以简单地将回调函数done()赋给continueCallback变量，当有任务执行完毕时该函数就会被调用。

flush()方法和ParallelStream中的该方法是完全一致的，所以我们直接来看onComplete()方法的实现：

```
_onComplete(err) {
    this.running--;
    if(err) {
        return this.emit('error', err);
    }
    const tmpCallback = this.continueCallback;
    this.continueCallback = null;
    tmpCallback && tmpCallback();
    if(this.running === 0) {
        this.terminateCallback && this.terminateCallback();
    }
}
```

每当有一个任务完成，就调用保存的continueCallback()方法，解除流的阻塞，开始进行下一个处理流程。

这就是limitedParallelStream模块的代码，现在我们可以在checkUrls模块中用它来替换parallelStream，运行的时候可以设置我们希望能并行执行的任务总数。

## 顺序并行执行

之前创建的并列流有可能会改变处理数据的顺序，但在有些使用场景下这是不可接受的，事实上有时候，我们需要保证处理数据的顺序和接收的顺序完全一致。当然，这也是可以做到的，仍然可以使用并列流，只需要将每个任务处理的数据块进行排序，使其和接收数据时的顺序一致。

该方法会使用缓冲区来对当前运行任务处理的数据块进行重新排序。为简捷起见，我们就不去实现这样一个流了，要不然本书的内容就太过冗长了，相反我们会使用现成的 NPM 模块来实现该功能，比如 through2-parallel(https://npmjs.org/package/through2-parallel)。

通过修改现有的checkUrls模块，可以很快看到顺序并行执行的结果。因为我们希望检查的结果是按照文件中 URL 的顺序被记录下来，然后检查的任务是并行执行的。这时我们就可以使用through2-parallel：

```
//...
const throughParallel = require('through2-parallel');

fs.createReadStream(process.argv[2])
    .pipe(split())
    .pipe(throughParallel.obj({concurrency: 2},(url, enc, done) => {
        //...
        })
    )
    .pipe(fs.createWriteStream('results.txt'))
    .on('finish', () => console.log('All urls were checked'));
```

正如我们所见，through2-parallel提供的接口和through2是很相似的，唯一的不同是为变换函数设置了并发的限制。如果我们试着运行新的checkUrls模块，就会看到results.txt文件记录的结果和输入文件中 URL 的顺序是完全一致的。

 需要明白的是，尽管输出结果的顺序和输入顺序是一致的，但是这些异步的任务依然是并行执行的，并且可能以任意的顺序结束执行。

到这里为止，我们分析了使用流实现异步控制的各种方式，接下来我们会讨论一些管道模式。

# 管道模式

如同现实生活中的管道系统一样，Node.js 中的流也可以按照不同的模式被连接起来，事实上，可以将两个不同的流合并成一个，将一个流分成两个或者更多的管道，或者根据不同条件来重定向流。在这一节中，我们探讨 Node.js 流的拼接技术。

## 组合流

在本章之前的内容中，我们多次强调了流提供了一个简单的方式来模块化和重用代码，但是还缺少一块内容：如果我们想对整个管道进行模块化和重用该怎么办？如果我们想将多个流组合起来，使其看起来像一个流该怎么办？下图展示了我们将要说明的问题：

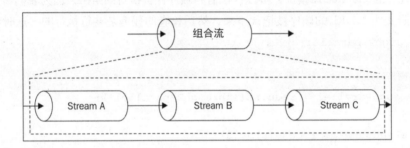

从该图来看，我们应该大概知道组合流的原理：

- 当向一个组合流写入数据的时候，事实上，是在向管道中的第一个流写入数据。
- 当从一个组合流读取数据的时候，事实上，是从管道的最后一个流中读取数据。

组合流通常都是双向流，构建时将第一个流作为可写流，最后一个流作为可读流连接起来。

 要基于可写流和可读流这两个不同的流来创建双向流，可以使用类似 duplexer2（https://npmjs.org/package/duplexer2）这样的 npm 模块。

但这还是不够的，事实上，组合流的另一个重要的特征是它必须捕获管道中任何一个流触发的错误。像我们之前提到的，管道中流触发的错误事件并不会沿着管道自动传播，所以如果想要（也应该）正确处理各种错误，就需要显式地为管道中的每个流添加单独的错误监听器。然而，如果组合流真的是一个黑盒，则意味着我们没有权限访问管道中的任何流，那组合流能够像错误聚合器一样接收管道中所有流触发的错误就显得至关重要。

总结一下，组合流有两个主要的特点：

- 通过隐藏管道内部的实现使其表现得像一个黑盒。
- 简化了错误管理机制，只需要对整个组合流添加相应的错误监听器而不是管道中的每个流。

组合流是一个非常通用和常见的做法，所以如果我们没有什么特殊的需求，可以直接使用现有的解决方案，比如下面这两个：multipipe（https://www.npmjs.org/package/multipipe）或者combine-stream（https://www.npmjs.org/package/combine-stream）。

## 实现一个组合流

我们通过一个简单的例子来说明，考虑以下两个简单的变换流：

- 一个用来压缩和加密数据。
- 一个用来解压和解密数据。

使用诸如multipipe这样的库，可以将一些基于核心库创建的流组合起来构建组合流，以下为combinedStreams.js文件的内容：

```
const zlib = require('zlib');
const crypto = require('crypto');
const combine = require('multipipe');


module.exports.compressAndEncrypt = password => {
    return combine(
        zlib.createGzip(),
        crypto.createCipher('aes192', password)
    );
};


module.exports.decryptAndDecompress = password => {
    return combine(
        crypto.createDecipher('aes192', password),
        zlib.createGunzip()
    );
};
```

可以将这些组合流看作黑盒来使用，举个例子，我们创建一个小的应用程序对指定文件进行压缩和加密操作。编写一个新的模块 archive.js：

```
const fs = require('fs');
const compressAndEncryptStream =
    require('./combinedStreams').compressAndEncrypt;

fs.createReadStream(process.argv[3])
    .pipe(compressAndEncryptStream(process.argv[2]))
    .pipe(fs.createWriteStream(process.argv[3] + ".gz.enc"));
```

可以进一步增强上面的代码，基于我们之前创建的管道来构建组合流，这次我们并不会创建一个类似黑盒的组合流，仅仅实现聚合错误管理的功能。事实上，如我们之前多次提到的，下面的代码仅仅会捕获最后一个流触发的错误：

```
fs.createReadStream(process.argv[3])
    .pipe(compressAndEncryptStream(process.argv[2]))
    .pipe(fs.createWriteStream(process.argv[3] + ".gz.enc"))
    .on('error', err => {
        //Only errors from the last stream
        console.log(err);
    });
```

然而，将这些流都组合起来，我们就可以优雅地解决这个问题。接下来我们重写archive.js，代码如下：

```
const combine = require('multipipe');
const fs = require('fs');
const compressAndEncryptStream =
    require('./combinedStreams').compressAndEncrypt;

combine(
    fs.createReadStream(process.argv[3])
    .pipe(compressAndEncryptStream(process.argv[2]))
    .pipe(fs.createWriteStream(process.argv[3] + ".gz.enc"))
).on('error', err => {
    //this error may come from any stream in the pipeline
    console.log(err);
});
```

如上所示，我们可以直接为组合流添加一个错误监听器，它会监听各个内部流触发的error事件。

现在，运行archive模块，简单地在命令行中指定密码和文件路径参数：

```
node archive mypassword /path/to/a/file.txt
```

通过这个例子，我们很清楚地看到了组合流的重要性，一方面，它允许创建可复用的流的组合，另一方面，它简化了流管道中的错误管理。

# 复制流

我们可以使用复制流的方式，通过管道将一个可读流传输到多个可写流中，从而实现复制流。当我们想要将相同的数据传输到不同的目标时这个方法很有用，比如两个不同的套接字或者两个不同的文件。除此之外，当我们想对同样的数据进行不同的变换或者根据不同的标准来分离数据的时候也可以使用该模式。下图很形象地说明了该模式：

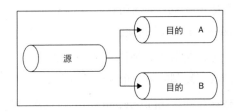

在Node.js中实现流的复制非常简单，下面我们通过一个例子来看下具体的工作原理。

## 实现一个多重校验和生成器

构建一个简单的工具，该工具可以同时计算指定文件的sha1和md5值。创建一个新的模块generateHashes.js并将其初始化计算校验和使用的流：

```
const fs = require('fs');
const crypto = require('crypto');

const sha1Stream = crypto.createHash('sha1');
sha1Stream.setEncoding('base64');

const md5Stream = crypto.createHash('md5');
md5Stream.setEncoding('base64');
```

到目前为止并没有什么特殊的，接下来在该模块中，创建一个文件的可读流并将其复制成两个不同的流以便在两个不同的文件中分别记录sha1值和md5校验和：

```
const inputFile = process.argv[2];
const inputStream = fs.createReadStream(inputFile);

inputStream
    .pipe(sha1Stream)
    .pipe(fs.createWriteStream(inputFile + '.sha1'));

inputStream
    .pipe(md5Stream)
    .pipe(fs.createWriteStream(inputFile + '.md5'));
```

是不是非常简单？inputStream通过管道被同时传输到sha1Stream和md5Stream中。但除此之外，还有一些注意事项需要知道：

- inputStream结束会使得md5Stream和sha1Stream也自动结束，除非在调用pipe()方法的同时设置了{end：false}选项。
- 复制的两个流会接收相同的数据，所以当我们对数据进行某种操作时必须非常小心，因为有可能会影响到我们复制的每一个流中的数据。
- 背压从整体上来看是存在的，inputStream中的数据流传输的速度和传输最慢的复制流保持一致。

## 合并流

合并流和复制流的操作是相反的，该模式指将一组可读流合并传输到一个可写流中，就像下图所示的一样：

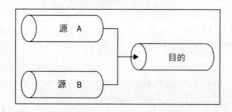

通常来说，将多个流合并成一个流是很简单的操作，然而，我们必须注意处理end事件的方式，因为如果设置管道为自动结束，会导致只要有一个来源流结束了，目标流也会结束。这样就会发生错误，因为其他正在运行中的流仍然会继续向一个已经终结的流中写入数据。解决这一问题的方法是当用管道将多个来源流合并到一个目标流的时候，使用{end: false}设置选项，然后只有当所有的来源流都完成读取之后才会对目标流调用end()方法。

## 基于多目录打包

为了举一个简单的例子，我们实现一个小程序，该程序可以将两个不同目录的内容进行打包。要实现这一功能，首先介绍两个 NPM 包。

- tar (https://npmjs.org/package/tar)：一个使用流进行打包的库。
- fstream (https://npmjs.org/package/fstream)：一个用来对文件创建对象流的库。

创建一个新的模块mergeTar.js，先从一些初始化的步骤开始：

```
const tar = require('tar');
const fstream = require('fstream');
const path = require('path');

const destination = path.resolve(process.argv[2]);
const sourceA = path.resolve(process.argv[3]);
const sourceB = path.resolve(process.argv[4]);
```

在上面的代码中，只是加载了依赖的模块并初始化了一些变量，包括目标文件的名字和两个源目录 (sourceA和soureceB)。

接下来创建打包流，并将其通过管道传输到可写流，写入目标文件中。

```
const pack = tar.Pack();
pack.pipe(fstream.Writer(destination));
```

现在，可以初始化源头的可写流了：

```
let endCount = 0;
function onEnd() {
    if(++endCount === 2) {
        pack.end();
    }
}

const sourceStreamA = fstream.Reader({type: "Directory", path: sourceA})
    .on('end', onEnd);
```

```
const sourceStreamB = fstream.Reader({type: "Directory", path: sourceB})
    .on('end', onEnd);
```

在上面的代码中，分别创建了两个从两个源目录读取内容的可读流(sourceStreamA
和sourceStreamB)，然后对每一个可读流都添加了end事件的监听器，只有当两个目录的内
容都被读取完毕，pack流才会相应结束。

最后，我们来测试下真正的合并流：

```
sourceStreamA.pipe(pack, {end: false});
sourceStreamB.pipe(pack, {end: false});
```

通过管道同时将可读流写入pack流中，注意在调用pipe()方法时设置{end: false}选项来
阻止目标流的自动结束。

至此，我们完成了这个简单的 TAR 工具。可以使用一下这个工具，在命令行中提供三个参
数，第一个是想要打包出的目标文件名，后面两个为要打包的源目录。

**node mergeTar dest.tar /path/to/sourceA /path/to/sourceB**

总结一下，需要说明的是，在 npm 上，可以找到一些模块来简化流的合并，比如：

- merge-stream (https://npmjs.org/package/merge-stream)
- multistream-merge (https://npmjs.org/package/multistream-merge)

关于流的合并模式，最后需要再提醒的一点是，通过管道传输到目标流中的数据是随机混合
到一起的，这个特性在某些类型的对象流(就像我们在上个例子中看到的)中是可以接受的，
但是在处理二进制流的时候这通常是不能被接受的。

然而，有一种基于该模式的变形可以让我们按顺序对流进行合并，它强调一个接一个地
接收流，当前一个流结束后，才会处理下一个输入流中的数据(就像是将所有的源数据串
联起来)。像之前一样，在 NPM 上我们也可以找到一些模块实现这一功能，multistream
(https://npmjs.org/package/multistream) 就是其中之一。

## 复用和分解

合并流模式有一种特殊的变形，使用该变形模式，并不是真正将多个流合并到一起，相反，
只是使用共享的通道来传输一组数据流。这是一个概念层面上的不同的操作，因为从逻辑上
来说，来源流在共享通道中是保持独立的，这就允许我们在通道的另一端重新将流分离成不

同的流。下图很好地说明了这一概念：

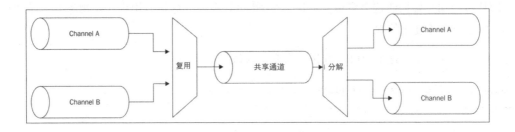

将多个流合并到一起 (这种情况下，也被称作**通道**) 以便使用单一的流来传输数据的模式被称作**复用 (multiplexing)**，相反的操作，即从共享流接收的数据重新构建原始流称作**分解 (demultiplexing)**。完成这些操作的装置分别被叫作 **multiplexer**(或 **mux**) 和 **demultiplexer**(或 **demux**)。这是计算机科学以及通信技术广泛研究的一个领域，因为这几乎是任何通信媒体的基础，比如电话、广播、电视和互联网自身。至于本书，我们并不会做太深入的解释，因为这是一个很大的话题。

相反，我们想要在本章中演示的是如何在 Node.js 中使用共享流来传递多个逻辑上独立的流，并在共享流结束时将它们再分离开来。

## 构建一个远程日志系统

下面我们通过一个例子来展开讨论。实现一个小程序，该小程序能够启动一个子线程将其标准输出和标准错误重定向发送到一个远程服务端，然后服务端会将两个数据流分别保存到两个独立的文件中。所以，在这个例子中，共享的介质就是 TCP 连接，而两个要复用通道的数据流就是子线程的标准输出和标准错误。我们会使用一种称为分组交换的技术，该技术在 IP、TCP 和 UDP 等协议中也会使用，它能够将数据封装成不同的组，允许我们指定各种不同的元信息，来进行多路复用、路由、数据流控制和检查损坏的数据等操作。我们这个例子要实现的协议是非常简单的，该例子会将数据按照下面的结构进行封装：

如上图所示，每个组除了包含实际的数据之外还有一个头部(包含通道标识和数据长度)，用来区分每个流的数据并在分解时将不同的组路由传输到正确的通道。

**客户端 – 复用**

我们从客户端开始构建这个应用。创建一个 client.js 模块，这是应用程序中用来开启子线程并将流进行多路复用的地方。

好了，下面开始定义这个模块。首先，需要引入依赖的模块：

```
const child_process = require('child_process');
const net = require('net');
```

接着，实现一个函数执行对一系列输入源进行多路复用的操作：

```
function multiplexChannels(sources, destination) {
    let totalChannels = sources.length;
    for(let i = 0; i <sources.length; i++) {
        sources[i]
            .on('readable', function() {  //[1]
                let chunk;
                while((chunk = this.read()) !== null) {
                    const outBuff = new Buffer(1 + 4 + chunk.length);
                        //[2]
                    outBuff.writeUInt8(i, 0);
                    outBuff.writeUInt32BE(chunk.length, 1);
                    chunk.copy(outBuff, 5);
                    console.log('Sending packet to channel: ' + i);
                    destination.write(outBuff);  //[3]
                }
            })
            .on('end', () => {  //[4]
                if(--totalChannels === 0) {
                    destination.end();
                }
            });
    }
}
```

multiplexChannels()函数接受两个参数：将要进行多路复用的源头流和目标流，然后执行了以下一些操作：

1. 为每个源头流都注册了readable事件的监听器，使用流动模式从流中读取数据。

---

2. 每读取到一个数据块，将其进行封装作为一个分组，依次包括以下几部分：1 个字节 (UInt8) 用来作为通道标识，4 个字节 (UInt32BE) 表示分组大小，真实数据部分。

3. 将封装好的分组写入目标流。

4. 最后，监听end事件以便在所有源头流被读取完成后能终止目标流。

 我们定义的协议可以对 256 个不同的源头流进行复用，因为只有一个字节来标识通道。

现在，客户端的最后一部分就变得非常简单：

```
const socket = net.connect(3000, () => {      //[1]
    const child = child_process.fork(   //[2]
    process.argv[2],
    process.argv.slice(3),
        {silent: true}
    );
    multiplexChannels([child.stdout, child.stderr], socket);   //[3]
});
```

在最后这段代码中，执行了以下这些操作：

1. 创建了一个新的 TCP 连接到localhost:3000。

2. 使用命令行的第一个参数作为运行模块路径来启动一个子线程，将process.argv数组的其他项作为子线程的参数。指定了{silent: true}，使得子线程不会继承父线程的stdout和stderr。

3. 最后，使用mutiplexChannels()函数，使用套接字传输子线程的stdout和stderr。

### 服务端－分解

现在我们来看如何创建应用的服务端(server.js)，它将远程连接中的流进行分解，通过管道将它们输出写入两个不同的文件中。我们从创建demultiplexChannel()函数开始：

```
const net = require('net');
const fs = require('fs');

function demultiplexChannel(source, destinations) {
    let currentChannel = null;
    let currentLength = null;
```

```
source
    .on('readable', () => {   //[1]
        let chunk;
        if(currentChannel === null) {   //[2]
            chunk = source.read(1);
            currentChannel = chunk && chunk.readUInt8(0);
        }

        if(currentLength === null) {   //[3]
            chunk = source.read(4);
            currentLength = chunk && chunk.readUInt32BE(0);

            if(currentLength === null) {
                return;
            }
        }

        chunk = source.read(currentLength);   //[4]
        if(chunk === null) {
            return;
        }
        console.log('Received packet from: ' + currentChannel);
        destinations[currentChannel].write(chunk);   //[5]
        currentChannel = null;
        currentLength = null;
    })
    .on('end', () => {   //[6]
        destinations.forEach(destination => destination.end());
        console.log('Source channel closed');
    });
}
```

其实该代码并不像看起来那么复杂，由于 Node.js 可读流拉取的特性，我们可以轻松地按照如下的步骤来实现我们定义协议的多路分解功能：

1. 使用非流动模式从流中读取数据。

2. 首先，如果还未读取到通道标识，会尝试从流中读取一个字节并将其转换成数字。

3. 下一步是读取数据的长度。需要 4 个字节，所以有可能 (尽管可能性不大) 内部缓存中并没有足够多的数据，这会导致调用this.read()时返回null。这时，会简单地终止解析过程并在下一个readable事件响应中继续读取。

4. 当最终读取到了数据的大小，也就知道了将要从内存中拉取多少数据，这时我们可以完整地进行读取了。

5. 读取了所有数据之后，可以将其写入对应的目标通道中，此时需要确保重置了currentChannel和currentLength变量(用来解析下一个分组数据)。

6. 最后，当源通道关闭后我们需要确保所有目标通道都关闭。

现在我们可以对源头流进行分解了，我们使用这个新函数：

```
net.createServer(socket => {
    const stdoutStream = fs.createWriteStream('stdout.log');
    const stderrStream = fs.createWriteStream('stderr.log');
    demultiplexChannel(socket, [stdoutStream, stderrStream]);
}).listen(3000, () => console.log('Server started'));
```

在该函数中，首先创建了一个 TCP 服务端来监听 3000 端口，然后对于接收到的每个连接，都会创建两个可写流指向两个不同的文件，分别用来记录标准的输出和标准的错误，这就是我们的目标通道。最后，我们使用demultiplexChannel()将socket流分解输出到stdoutStream和stderrStream。

**运行 mux/demux 应用**

现在，可以使用我们的 mux/demux 应用了，但首先我们要创建一个简单的 Node.js 程序generateData.js，用来生成一些输出作为示例：

```
console.log("out1");
console.log("out2");
console.error("err1");
console.log("out3");
console.error("err2");
```

好了，准备工作已经完成，可以试一下我们的远程日志应用了。首先，启动服务端：

**node server**

然后是客户端，启动的同时指定我们希望用子线程执行模块的文件路径：

**node client generateData.js**

客户端几乎立即运行，但是在处理过程完成后，generateData应用生成的标准输出和标准错误经过同一个 TCP 连接进行传输，然后在服务端它们又被分解并写入到两个独立的文件当中。

 需要留意的是，由于我们使用了child_process.fork()（http://nodejs.org/api/child_process.html#child_process_child_process_fork_modulepath_args_options），这里的客户端将只能够启动其他的 Node.js 模块。

## 基于对象流的多路复用和分解

刚刚演示的例子只说明了如何对二进制/文本流进行多路复用和分解，但是需要说明的是，一样的方式对于对象流也同样适用。最大的不同在于，使用对象流的时候，我们已经有了一种现成的原子信息体（对象），所以多路复用会非常简单，只需要为每个对象设置channelID属性即可，而多路分解仅仅是读取channelID属性并将其路由到对应的目标流中。

另一种仅用来实现多路分解的模式会根据一些条件来将源数据进行路由。使用该模式我们可以实现复杂的数据流，比如下图显示的这一种：

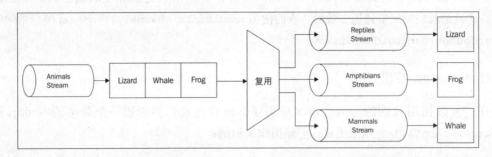

该图展示了系统中使用的多路分解器，接收由代表各种动物的对象组成的流，并将其中每个对象根据动物类别：爬行类 *(reptiles)*、两栖类 *(amphibians)* 和哺乳类 *(mammals)* 分发到对应的目标流中。

使用相同的规则，我们也可以实现流的if...else语句，ternary-stream模块 (https://www.npmjs.com/package/ternary-stream) 可以实现该功能，你可以从中找到一些灵感。

# 总结

在本章中，介绍了 Node.js 流和它的使用方法。流为新的编程范式提供了无限的可能。我们学习了为什么流在 Node.js 社区如此受关注，并且掌握了其基本的功能，从而我们可以在这个新的编程领域发现和学习更多的内容。本章还分析了一些高级的设计模式，由此我们知道了如何使用不同的方式将流连接起来，知道了流是如何协同工作的，从而使其变得功能强大。

如果我们无法只使用一个流来实现某个功能，那可以通过连接其他的流来实现，这非常符合每个模块完成特定功能的思想。从这点来说，很明显，流不仅仅是 Node.js 中的一个功能，它是处理二进制数据、字符串和对象的关键工具。所以我们才用一章的篇幅来介绍它。

在下一章，我们介绍传统的面向对象设计模式。但是请不要过于迷信，尽管 JavaScript 在某种程度上来说是面向对象语言，但是在 Node.js 中，函数式编程或者混合式编程通常是我们的首选。在阅读下一章之前，请摆脱你固有的观念。

# 第**6**章

# 设计模式

设计模式是针对经常出现的问题的可重用解决方案。该名词的定义非常广泛并且跨越多个应用领域。然而该名词通常和一些在 20 世纪 90 年代广为流传的面相对象模式相关，这些设计模式是在《设计模式：可复用面向对象软件的基础》一书中提及的，该书是由传奇的 "四人帮"(Gang of Four，简称 GoF):Erich Gamma、Richard Helm、Ralph Johnson 和 John Vlissides 所著。我们通常把这些设计模式称作传统设计模式，或者 GoF 设计模式。

在 JavaScript 中使用这些面向对象的设计模式总是显得不够自然，因为毕竟 JavaScript 不是典型的面向对象语言。众所周知，JavaScript 是多模式混合的，面向对象，以原型为基础，并拥有动态数据类型；将函数看作一等公民，并且允许函数式编程风格。这些特性使得 JavaScript 成为功能十分强大的语言，赋予开发者很大的开发权力，但同时也导致编程风格、习惯以及技术的碎片化，最终导致其生态系统的碎片化。使用 JavaScript 开发，有很多不同的方法去实现同样的功能，使得每个人都会用自己认为最好的方式去解决一个问题。大量的框架和 JavaScript 生态系统中的模块就是这一现象的最好证明。这在其他开发语言中是不常见的，特别是现在 Node.js 赋予了 JavaScript 新的让人惊奇的能力，并且开启了很多新的使用场景。

在这种情况下，传统的设计模式也会受到 JavaScript 的特性影响。在 JavaScript 中有很多种方式来实现这些传统的、强面向对象的设计模式，这也就意味着它们不再是设计模式。在某些情况下，它们甚至无法被实现，因为我们知道，JavaScript 并没有真正的类或抽象接口。但这些并不会改变设计模式的原始理念、它要解决的问题，以及解决方案体现的核心思想。

在本章中，我们会看到一些重要的 GoF 设计模式是如何被应用到 Node.js 中的，了解它们的设计哲学，重新从另一个角度来发掘它们的重要性。除了这些传统的设计模式外，我们还会看到一些在 JavaScript 生态中产生的、不那么传统的设计模式。

本章将介绍如下这些设计模式：

- 工厂模式
- 揭示构造器模式
- 代理模式
- 装饰者模式
- 适配器模式
- 策略模式
- 状态模式
- 模板模式
- 中间件模式
- 命令模式

 本章假设读者对于 JavaScript 中继承的工作原理有所了解。也请注意，在本章中会经常使用更一般的和直观的图来描述一个设计模式，而不是使用标准的 UML 图，因为很多的设计模式并不只是基于类实现的，而是基于对象甚至函数。

# 工厂模式

现在我们来学习 Node.js 中最简单、最常见的设计模式：工厂模式。

## 创建对象的通用接口

我们已经强调过一个事实：在 JavaScript 中，因为函数的简单性、可用性和对外暴露少的特性，所以相比于纯粹的面向对象，使用函数的方式通常是首选，特别是在创建对象实例的时候。事实上，从某些方面来说，相比于使用new操作或者Obejct.create()方法来直接创建一个新的对象，调用工厂方法是更为方便和更为灵活的方式。

首先也是最重要的，工厂模式允许我们将对象的创建从实现中分离出来。从本质上来说，一个工厂方法包装了一个新实例的创建，这给了我们更大的灵活性，能更好地控制对象的创建。在工厂方法中，我们可以在闭包里创建一个新的对象实例，可以使用原型和new操作符，或者`Object.create()`方法，甚至可以根据特定条件返回不一样的对象实例。工厂模式的使用者对于实例是如何被创建的毫不知情。事实上，使用`new`操作符，我们通过代码指定了一种创建对象的特定方式，然而在 JavaScript 中，我们拥有更多的灵活性。下面看一个例子，考虑一个简单的工厂方法，创建一个`Image`对象：

```
function createImage(name) {
 return new Image(name);
}
const image = createImage('photo.jpeg');
```

这里的`createImage()`工厂方法看上去不是必需的，为什么不直接使用`new`方法来实例化`Image`类呢？就像下面的代码一样：

```
const image = new Image(name);
```

正如我们上面提到的，使用`new`方法会限定我们的代码只能创建特定的对象，就像上面例子中的`Image`。相反，工厂模式给了我们更多的灵活性，设想我们想重构一下`Image`类，将它细分成各个小类，支持不同的图片格式。如果我们对外暴露一个工厂方法作为创建图片的唯一方法，我们可以重新像下面这样修改这个工厂方法，而不必破坏已存在的代码：

```
function createImage(name) {
 if(name.match(/\.jpeg$/)) {
   return new JpegImage(name);
 } else if(name.match(/\.gif$/)) {
   return new GifImage(name);
 } else if(name.match(/\.png$/)) {
   return new PngImage(name);
 } else {
   throw new Exception('Unsupported format');
 }
}
```

工厂模式同样允许我们不暴露创建对象的构造函数，避免其被继承或者修改，还记得我们说的小暴露原则吗？在 Node.js 中，可以仅仅暴露工厂方法，从而保证每个构造函数都是私有的。

## 一种封装的机制

得益于闭包，工厂方法也可以用来进行功能的封装。

> **封装（encapsulation）**是指通过阻止外部代码直接操作对象来控制访问内部细节的技术。只能通过公共的接口与对象进行交互，将外部代码和对象内部运行的细节隔离开来。这种做法也被称作**信息隐藏（information hiding）**。与继承、多态和抽象一样，封装也是面向对象设计的基本准则。

我们知道，在 JavaScript 中，没有访问级别的修饰符（比如，无法声明一个私有变量），所以实现封装的唯一方式就是通过函数作用域和闭包。使用一个工厂方法来实现私有变量是非常直接的，我们来看下面示例中的代码：

```
function createPerson(name) {
    const privateProperties = {};
    const person = {
      setName: name => {
          if(!name) throw new Error('A person must have a name');
          privateProperties.name = name;
        },
      getName: () => {
          return privateProperties.name;
        }
    };
    person.setName(name);
    return person;
}
```

在上面的代码中，我们利用闭包创建了两个对象：一个是工厂方法返回的person对象，提供对外的公共接口，一个privateProperties对象，存放一组无法被外层代码直接访问，只能通过person对象提供的接口进行操作的私有属性。比如，在上面的例子中，我们确保person对象的name属性永远不会为空，如果为空，这段代码是不可能成功执行的。

> 工厂函数只是我们用来创建私有成员的一种方法。事实上，以下还提供了一些方法：在构造函数中声明私有变量（如Douglas Crockford在http://javascript.crockford.com/private.html中提到的）；使用公共约定，比如，给属性名加上下画线"_"或者美元符号"$"（然而，这种方法并不能从技术上防止外层代码访问一个成员变量）；使用 ES2015 的 WeakMaps（http://fitzgeraldnick.com/weblog/53%20/）。Mozilla 发布了一篇非常完整的关于私有属性的文章：https://developer.mozilla.org/en-US/Add-ons/SDK/Guides/Contributor_s_Guide/Private_Properties。

## 构建一个简单的代码分析器

现在，我们使用工厂模式完成一个完整的例子。创建一个简单的代码分析器对象，该对象需要以下属性：

- 一个start()方法来启动分析过程。
- 一个end()方法来结束分析过程并将处理的时间输出到控制台。

首先创建一个名为profiler.js的文件，内容如下：

```
class Profiler {
    constructor(label) {
        this.label = label;
        this.lastTime = null;
    }
    start() {
        this.lastTime = process.hrtime();
    }
    end() {
        const diff = process.hrtime(this.lastTime);
        console.log(`Timer "${this.label}" took ${diff[0]} seconds and ${
            diff[1]}nanoseconds.`);
    }
}
```

这里的Profiler类并没有什么特殊功能，只是简单地使用默认的高精度计时器方法，记录start()方法执行的时刻，计算出到end()方法执行间隔的时间，并将结果输出到控制台。

现在，如果我们想在真实应用程序中使用这个分析器来计算不同条件下执行的时间，很容易就能想到生成大量的日志标准输出，特别是在生产环境。我们想做的也许是将分析的信息重定向到另一个源，比如说保存到数据库，或者应用程序在生产环境运行的时候，完全禁止分析器工作。很明显，如果我们通过new操作符直接实例化一个Profiler对象，需要在客户端代码或者Profiler对象中添加一些额外的逻辑，以便在不同的逻辑中切换。我们可以使用一个工厂方法来抽象Profiler对象的创建，根据应用程序运行在生产环境还是开发环境，决定返回一个完全工作的Profiler对象或者一个具有相同接口的模拟对象，但并没有具体的方法实现。我们来修改profiler.js的代码，不直接暴露Profiler的构造函数，而是仅暴露一个工厂方法。代码如下：

```
module.exports = function(label) {
    if(process.env.NODE_ENV === 'development') {
        return new Profiler(label);          //[1]
    } else if(process.env.NODE_ENV === 'production') {
        return {                             //[2]
            start: function() {},
            end: function() {}
        }
    } else {
        throw new Error('Must set NODE_ENV');
    }
};
```

我们创建的工厂方法抽象了创建Profiler对象的过程：

- 如果应用程序运行在开发模式下，工厂方法返回一个功能完整、由Profiler构造函数创建的对象

- 相反，如果应用程序运行在生产模式下，工厂方法返回一个模拟的对象，但是对象拥有的start()方法和stop()方法都被设置成空函数。

需要强调的一点是，由于 JavaScript 的动态类型特性，我们可以返回一个使用 new 操作符实例化的对象和一个简单的对象字面量(也被叫作鸭子类型（duck typing）：https://en.wikipedia.org/wiki/Duck_typing)。我们的工厂方法工作得很完美，我们确实可以在工厂方法内部按照任何我们喜欢的方式去创建对象，也可以基于特定的条件执行一些额外的初始化方法来返回不同的对象，并且所有这些细节对于外层对象的使用者来说是完全不可知的。我们很容易就能理解这种简单模式的强大能力。

现在，可以使用我们的分析器了。下面是一个使用我们创建的分析器的示例：

```
const profiler = require('./profiler');
function getRandomArray(len) {
    const p = profiler('Generating a ' + len + ' items long array');
    p.start();
    const arr = [];
    for(let i = 0; i < len; i++) {
        arr.push(Math.random());
    }
    p.end();
}
```

```
getRandomArray(1e6);
console.log('Done');
```

这里的变量p就是我们实例化的Profiler对象，但是从代码上看，我们并不知道它是如何被创建的，以及具体的实现细节。

如果我们把上面的代码保存到profilerTest.js中，可以很简单地来测试这些假设。如果想要在程序中试验一下正常的分析功能，需要执行下面的命令：

**export NODE_ENV=development; node profilerTest**

上面的代码启用了真正的分析器，并且将分析信息输出到控制台。如果想使用模拟的分析器，可以执行下面的命令：

**export NODE_ENV=production; node profilerTest**

这个例子只是使用工厂模式实现的一个简单的应用，但是很清晰地向我们展示了将对象的创建和具体实现方法进行隔离的好处。

## 可组合的工厂函数

现在我们知道了如何在 Node.js 中实现工厂函数，下面准备介绍一种新的更高级的设计模式，该设计模式正得到越来越多的关注。就是可组合的工厂函数，一类特殊的工厂函数，它们可以被组合到一起来构建新的增强的工厂函数。当我们想要创建从多个源继承一些行为和属性的对象，却不想构建复杂的类结构时，可组合的工厂函数就派上用场了。

可以用一个简单有效的例子来阐述这个概念。假设要创建一个视频游戏，游戏中的角色有各种行为：他们可以在屏幕上移动，可以砍杀和射击。当然，一个角色应该有一些基础的属性，比如生命点数，在屏幕上的位置和姓名。

我们来定义几种角色，每一种都有各自的行为。

- **Character**：基础角色，拥有生命点数、位置信息和名字。
- **Mover**：能够移动的角色。
- **Slasher**：能够砍杀的角色。
- **Shooter**：能够射击的角色(只要子弹充足)。

理想状态下，能够通过组合已有角色的行为来定义新类型的角色。我们想要绝对的自由，比如想要基于现有的角色来定义一些新的角色。

---

Node.js 设计模式（第 2 版）

- **Runner**：能够移动的角色。

- **Samurai**：能够移动和砍杀的角色。

- **Sniper**：能够射击的角色（但是无法移动）。

- **Gunslinger**：能够移动和射击的角色。

- **Western Samurai**：能够移动、砍杀和射击的角色。

正如你所见，我们想要自由地组合各个基础类型角色，所以很明显我们无法简单地使用类和继承来完成这一功能。

因此，我们将使用组合工厂函数，具体来说会使用到stampit模块（https://www.npmjs.com/package/stampit）实现的stampit规范。

该模块提供了一个定义工厂函数的接口，定义的工厂函数可以被组合到一起创建一个新的工厂函数。本质上，它允许我们通过一个方便的接口来定义工厂函数，使生成的对象拥有一系列特定的属性和方法。

我们来看下如何简单地定义游戏的基本角色类型。从基础角色类型开始：

```
const stampit = require('stampit');
const character = stampit().
    props({
        name: 'anonymous',
        lifePoints: 100,
        x: 0,
        y: 0
    });
});
```

在这个代码片段中，定义了character工厂函数，可以用它来创建基础角色。每一个角色对象实例都拥有这些属性：name、lifePoints、x和y，并且这些属性的默认值分别是anonymous、100、0、0。使用stampit模块的props方法可以定义这些属性。可以按照下面的方式来使用这个工厂函数：

```
const c = character();
c.name = 'John';
c.lifePoints = 10;
console.log(c); // { name: 'John', lifePoints: 10, x:0, y:0 }
```

现在我们来定义mover的工厂函数：

```
const mover = stampit()
```

```
  .methods({
    move(xIncr, yIncr) {
      this.x += xIncr;
      this.y += yIncr;
      console.log(`${this.name} moved to [${this.x}, ${this.y}]`);
    }
});
```

在这个例子中，我们使用stampit模块的methods方法来声明通过这个工厂函数生成对象所拥有的对外方法。我们为Mover这个角色定义了一个move方法，来为实例化的对象创建x和y坐标。可以看到，在方法内部，可以通过this关键字访问到所创建实例的属性。

了解了基本的概念后，就可以很轻松地增加slasher和shooter两个角色对应的工厂函数：

```
const slasher = stampit()
    .methods({
        slash(direction) {
            console.log(`${this.name} slashed to the ${direction}`);
        }
    });

const shooter = stampit()
    .props({
        bullets: 6
    })
    .methods({
        shoot(direction) {
            if (this.bullets > 0) {
                --this.bullets;
                console.log(`${this.name} shoot to the ${direction}`);
            }
        }
    });
```

注意，这段代码演示了如何同时使用props和methods来定义 shooter 的工厂函数。

定义好了基本角色类型之后，开始组合这些工厂函数来构建新的更强大和更复杂的工厂函数：

```
const runner = stampit.compose(character, mover);
const samurai = stampit.compose(character, mover, slasher);
```

```
const sniper = stampit.compose(character, shooter);
const gunslinger = stampit.compose(character, mover, shooter);
const westernSamurai = stampit.compose(gunslinger, samurai);
```

stampit.compose方法定义了一个由可组合工厂函数组合而来的新的工厂函数，这个新的工厂函数会基于工厂函数的属性和方法来创建一个对象实例。正如你所见，这是一种强大的机制，它给了我们很大的自由，允许我们在行为层面而不是类的层面进行操作。

为了完善我们的示例，我们来实例化和使用一个新westernSamurai对象。

```
const gojiro = westernSamurai();
gojiro.name = 'Gojiro Kiryu';
gojiro.move(1,0);
gojiro.slash('left');
gojiro.shoot('right');
```

会看到下面的输出：

```
Yojimbo moved to [1, 0]
Yojimbo slashed to the left
Yojimbo shoot to the right
```

 更多关于 stamp 的规范和背后的实现思想可以在 Eric Elliot 写的这篇文章中找到，他是这篇文章的原始作者：https://medium.com/javascript-scene/introducing-the-stamp-specification-77f8911c2fee。

# 扩展

正如前文所讲，工厂函数在 Node.js 中非常常见。很多模块只是对外提供了一个用来实例化对象的工厂函数。以下就是一些例子：

- Dnode (https://npmjs.org/package/dnode)：这是一个 Node.js 中的远程过程调用 (RPC) 系统。如果我们查看它的源码，就会发现它的逻辑都在一个名为D的类中实现；然而，这个类并没有对外暴露，而是仅仅对外暴露了一个工厂函数来允许人们创建这个类的实例对象。你可以单击下面的链接查看它的源代码：https://github.com/substack/dnode/blob/34d1c9aa9696f13bdf8fb99d9d039367ad873f90/index.js#L7-9。

- Restify（https://npmjs.org/package/restify）：这是一个构件 REST API 的框架，允许我们使用restify.createServer()这个工厂函数创建服务器的实例，该工厂函数会在内部创建一个Server类的实例对象（但并不对外暴露）。你可以单击下面的链接查看它的源代码：https://github.com/mcavage/node-restify/blob/5f31e2334b38361ac7ac1a5e5d852b7206ef7d94/lib/index.js#L91-116。

其他的一些模块同时暴露了一个类和一个工厂函数，但同样要指出工厂函数是创建新实例的主要方法或者说最方便的方法。以下就是一些例子：

- http-proxy（https://npmjs.org/package/http-proxy）：这是一个可编程的代理库，使用httpProxy.createProxyServer(options)来创建新实例。
- Node.js 中的 HTTP 服务端模块：通常来说，我们都是使用http.createServer()来创建新实例，尽管这个方法本质上是new http.Server()的快捷方式。
- bunyan（https://npmjs.org/package/bunyan）：这是一个很流行的日志库。在说明文档中，作者推荐使用bunyan.createLogger()这个构造函数作为创建新实例的主要方式，尽管和使用new bunyun()是一样的效果。

还有一些模块提供一个工厂函数来对组件进行包装。著名的例子有through2和from2(详见第 5 章内容)，其允许我们使用工厂函数简化新流的创建，而不需要开发者直接使用继承和new操作符创建新的流。

最后，如果想了解一些使用了 stamp 规范和可组合工厂函数的模块，可以看下react-stampit（https://www.npmjs.com/package/react-stampit），它展现了可组合工厂函数的强大并允许我们简单地组合不同组件的行为，还有remitter（https://www.npmjs.com/package/remitter），一个基于 Redis 的发布/订阅模块。

# 揭示构造函数

揭示构造函数是一个相对较新的设计模式，由于在一些核心库（如Promise）中的使用，使它在 Node.js 社区和 JavaScript 开发领域获得越来越多的关注。

我们在第 4 章，学习promise的时候，已经初步接触了这种设计模式，现在我们从更细节的层面来重新分析 Promise 的构造函数：

```
const promise = new Promise(function (resolve,reject) {
    // ...
});
```

如你所见，Promise接受一个函数作为构造函数的参数，被称作执行器函数。该函数在Promise构造函数中会被调用，允许构造器代码仅操作构造函数中的 promise 对象的有限状态。换句话说，该函数用来暴露resolve和reject方法，使得它们能被调用来改变对象的内部状态。

这样做的好处是只有构造器代码可以访问resolve和reject方法，一旦promise对象被创建，它可以被安全地传递。没有其他的代码可以调用reject或resolve方法和改变promise对象的内部状态。

这就是为什么 Domenic Denicola 在他的博客文章中命名这种设计模式为"揭示构造函数"的原因。

 Domenic 博客上的完整文章非常有趣，还介绍了这一设计模式的历史起源，并从某些方面与 Node.js 流使用的模板模式或者早期 Promise 库实现中使用的构造器模式进行了对比。你可以阅读这篇文章：https://blog.domenic.me/the-revealing-constructor-pattern/。

## 只读事件触发器

在这一节中，我们将使用揭示构造器模式构建一个只读事件触发器，这是一种特殊的事件触发器，它无法调用emit方法(除非在传递给构造函数的函数内部)。

在roee.js文件中编写Roee(只读事件触发器) 类的代码：

```
const EventEmitter = require('events');
module.exports = class Roee extends EventEmitter {
    constructor (executor) {
        super();
        const emit = this.emit.bind(this);
        this.emit = undefined;
        executor(emit);
    }
};
```

在这个简单的类中，扩展了 Node.js 中核心的EventEmitter类并且接受一个执行器函数作为唯一的构造函数的参数。

在构造函数内部，调用super方法来确保通过调用父类构造函数来正确初始化事件发射器，然后保存了一个emit函数的备份并且通过赋undefined值来将它从对象实例中移除。

最后调用执行器函数并将备份的emit方法作为参数传递进去。

需要理解的重要一点是，在将emit方法赋值为undefined之后，代码将无法再调用这个方法。备份的emit方法被定义成一个局部变量，只是被传递给了执行器函数。使用这样的方式可以保证我们只能在执行器函数中使用emit方法。

现在我们来使用新定义的类创建一个简单的ticker类，用来每秒钟触发一个tick事件并且记录已经触发tick事件的数量。这就是我们在ticker.js文件中定义的新模块：

```
const Roee = require('./roee');
const ticker = new Roee((emit) => {
    let tickCount = 0;
    setInterval(() => emit('tick', tickCount++), 1000);
});
module.exports = ticker;
```

正如你所看到的，代码非常简单。我们实例化了一个Roee对象，并将要执行的事件发射逻辑传递到执行器函数中。执行器函数接受了emit方法作为参数，从而我们可以使用它来每隔一秒触发一次 tick 事件。

现在我们来看一个使用这个ticker模块的简单例子：

```
const ticker = require('./ticker');
ticker.on('tick', (tickCount) => console.log(tickCount, 'TICK'));
// ticker.emit('something', {}); <-- This will fail
```

我们像使用基于事件触发器创建的对象一样来使用ticker对象，可以使用on方法来添加任意数量的监听器，但是一旦我们尝试使用emit方法，代码将会运行失败，抛出一个错误：
TypeError: ticker.emit is not a function。

 尽管这个例子很好地展示了如何使用揭示构造函数模式，但值得一提的是，事件触发器的这种只读功能并不是完全被隔离的，还是有几种方法可以绕过它。比如，依然可以在ticker实例上通过直接使用原始的 emit 属性来触发事件，就像下面这样：require('events').prototype.emit.call(ticker, 'someEvent', {});

# 扩展

即使这个设计模式非常有趣和聪明，但除了Promise以外很难找到常见的用例。

值得一提的是，现在有一个为流制定的新规范还在开发中，试图使用这种设计模式作为现在使用的模板模式更好的替代，以便能够描述各种流对象的行为：`https://streams.spec.whatwg.org`。

同时要指出的重要一点是，在第 5 章我们实现 `ParallelStream` 类的时候已经使用了这个设计模式。这个类的构造函数接受 `userTransform` 函数作为参数 (执行器函数)。

尽管在这个例子中，执行器函数并不是在构建的时候被调用，而是在流对象调用 `_transform` 方法的时候。从普遍意义上讲，这依然符合该设计模式的概念。事实上，当我们创建一个 `ParallelStream` 对象实例的时候，这样的方式允许我们仅将 `stream` 对象的一些内部方法或属性 (比如 push 函数) 暴露给特定的流转换逻辑。

# 代理模式

代理 (proxy) 是一个用来控制对另一个对象 (称为**本体**) 访问的对象。它实现了与本体对象相同的接口，我们可以对两个对象进行随意的替换使用，事实上，这种设计模式还被称作**替代模式**。代理对象可以拦截所有或者部分本来要对本体对象执行的操作，补充或者增强它们的行为。下图很形象地描述了这一关系：

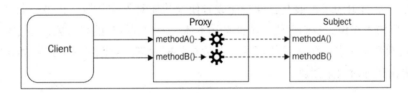

该图很好地展示了代理对象和本体对象是如何拥有相同的接口的，以及为什么对于客户端来说这些是透明的，使得客户端可以使用任一对象提供的接口。代理将每个操作转发到本体，通过额外的预处理或者后处理来增强其行为。

 要注意的是，我们讨论的并不是类之间的代理，代理模式指的是封装本体对象的真实接口，从而保持其内部状态。

代理在某些场景下非常有用，比如以下这些场景。

- **数据验证 (Data validation)**：代理对象在将输入传递给本体对象之前先进行校验。
- **安全性 (Security)**：代理对象会校验客户端是否被授权对本体对象执行操作，只有通过校验了，操作的请求才会被传递到本体对象。
- **缓存 (Caching)**：代理对象内部维护一个缓存系统，只有当需要使用的数据当前不在缓存中时，才会将需要执行的操作传递到本体对象。

- **延迟初始化 (Lazy initialization)**：如果本体对象的创建是非常耗费时间和空间的，代理对象可以延迟其创建的时机，直到真正需要时。
- **日志 (Logging)**：代理对象拦截调用的方法和相关参数，并将它们记录下来。
- **远程对象代理 (Remote objects)**：代理对象可以为远程对象提供本地的代表，就像使用一个本地的对象。

当然，还有更多使用了代理模式的应用程序，但是上面列举的这些场景已经能展现代理模式的用途了。

## 实现代理模式的方法

当我们要代理一个对象的时候，可以选择拦截它所有的方法或者部分方法，而将其余方法直接委托给本体对象。有很多种实现方法，下面来分析其中几种。

### 对象组合

组合指的是一个对象为了扩展其自身功能或者使用其他对象的功能，将另一个对象合并进来。对于代理模式来说，我们创建一个拥有和本体对象相同接口的新对象，并且对本体对象的引用以实例变量或者闭包变量的形式被存放在代理内部。可以在客户端初始化时注入本体对象或者由代理对象来创建。

以下是使用伪类和工厂方法实现的一个例子：

```
function createProxy(subject) {
    const proto = Object.getPrototypeOf(subject);
    function Proxy(subject) {
        this.subject = subject;
    }
    Proxy.prototype = Object.create(proto);
    //proxied method
    Proxy.prototype.hello = function(){
        return this.subject.hello() + ' world!';
    };
    //delegated method
    Proxy.prototype.goodbye = function(){
        return this.subject.goodbye
```

```
            .apply(this.subject, arguments);
    };

    return new Proxy(subject);
}
module.exports = createProxy;
```

为了使用组合的方式来实现一个代理，需要拦截我们感兴趣的操作方法(比如hello()方法)，而将剩下的方法委托给本体对象(就像goodbye()方法)。

上面的代码展示了一个比较特殊的例子，本体对象拥有原型对象，并且我们想要保证原型链正确，所以当运行proxy instanceof Subject的时候会返回true，我们使用了伪继承的方式来达到这一目的。

这并不是必须的，只有当我们想要维护原型链的时候，才需要该步骤。这样做能够保证代理对象和本体对象的一致性。

但是，因为JavaScript拥有动态类型，大多数时候我们可以避免使用继承，而是使用更直接的方法。比如说，上面的代理对象可以使用对象字面量和工厂函数来实现：

```
function createProxy(subject) {
    return {
        //proxied method
        hello: () => (subject.hello() + ' world!'),
        //delegated method
        goodbye: () => (subject.goodbye.apply(subject, arguments))
    };
}
```

 如果我们希望创建的代理对象将大多数对象委托给本体对象，使用现有的库能更方便地实现自动化创建，比如说delegates (https://npmjs.org/package/delegates )。

## 对象增强 (Object augmentation)

**对象增强** (或者叫 **monkey patching**) 也许是代理本体对象方法的最实用的方式，通过替换本体对象方法的方式来实现代理。考虑下面的例子：

```
function createProxy(subject) {
```

```
const helloOrig = subject.hello;
subject.hello = () => (helloOrig.call(this) + 'world!');
return subject;
}
```

当我们只是想代理本体对象的一个或者很少一些方法的时候，这无疑是最简单的方式，但是也有直接修改了本体对象的缺点。

## 不同方法的比较

对象组合被认为是创建代理对象最安全的方法，这种方法保证了本体对象无法被外部访问，本体对象的原始行为不会被改变。唯一的缺点是，如果只想代理某一个方法，则需要将所有的方法都委托给本体对象。如果需要，我们还可以将属性的访问权委托给本体对象。

> 可以使用Object.defineProperty()来委托对象的属性。更多细节可以查阅：https://developer.mozilla.org/en-US/docs/Web/JavaScript/Reference/Global_Objects/Object/defineProperty。

然而，对象增强修改了本体对象，虽然这不是我们希望的，但是这种方式并没有委托相关的各种不便。所以，对象增强绝对是 JavaScript 中实现代理的最实用的方法，在所有不太关注是否修改本体对象的使用场景中，几乎都选择了这一方式。

不过，对象组合至少在下面的一种使用场景中是必需的，就是当我们想控制本体对象的初始化时，比如说，在需要的时候去创建对象实例(延迟初始化)。

> 需要指出的一点是，通过使用工厂函数(我们例子中的createProxy())，可以隐藏用来创建代理的具体代码。

## 创建日志记录的写入流

为了了解代理模式在真实例子中的应用，这里将为可写流创建一个代理对象，拦截所有对write()方法的调用并记录每一条调用信息。我们会使用对象组合的方式来实现代理，下面就是loggingWritable.js文件的内容：

```
function createLoggingWritable(writableOrig) {
    const proto = Object.getPrototypeOf(writableOrig);
```

```
function LoggingWritable(writableOrig) {
    this.writableOrig = writableOrig;
}

LoggingWritable.prototype = Object.create(proto);

LoggingWritable.prototype.write = function(chunk, encoding, callback)
  {
    if(!callback && typeof encoding === 'function') {
        callback = encoding;
        encoding = undefined;
    }
    console.log('Writing ', chunk);
    return this.writableOrig.write(chunk, encoding, function() {
        console.log('Finished writing ', chunk);
        callback && callback();
    });
};

LoggingWritable.prototype.on = function() {
    return this.writableOrig.on
        .apply(this.writableOrig, arguments);
};

LoggingWritable.prototype.end = function() {
    return this.writableOrig.end
        .apply(this.writableOrig, arguments);
};

return new LoggingWritable(writableOrig);
}
```

在这段代码中，我们将writable对象作为参数传入工厂函数，返回一个代理对象。重写write()方法使其每次被调用以及每次异步操作完成的时候，都会记录一条信息并输出到控制台。这也是创建异步函数代理的一个很好的例子，在必要的时候也可以代理回调函数，在Node.js中就需要仔细考虑这个应用。on()和end()方法被保留，只是简单地委托给了writable对象(为了保证代码清晰，不考虑写入流的其他方法)。

下面我们可以在loggingWritable.js文件中增加几行代码来测试创建的代理对象：

```
const fs = require('fs');

const writable = fs.createWriteStream('test.txt');
const writableProxy = createLoggingWritable(writable);
writableProxy.write('First chunk');
writableProxy.write('Second chunk');
writable.write('This is not logged');
writableProxy.end();
```

创建的代理对象并没有改变流对象的原始接口或者对外的行为，但是运行上面的代码，我们会看到写入流的每一个数据块都被记录并输出到控制台。

## 生态系统中的代理模式——函数钩子与面向行为编程 (AOP)

代理模式有很多种不同的形式，在 Node.js 及其生态系统中非常常见。事实上，我们可以找到一些帮助我们简化创建代理对象的库，其中大部分都使用了对象增强的方式。在社区中，这一设计模式也被称作**函数钩子 (function hooking)**，或者有时也被称作**面向行为编程 (Aspect-Oriented Programming，AOP)**，实际上，这也是代理模式的一个常用领域。在 AOP 中，这些库允许开发者为某一方法 (或一系列方法) 设置 pre-或者 post-的钩子，在指定方法运行前或者运行后可以执行自定义的代码。

有些时候，代理也被称作**中间件 (middleware)**，因为该模式在中间件模式 (后面章节中我们将会讨论) 中很常见，它允许我们对一个函数的输入和输出进行预处理或者后处理。有时，代理模式还允许使用类似中间件管道的方式来为同一个方法注册多个钩子。

有很多的 npm 模块，允许我们比较简单地来设置函数的钩子。比如以下这些：hooks (https://npmjs.org/package/hooks)、hooker (https://npmjs.org/package/hooker) 和meld (https://npmjs.org/package/meld)。

## ES2015 中的 Proxy 对象

ES2015 规范中引入了一个全局对象 Proxy，Node.js 从 V6 版开始支持它。

Proxy提供的接口包括一个构造函数，它接受target和handler作为参数：

```
const proxy = new Proxy(target, handler);
```

这里，target 表示需要被代理的对象 (就是我们定义的本体对象)，而 handler 是用来定义代理行为的特殊对象。

handler 对象包含了一系列预先定义好名称的可选方法 (例如，apply、get、set 和 has)，这些方法被称作**捕获方法 (trap methods)**，当代理对象实例在执行某些操作的时候就会自动被调用。

为了更好地理解这个构造函数是如何工作的，我们来看一个例子：

```
const scientist = {
    name: 'nikola',
    surname: 'tesla'
};

const uppercaseScientist = new Proxy(scientist, {
    get: (target, property) => target[property].toUpperCase()
});

console.log(uppercaseScientist.name,uppercaseScientist.surname);
// prints NIKOLA TESLA
```

在这个例子中，使用 Proxy 提供的方法拦截了所有对目标对象，也就是 scientist 的属性的访问，并将相应属性的值转换成大写字符串。

如果你仔细观察这个例子，或许会发现这个 API 有一些奇怪的地方：它允许我们拦截对目标对象通用属性的访问，不像我们在本章前面提供的例子，该 API 不仅仅是为了方便创建代理对象而被进行的简单封装，相反，它作为 JavaScript 的一个新特性，允许开发者拦截和自定义很多对对象的操作。这个特性为一些我们之前很难实现的场景提供了新思路，比如元编程 *(meta-programming)*、操作符重载 *(operator overloading)* 和对象虚拟化 *(object virtualization)*。

我们用另外一个例子来说明这个概念：

```
const evenNumbers = new Proxy([], {
    get: (target, index) => index * 2,
    has: (target, number) => number % 2 === 0
});

console.log(2 in evenNumbers); // true
console.log(5 in evenNumbers); // false
console.log(evenNumbers[7]);   // 14
```

在这个例子中，创建了一个包含所有偶数的虚拟数组。它可以被当作常规的数组使用，这意味着我们可以使用常规数组语法来访问数组项（比如，evenNumbers[7]），或者使用in操作符检查某一个元素在数组中是否存在（比如，2 in evenNumbers）。这个数组被认为是虚拟的，因为没有将任何的数据存放在其中。

我们看上面的代码，这个代理对象使用一个空数组作为目标对象target，然后在handler中定义了get和has这两个捕获方法。

- get方法拦截了对数组元素的访问，并根据指定索引返回特定的偶数。
- has方法拦截了对 in 操作符的使用，并检查给定的数字是否为偶数。

Proxy API 还提供了很多其他有趣的捕获函数，比如set、delete和construct，以便我们创建的代理能够在需要的时候被撤销，禁用所有的捕获函数并且恢复target对象的原始行为。

分析这些函数超出了本章的范围，这里主要想说明的是，Proxy 的 API 在你想要利用代理模式时，为你提供了强大的基础。

 如果你很好奇，想要了解更多关于 Proxy 提供的 API，探究它的所有功能和捕获函数，你可以在 Mozilla 提供的这篇文章中学到更多：https://developer.mozilla.org/it/docs/Web/JavaScript/Reference/Global_Objects/Proxy。另外 Google 上还有一篇很不错的文章：https://developers.google.com/web/updates/2016/02/es2015-proxies。

## 扩展

Mongoose（http://mongoosejs.com）是服务于 MongoDB 的著名的对象文档映射库。它内部使用了 hooks（https://npmjs.org/package/hooks）来为Document对象的init、validate、save和remove方法提供预处理和后处理的钩子函数。详细内容可以查阅官方文档（http://mongoosejs.com/docs/middleware.html）。

# 装饰者模式 (Decorator)

装饰者模式是一种结构模式，用来动态为现有对象添加一些额外的行为。这和传统的继承有所区别，因为这些额外的行为并不是添加到同一类对象上，而是仅仅添加到明确被装饰的对象实例上。

在实现方面，它和代理模式相似，但是它并不是增强和修改一个对象的现有方法，而是通过添加新的功能来增强它，如下图所示：

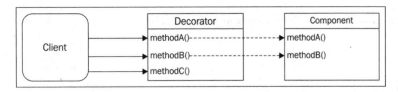

在该图中，Decorator对象通过添加methodC()方法来扩展Component对象。原有的方法通常会委托给装饰对象，不会做进一步的处理。当然，如果有必要，我们可以很轻松地将其和代理模式组合使用，以便拦截和处理对现有方法的调用。

## 实现装饰者模式的方法

尽管代理模式和装饰者模式从概念上来说是两个不同的设计模式，有不同的设计意图，但实际上它们的实现方式几乎是一样的。让我们来复习一下。

### 组合

使用组合，被装饰的对象被包装成一个新的对象，就像继承而来的一样。下面例子中的Decorator只需要定义新的方法，已有的方法委托给原始component对象：

```
function decorate(component) {
    const proto = Object.getPrototypeOf(component);

    function Decorator(component) {
        this.component = component;
    }

    Decorator.prototype = Object.create(proto);

    //new method
    Decorator.prototype.greetings = function() {
        return 'Hi!';
    };

    //delegated method
    Decorator.prototype.hello = function() {
```

```
        return this.component.hello.apply(this.component, arguments);
    };

    return new Decorator(component);
}
```

### 对象增强

通过简单地给被装饰的对象添加一些新的方法也可以实现对象的装饰，像下面这样：

```
function decorate(component) {
    //new method
    component.greetings = () => {
        //...
    };
    return component;
}
```

在分析代理模式时我们提出的一些注意事项对装饰者模式也同样适用。现在我们用一个实际的例子来学习装饰者模式。

## 装饰一个 LevelUP 数据库

在编写下一个例子的代码之前，我们先来简单介绍下即将使用的 **LevelUP** 模块。

### LevelUP 和 LevelDB

**LevelUP** (`https://npmjs.org/package/levelup`) 是在 Node.js 运行环境中对于 Google 提供的 **LevelDB** 的包装，LevelDB 最初是为了在 Chrome 浏览器中实现 IndexedDB 的键值对存储，但它作用远不止这些。因为 LevelDB 拥有的极简性和扩展性，它被 Dominic Tarr 定义为“数据库中的 Node.js”。像 Node.js 一样，LevelDB 提供了极速的性能，只提供最基础的功能集，允许开发者在此基础上构建任何类型的数据库。

Node.js 社区，或者说 Rod Vagg 通过创造 LevelUP 成功地将这个强大的数据库系统带到了 Node.js 中。起初只是对 LevelDB 的包装，后来逐渐演化为可以支持多种后端存储系统，包括内存存储、NoSQL 数据库 (比如 Riak 和 Redis)、Web 存储引擎 (比如 IndexedDB 和 localStorage)。LevelUP 允许我们在服务端和客户端使用相同的 API，这为我们在更多场景下使用提供了很好的启示。

如今，围绕 LevelUP 已经有了一套完整的生态系统，基于核心内容扩展而来的众多插件和模块实现了复制、二级索引、实时更新、查询引擎以及更多的功能。同时，基于 LevelUP 还诞生了很多更完善的数据库，比如模仿 CouchDB 的 PouchDB（`https://npmjs.org/package/pouchdb`）和 CouchUP（`https://npmjs.org/package/couchup`），甚至 levelgraph（`https://npmjs.org/package/levelgraph`），一个在 Node.js 环境和浏览器上都能运行的图形数据库。

 可以查阅更多关于 LevelUP 生态系统的内容：`https://github.com/rvagg/node-levelup/wiki/Modules`。

## 开发一个 LevelUP 插件

在下面的例子中，我们将看到如何使用装饰者模式来实现一个简单的 LevelUP 的插件，具体来说，这里我们使用到了对象增强的方法，这是最简单但同时也是最有效地为对象添加额外功能，进行装饰的方法。

 为方便起见，我们会使用到 level 包（`http://npmjs.org/package/level`），它使用 LevelDB 作为后端服务，绑定了 levelup 和默认的适配器 leveldown。

我们会为 LevelUP 创建这样一个插件，每当有符合某个模式的对象存储到数据库时，都会收到消息通知。比如，如果我们订阅了{a:1}这样的模式，当类似{a: 1, b: 3}或者{a: 1, c: 'x'}这样的对象被存储到数据库的时候，我们都会收到消息提示。

下面开始创建小插件，首先，创建一个新的模块 levelSubscribe.js。代码如下：

```
module.exports = function levelSubscribe(db) {

    db.subscribe = (pattern, listener) => {      //[1]
        db.on('put', (key, val) => {                //[2]

            const match = Object.keys(pattern).every(
                k => (pattern[k] === val[k])     //[3]
            );
            if(match) {
                listener(key, val);                 //[4]
            }
```

```
        });
    });

    return db;
};
```

这就是我们创建的插件，相当简单。我们简单来看下在上面的代码里都发生了什么：

1. 用一个新方法subscribe()来装饰db对象。只是简单地直接将新方法添加到提供的db对象实例上（对象增强）。

2. 监听任何数据库的put操作。

3. 实现了一个非常简单的模式匹配逻辑，将模式中的所有属性和正在存储的对象属性进行一一匹配验证。

4. 如果遇到匹配的对象，就会通知监听器。

现在创建一个新的文件levelSubscribeTest.js，来使用刚创建的新插件：

```
const level = require('level');       //[1]
const levelSubscribe = require('./levelSubscribe'); //[2]

let db = level(__dirname + '/db', {valueEncoding: 'json'});
db = levelSubscribe(db);
db.subscribe(
    {doctype: 'tweet', language: 'en'},                    //[3]
    (k, val) => console.log(val)
);

db.put('1', {doctype: 'tweet', text: 'Hi', language: 'en'}); //[4]
db.put('2', {doctype: 'company', name: 'ACME Co.'});
```

我们来看上面的代码都做了什么：

1. 首先，初始化 LevelUP 数据库，选择文件被存放的位置以及数据默认编码方式。

2. 然后添加插件，来装饰原始的db对象。

3. 接下来，就可以使用插件提供的新功能subscribe()方法了，其指定了我们感兴趣的所有拥有以下属性的对象：doctype:'tweet' 和 language:'en'。

4. 最终，使用put方法将一些值保存到数据库中。第一个调用会触发与我们订阅相关的回调函数，我们会看到存储的对象被输出到控制台，因为存储的对象匹配到了我们订阅的规则。相反，在第二个调用中程序不会有任何输出，因为存储的对象不匹配我们订阅的规则。

这个例子展示了在一个真实程序中如何使用对象增强来实现装饰者模式，这是一个最简单的应用。或许看起来这个设计模式显得非常微不足道，但是如果正确使用，它的功能还是很强大的。

 为了简单起见，我们的插件只是订阅了 put 相关的操作，但是它可以很轻易地被扩展，甚至可以很好地和 batch 操作协同工作 (https://github.com/rvagg/node-levelup#batch)。

## 扩展

如果想要获得更多装饰者模式在现实中的应用例子，我们可以研究更多的 LevelUP 的插件。

- level-inverted-index (https://github.com/dominictarr/level-inverted-index)：这是一个向 LevelUP 数据库添加倒排索引的插件，以便我们能对数据库中的值进行简单的文本搜索。
- level-plus (https://github.com/eugeneware/levelplus)：这是一个将原子更新添加到 LevelUP 数据库的插件。

## 适配器模式 (Adapter)

适配器模式允许我们通过一个不同的接口去使用原有对象的方法。顾名思义，它适配一个对象，以便该对象能被拥有不同接口的组件使用。下图很好地阐述了这一点：

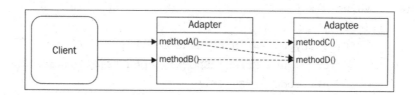

该图说明了适配器本质上是对被适配者的包装，对外暴露一个不同的接口。该图同样也表明，适配器提供的方法也可以是对被适配者一个或多个方法调用的组合。从实现角度来看，最常见的实现方法就是组合，适配器为被适配者的方法调用提供了一个桥梁。该设计模式非常直观，所以可以直接看例子。

## 通过文件系统 API 来使用 LevelUP 数据库

现在我们将围绕 LevelUP 提供的 API 构建一个适配器，将这些 API 转换成与核心 fs 模块兼容的接口。具体来说，我们会保证每次对 readFile() 和 writeFile() 的调用都被转换成对 db.get() 和 db.put() 的调用，这样的话，我们就能使用 LevelUP 数据库作为简单文件系统操作的存储后端。

首先创建一个新的模块 fsAdapter.js。下面加载依赖的模块并暴露我们用来构建适配器的工厂函数 createFsAdapter()：

```
const path = require('path');

module.exports = function createFsAdapter(db) {
    const fs = {};
    //...continues with the next code fragments
```

接下来，在工厂函数中实现 readFile() 函数，并保证它与 fs 模块提供的原始方法完全兼容：

```
fs.readFile = (filename, options, callback) => {
    if(typeof options === 'function') {
        callback = options;
        options = {};
    } else if(typeof options === 'string') {
        options = {encoding: options};
    }

    db.get(path.resolve(filename), {              //[1]
            valueEncoding: options.encoding
        },
        (err, value) => {
            if(err) {
                if(err.type === 'NotFoundError') {      //[2]
                    err = new Error(`ENOENT, open "${filename}"`);
                    err.code = 'ENOENT';
                    err.errno = 34;
                    err.path = filename;
                }
                return callback && callback(err);
            }
            callback && callback(null, value);     //[3]
```

Node.js 设计模式（第 2 版）

```
      }
    };
};
```

在上面的代码中，我们需要完成一些额外的工作来确保新的函数尽可能和原始的`fs.`
`readFile()`方法的行为保持一致。以下是该函数的几个实现步骤：

1. 使用`filename`作为关键词来调用`db.get()`方法以便从`db`中检索获取一个文件，确保使用文件的全路径(使用`path.resolve()`方法)。将数据库使用的`valueEncoding`设置为输入值的真正编码方式。

2. 如果在数据库中没有找到对应的文件，抛出一个错误，使用和`fs`模块中一致的`ENOENT`作为错误码，来表示未找到要查找的文件。其他类型的错误都直接传递给`callback`函数返回(在这个例子中，我们只适配最常见的错误情况)。

3. 如果在数据库中检索到了相应的键/值对，将通过`callback`回调函数返回具体的值。

可以看到，我们创建的函数还是相当粗糙的，我们并不是想要它完美地替代`fs.readFile()`函数，但是在大多数使用场景下它可以完成类似的功能。

为了完善我们的适配器，现在来看如何实现`writeFile()`函数：

```
fs.writeFile = (filename, contents, options, callback) =>{
 if(typeof options === 'function') {
   callback = options;
   options = {};
 } else if(typeof options === 'string') {
   options = {encoding: options};
 }
 db.put(path.resolve(filename), contents, {
   valueEncoding: options.encoding
 }, callback);
}
```

同样，这里也没有做一个很完美的包装，忽略了一些选项，比如文件权限(`options.mode`)，并且会将数据库返回的所有错误直接通过回调函数返回。

最后只需要返回`fs`对象，添加以下代码来完成之前的工厂函数：

```
    return fs;
}
```

现在全新的适配器已经完成了。下面我们写一个小的测试例子，比如这样：

```
const fs = require('fs');

fs.writeFile('file.txt', 'Hello!', () => {
    fs.readFile('file.txt', {encoding: 'utf8'}, (err, res) => {
        console.log(res);
    });
});

//try to read a missing file
fs.readFile('missing.txt', {encoding: 'utf8'}, (err, res) => {
    console.log(err);
});
```

上面的代码使用了原始fs模块提供的 API 来完成文件系统的读写操作，在控制台应该会看到以下的错误输出：

```
{ [Error:ENOENT, open 'missing.txt'] errno:34, code:'ENOENT', path:'missing.txt' }
Hello!
```

现在可以使用我们的适配器来替换fs模块，代码如下：

```
const levelup = require('level');
const fsAdapter = require('./fsAdapter');
const db = levelup('./fsDB', {valueEncoding: 'binary'});
const fs = fsAdapter(db);
```

再次运行我们的程序，应该会得到相同的输出，对指定文件的读写并没有使用文件系统，相反，所有适配器提供的操作都会被转换成对 LevelUP 数据库的操作。

我们刚刚创建的适配器或许看起来有些蠢，为什么要使用一个数据库来替代真实的文件系统呢？然而，我们需要记住，LevelUP 本身也拥有适配器来允许在浏览器中使用数据库，比如level.js(https://npmjs.org/package/level-js)。现在我们的适配器应该变得更有意义了，可以使用它来和浏览器共享代码，这依赖 fs 模块。比如，我们在第 3 章中创建的网络爬虫，使用了fs的 API 来存储它下载的网页内容。使用该适配器，只需要做很小的修改就可以让它在浏览器中运行。你很快就会意识到在你想要和浏览器共享代码时适配器模式的重要性，第 8 章中会讨论更多的细节。

## 扩展

有很多使用适配器模式的真实例子，我们列举其中一些比较著名的，你可以研究和分析一下：

- 我们知道 LevelUP 可以使用不同的存储后端，从默认的 LevelDB 到浏览器中的 In-dexedDB。这是通过创建各种适配器来复制内部(私有)LevelUP 的 API 来实现的。你可以看一下它们是如何实现的：`https://github.com/rvagg/node-levelup/wiki/Modules#storage-back-ends`。

- jugglingdb是一个多数据库 ORM，当然它使用了多种适配器来兼容不同的数据库。你可以查看这些适配器：`https://github.com/1602/jugglingdb/tree/master/lib/adapters`。

- `level-filesystem`(`https://www.npmjs.org/package/level-filesystem`)是对上面例子的完美补充，这是在 LevelUP 基础上合理地实现`fs`的 API 的方式。

# 策略模式 (Strategy)

策略模式允许一个称作上下文 (*Context*) 的对象，将变量部分提取到独立的、可变换的策略 (*Strategies*) 对象中，从而支持逻辑中的变化。上下文部分实现了一套算法的公共逻辑部分，而策略实现了可变部分，允许上下文根据不同因素（比如输入值），通过系统配置或者用户选择来调整它的行为。策略通常是解决方案的一部分，并且实现了上下文所期望的相同接口。下图就说明了这个模式：

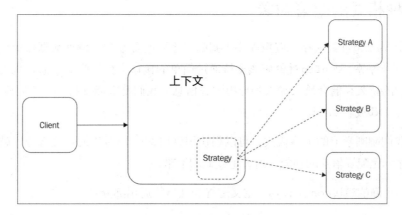

该图展示了上下文是如何将不同的策略集合进来的，就像是一台机器的可更换部分。设想一辆车，它的轮胎就像是针对不同路面条件的一种策略。我们可以换上拥有防滑钉的冬季轮胎来在积雪的路面上行驶，或者可以换上高性能的轮胎以便在高速公路上进行长距离的行驶。一方面，我们不想为此更换整辆车，另一方面，我们也不想有一辆有 8 个轮子的车以便可以在任何道路上行驶。

毋庸置疑，这个设计模式很强大，它不仅可以帮助我们将算法分离出来，也使得我们在应对同一问题的不同变化时拥有更好的灵活性。

策略模式在所有那些需要复杂条件逻辑(很多if...else或switch语句) 或者将同一族的不同算法混合到一起的情况下特别有用。设想有一个名为Order的对象，它代表一个电子商务网站的在线订单。该对象有一个pay()方法，像方法名所表示的，该方法完成订单并将资金从用户那里转移到在线商场。

为了支持不同的支付系统，我们有以下两种选择：

- 在pay()方法中使用if...else语句来实现基于选择的支付操作。
- 将支付逻辑委托给一个策略对象，该对象实现根据用户选择的支付方式来执行不同的逻辑。

在第一种方案中，Order对象在代码修改之前无法支持其他的支付方法。同时，当支付选项越来越多的时候，该方案将变得非常复杂、相反，使用策略模式使得Order对象支持几乎无限数量的支付方式，并且该对象只管理用户的详细信息、购买的东西和对应的价格，而把完成付款的操作委托给另一个对象来做。

下面我们用一个简单的例子来演示这个设计模式的使用方法。

## 支持多种格式的配置对象

设想有一个Config对象保存了应用程序用到的一系列配置参数，例如数据库地址、监听的服务器端口号等等。Config对象应该支持通过简单的接口来获取配置信息，也支持使用类似文件这样的持久存储介质来导入和导出配置信息。我们希望能支持存储不同格式的配置，比如 JSON、INI 或者 YAML。

通过应用我们刚刚学习的策略模式，可以很快识别出Config对象的可变部分，就是允许序列化和反序列化配置信息的功能。这就是我们的策略。

我们创建一个新的模块config.js，定义配置管理器的通用部分：

```
const fs = require('fs');
const objectPath = require('object-path');
```

```
class Config {
    constructor(strategy) {
        this.data = {};
        this.strategy = strategy;
    }

    get(path) {
        return objectPath.get(this.data, path);
    }
//... rest of the class
```

在上面的代码中，将配置数据存放到一个实例变量(this.data)中，并且通过使用npm的模块object-path (https://npmjs.org/package/object-path)，我们可以提供set()和get()方法，并且通过点路径的方式来访问配置属性(比如property.subProperty)。在构造函数中，接受strategy作为参数，用来指定解析和序列化数据的算法。

现在我们来看如何使用strategy，下面完成Config类的剩余部分：

```
    set(path, value) {
        return objectPath.set(this.data, path, value);
    }

    read(file) {
        console.log(`Deserializing from ${file}`);
        this.data = this.strategy.deserialize(fs.readFileSync(file, 'utf
            -8'));
    }

    save(file) {
    console.log(`Serializing to ${file}`);
        fs.writeFileSync(file,this.strategy.serialize(this.data));
    }
}
module.exports = Config;
```

在上面的代码中，当从文件读取配置信息时，将反序列化的任务委托给strategy；然后，当我们想要将配置信息保存到一个文件的时候，使用strategy来序列化配置信息。这样简单的设计允许Config对象在读取和保存配置信息时能支持不同格式的数据。

为了演示这一点，我们在strategies.js文件中创建两个策略。首先是解析和序列化JSON数据的策略：

```
module.exports.json = {
    deserialize: data => JSON.parse(data),
    serialize: data => JSON.stringify(data, null, '  ')
}
```

看到了吧，没什么复杂的。我们的策略简单地实现一致的接口，使得它可以被Config对象使用。

类似地，创建支持 INI 文件格式的策略：

```
const ini = require('ini'); //-> https://npmjs.org/package/ini
module.exports.ini = {
    deserialize: data => ini.parse(data),
    serialize: data => ini.stringify(data)
}
```

现在，为了展示这一切是如何运行的，我们创建一个名为configTest.js的文件，尝试使用不同格式去读取和保存示例的配置：

```
const Config = require('./config');
const strategies = require('./strategies');

const jsonConfig = new Config(strategies.json);
jsonConfig.read('samples/conf.json');
jsonConfig.set('book.nodejs', 'design patterns');
jsonConfig.save('samples/conf_mod.json');

const iniConfig = new Config(strategies.ini);
iniConfig.read('samples/conf.ini');
iniConfig.set('book.nodejs', 'design patterns');
iniConfig.save('samples/conf_mod.ini');
```

该示例揭示了策略模式的特点。定义的Config类仅仅实现了配置管理器的通用部分，而改变序列化和反序列化的策略允许我们创建不同的Config实例来支持不同格式的文件。

上面的例子只是展示了如何选择策略。除此之外还有其他一些可行的方法，比如：

- 创建两类不同的策略，分别用来实现反序列化和序列化。这就允许读取某一种格式的数据而保存成另一种格式。

---

192                                                    Node.js 设计模式（第 2 版）

- 根据文件的后缀来动态选择策略，Config对象会维护一份后缀和策略的对应表，我们能根据文件后缀来选择相应的处理策略。

正如我们看到的，有很多种选择使用策略的方式，而正确的方式是需要基于具体要求和功能性与简单性的权衡来决定的。

同时，策略模式本身的实现也有很大的差异，比如在最简单的形式中，contex和strategy都可以是简单的函数：

```
function context(strategy) {...}
```

尽管上面这种情况比较少见，但也要视具体的编程语言而定，比如在 JavaScript 中，函数是作为一等公民并且可以完全被当作对象来使用的。

在所有这些变化中，不变的是设计模式背后的思想，因为实现总是可以稍有变化，但是驱动模式的核心思想始终是不变的。

## 扩展

Passport.js (http://passportjs.org) 是 Node.js 中使用的一套认证框架，支持 Web 服务器上不同的认证协议。使用 Passport，我们可以用最少的工作为我们的 Web 应用添加 Facebook 和 Twitter 登录的功能。Passport 使用策略模式将认证过程中所需的公共逻辑与可以更改的部分 (即实际认证步骤) 分离。例如，我们想要使用 OAuth 获取令牌以便获取 Facebook 或者 Twitter 的档案，或者只是简单地利用本地数据库来校验用户名和密码。对于 Passport 来说，这些都是用来完成认证过程的不同策略，可以想象，策略模式允许 Passport 支持几乎所有的认证服务。可以在http://passportjs.org/guide/providers找到 Passport 支持的不同认证服务，从中你可以体会策略模式的作用。

# 状态模式

状态模式是策略模式的一种变形，其中的策略会根据上下文的状态而改变。由上节内容我们知道，策略的选择基于不同的变量 (比如用户的选择、配置的参数或者提供的输入)，一旦选择完成，策略在上下文剩下的生命周期中就保持不变。

然而，在状态模式中，策略 (这里也叫作状态) 是动态的，在上下文的生命周期中是可变的，其允许根据内部的状态来使用不同的行为，如下图所示：

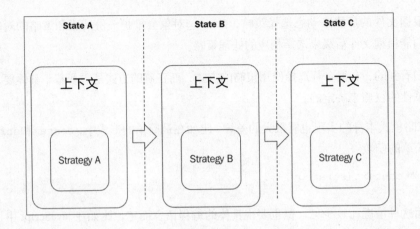

设想我们有一个酒店预订系统，Reservation对象用来模拟房间的预定。这是一个非常典型的使用场景，我们需要根据对象的状态来调整它的行为。考虑以下这些场景：

1. 当在创建预约的时候，用户可以确认预约(使用confirm())，当然无法进行取消操作(使用cancel())，因为这时预约还没有被确认。然而如果用户在购买前改变主意了，可以删除预约(使用delete())。

2. 一旦预约被确认了，再使用confirm()将没有任何作用，然而这时候预约可以被取消但是无法被删除，因为预约记录需要被保存。

3. 在预定日期的前一天，预约就无法再被取消了。

现在，设想我们要定义一个复杂的对象来实现这个预约系统，想象通过使用大量if...else或者switch语句来实现根据预约状态的不同允许和禁止特定的操作。

状态模式在这个场景下就非常有用：有三种策略，都实现了描述的三个方法(confirm()、cancel()和delete())，并且每种策略都根据模拟的状态只实现一种行为。通过使用这种模式，Reservation对象很容易进行行为的切换，只需要简单地根据状态的变化使用不同策略即可。

状态的改变可以由上下文对象、客户端代码或者State对象本身来启动和控制。最后一种方式在灵活性和解耦方面提供了最好的实现，因为上下文对象并不需要知道所有可能的状态以及如何在这些状态间切换。

## 实现一个基本的自动防故障套接字

现在我们应用刚刚学习的状态模式来完成一个具体的例子。我们构建一个客户端 TCP 套接字，当和服务端失去连接时也不会失效；相反，我们希望在服务端离线时，可以将要发送的数据进行排队，当连接重新建立时能第一时间将其重新发送。我们希望在一个简单的监控系统中使用该套接字，其中一组机器定期向服务端发送资源利用率的数据，如果接收这些数据的服务端停止服务，我们的套接字会继续工作，将要发送的数据在本地进行排队直到服务端重新启动。

下面我们先创建一个新的模块 failsafeSocket.js，用来表示我们的上下文对象：

```
const OfflineState = require('./offlineState');
const OnlineState = require('./onlineState');

class FailsafeSocket{
    constructor (options) {       //[1]
        this.options = options;
    this.queue = [];
    this.currentState = null;
    this.socket = null;
    this.states = {
            offline: new OfflineState(this),
            online: new OnlineState(this)
    };
    this.changeState('offline');
    }

    changeState (state) {    //[2]
        console.log('Activating state: ' + state);
        this.currentState = this.states[state];
        this.currentState.activate();
    }

    send(data) {     //[3]
        this.currentState.send(data);
    }
}

module.exports = options => {
    return new FailsafeSocket(options);
};
```

FailsafeSocket类由三个主要部分组成：

1. 构造函数初始化了不同的数据结构，包括在套接字离线状态下用来保存数据并进行排队的队列。同时，也创建了一组状态，一个用于实现套接字离线状态的行为，另一个用于实现在线状态行为。

2. changeState()方法用来完成状态的转换。它只是简单地更新currentState这个变量，并且在当前状态下调用activate()方法。

3. send()方法是套接字的功能实现，当然，我们希望它根据offline或者online状态表现出不同的行为。正如我们所看到的，这个操作被委托给了当前的状态对象。

现在我们来看这两个状态对象的实现，先从offlineState.js开始：

```javascript
const jot = require('json-over-tcp');    //[1]

module.exports = class OfflineState {
    constructor (failsafeSocket) {
        this.failsafeSocket = failsafeSocket;
    }

    send(data) {    //[2]
        this.failsafeSocket.queue.push(data);
    }

    activate() {    //[3]
        const retry = () => {
            setTimeout(() => this.activate(), 500);
        }

        this.failsafeSocket.socket = jot.connect(
            this.failsafeSocket.options,
            () => {
                this.failsafeSocket.socket.removeListener('error', retry);
                this.failsafeSocket.changeState('online');
            }
        );
        this.failsafeSocket.socket.once('error', retry);
    }
};
```

我们创建的这个模块用来管理离线状态下套接字的行为，我们看看它的工作原理：

1. 使用json-over-tcp（https://npmjs.org/package/json-over-tcp）以允许通过 TCP 发送 JSON 对象，而不是使用原始的 TCP 套接字。

2. send()方法只是用来将接收到的数据进行排队，这正是离线状态下需要实现的功能。

3. activate()方法尝试使用json-over-tcp来和服务端建立连接。如果操作失败了，它会在 500 ms 之后重新尝试链接。它会持续尝试直到建立有效的连接，然后failsafeSocket的状态会被设置成online。

接下来，创建onlineState.js模块，实现OnlineState策略，代码如下：

```
module.exports = class OnlineState {
    constructor(failsafeSocket) {
        this.failsafeSocket = failsafeSocket;
    }

    send(data) {      // [1]
        this.failsafeSocket.socket.write(data);
    };

    activate() {      // [2]
        this.failsafeSocket.queue.forEach(data => {
            this.failsafeSocket.socket.write(data);
        });
        this.failsafeSocket.queue = [];

        this.failsafeSocket.socket.once('error', () => {
            this.failsafeSocket.changeState('offline');
        });
    }
};
```

OnlineState策略非常简单，具体完成以下这些功能：

1. 在线状态下，send()方法直接将数据写入套接字。

2. activate()方法刷新套接字离线状态下排队的数据，并且开始监听任何错误事件，在套接字离线的时候，我们就会简单地做这样的处理。这种情况下，我们会把failsafeSocket的状态变成offline。

这就是我们的failsafeSocket，下面创建简单的客户端和服务端来使用这个模式。服务端模块server.js的代码如下：

```
const jot = require('json-over-tcp');
const server = jot.createServer(5000);
server.on('connection', socket => {
    socket.on('data', data => {
        console.log('Client data', data);
    });
});
server.listen(5000, () => console.log('Started'));
```

接下来是客户端的代码，这是我们真正感兴趣的，来看一下：

```
const createFailsafeSocket = require('./failsafeSocket');
const failsafeSocket = createFailsafeSocket({port: 5000});

setInterval(() => {
    //send current memory usage
    failsafeSocket.send(process.memoryUsage());
}, 1000);
```

我们的服务端只是简单地将接收到的 JSON 数据输出到控制台，而客户端每秒都会使用FailsafeSocket对象发送当前程序内存使用率。

为了试验我们构建的小系统，我们同时运行客户端和服务端程序，然后通过停止和重启服务端来测试failsafeSocket的功能。会发现，客户端的状态在online和offline之间切换，并且在服务端离线时获得的内存使用率的数据会被排队，以便当服务端重新在线时进行再次发送。

这个例子很好地演示了状态模式如何帮助提升组件的模块化和可读性，使组件可以根据自身状态来切换不同的行为。

 在这一节中创建的FailsafeSocket类只是为了演示状态模式，这并不是一个完整的、百分百可靠的解决 TCP 套接字连接问题的方案。比如，我们并没有验证所有写入套接字的数据流有没有都被服务端接收到，这需要一些额外的代码来实现，但是这与我们现在讨论的状态模式不是太相关。

# 模板模式 (Template)

下面要讨论的设计模式是模板模式，同样它和策略模式也有很多共同点。该模式由定义好的抽象伪类组成，用来描述一个算法的骨架，其中一些具体的步骤并没有被实现。子类通过实现缺失的步骤，即所谓的模板方法，来完善整个算法。利用这个设计模式可以定义由同一算法变化而来的一系列家族类。下面的 UML 图展示了这一结构：

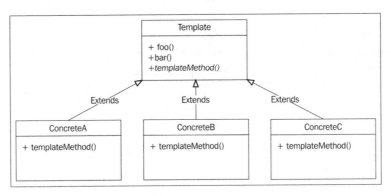

该图中三个具体类都扩展了模板类，实现了templateMethod()方法，用 C++ 的术语叫抽象函数或者纯虚拟函数，在 JavaScript 中意味着该函数没有被实现或者被定义成总是抛出异常的函数，从而提示该方法必须被具体实现。和之前我们见到的设计模式相比，模板模式是更加经典的面向对象模式，因为其实现的核心部分是继承。

模板模式和策略模式的作用是相似的，主要的不同点在于结构和实现方式。两者都允许我们改变算法的一部分，但能重复使用公共的部分，然而，策略模式允许我们在程序运行的时候动态指定算法，模板模式在具体类定义的时候就已经确定了使用的算法。由于这些特性，当我们想要创建各种算法变体集合的时候，使用模板模式就比较合适。总的来说，不同设计模式的选择取决于开发者，必须考虑各种用例的利弊。

## 配置管理器模板

为了更好地理解策略模式和模板模式的不同，我们重新实现在"策略模式"一节中创建的 Config 对象，但是这次会使用模板模式。和之前版本的 Config 对象类似，需要实现使用不同格式文件读取和保存配置属性。

首先定义模板类，即 ConfigTemplate：

```
const fs = require('fs');
const objectPath = require('object-path');
```

```
class ConfigTemplate {

    read(file) {
        console.log(`Deserializing from ${file}`);
        this.data = this._deserialize(fs.readFileSync(file, 'utf-8'));
    }

    save(file) {
        console.log(`Serializing to ${file}`);
        fs.writeFileSync(file, this._serialize(this.data));
    }

    get(path) {
        return objectPath.get(this.data, path);
    }

    set(path, value) {
        return objectPath.set(this.data, path, value);
    }

    _serialize() {
        throw new Error('_serialize() must be implemented');
    }

    _deserialize() {
        throw new Error('_deserialize() must be implemented');
    }
}
module.exports = ConfigTemplate;
```

新的ConfigTemplate类定义两个模板方法：deserialize()和serialize()，用来完成配置的读取和保存。方法名前的下画线表示它们仅供内部使用，是受保护的方法。因为在JavaScript中我们没法声明一个抽象的方法，可以简单地把它当作存根，在方法未被调用的时候抛出一个异常(换句话说，就是没有被一个具体子类重写)。

现在使用我们的模板来创建一个具体的类，该模板允许使用JSON格式来读取和保存配置信息：

```
const util = require('util');
const ConfigTemplate = require('./configTemplate');

class JsonConfig extends ConfigTemplate {

    _deserialize(data) {
        return JSON.parse(data);
    };

    _serialize(data) {
        return JSON.stringify(data, null, '  ');
    }
}
module.exports = JsonConfig;
```

JsonConfig类扩展了我们创建的ConfigTemplate类，并实现了_deserialize()和_serialize()这两个方法。

现在对于JsonConfig类不需要再指定序列化和反序列化的策略，它就能初始化独立的配置对象，因为类本身已经被注册了具体的策略：

```
const JsonConfig = require('./jsonConfig');

constjsonConfig = new JsonConfig();
jsonConfig.read('samples/conf.json');
jsonConfig.set('nodejs', 'design patterns');
jsonConfig.save('samples/conf_mod.json');
```

只用了很少的代码，模板模式允许我们重用从父模板类继承来的逻辑和接口，同时实现很少一些抽象的方法来获得一个全新的、功能完善的配置管理器。

## 扩展

这个设计模式对我们来说并不是全新的。在第 5 章中，当我们扩展不同的流类来实现自定义流时已经遇到过了。当时，根据我们要实现类的流不同，对应的模板方法可能是_write()、_read()、_transform()或者_flush()。为了创建一个新的自定义流，我们需要继承一个特定流的抽象类，并实现其中的模板方法。

---

# 中间件 (Middleware)

要说 Node.js 中最特别的设计模式，一定就是中间件了。不过，对于缺乏经验的开发者来说它也是最容易让人困惑的，尤其是对于从事企业级编程的开发者。迷惑的原因可能与术语"中间件"的含义有关，中间件在企业架构中表示各种软件套件，它们有助于抽象底层机制，例如操作系统 API、网络通信和内存管理等，开发者只需关心应用中的业务模块。这种情况下的中间件一般有 CORBA、Enterprise Service Bus、Spring、JBoss，但是从更通用的含义来看，中间件也可以定义连接底层服务和应用的软件层 (字面上来说就是位于中间的软件)。

## Express 中的中间件

Express(http://expressjs.com) 推广了 Node.js 中的**中间件**的概念，最终衍生形成了一个特定的设计模式。事实上，在 Express 中，中间件代表一系列的服务，通常指函数，它们以管道方式被连接起来处理 HTTP 请求和响应。

Express 是一个小巧灵活的 Web 框架。使用中间件模式是一种非常有效的策略，允许开发者能轻松创建新的功能并添加到当前的应用中，而不需要变动框架的核心部分。

一个 Express 中间件一般是这样的：

```
function(req, res, next) { ... }
```

其中，req是接收到的 HTTP 请求，res是请求的响应，next是当前中间件完成自己的任务后调用的回调函数，来触发管道中的下一个中间件继续工作。

Express 中间件可以执行的任务包括以下这些：

- 解析请求体。
- 对请求和响应进行压缩/解压缩。
- 生成访问日志。
- 管理会话。
- 管理加密 cookie。
- 提供跨站请求伪装 (CSRF) 保护。

如果我们仔细想一想，这些任务严格来说并不是一个应用需要的主要功能部分，也不是一个 Web 服务端的必要部分，它们是用来完成应用主要功能之外其他任务的配件和组件，以便应用去处理真正的请求，关注主要的业务逻辑。基本上，这些任务就是中间件要完成的。

# 设计模式中的中间件

用来实现 Express 的中间件的技术并不是全新的，事实上，它可以被看作是拦截过滤模式和响应链模式在 Node.js 中的体现。用更通俗的话说，它就是一条处理管道，和流是类似的。如今，除了 Express 框架，中间件在 Node.js 中被广泛使用，它泛指一种特定的设计模式、一系列的处理单元、过滤器和处理程序，以函数的形式存在，连接在一起，形成一个异步队列，来完成对任何数据的预处理和后处理。这种设计模式的主要优点就是灵活性，使用该模式我们用极少的操作就能获得一个插件，用最简单的方法就能将新的过滤器和处理程序扩展到现有的系统上。

 如果你想知道更多关于拦截过滤模式的内容，可以从这一篇文章开始：http://www.oracle.com/technetwork/java/interceptingfilter-142169.html。你也可以访问 http://java.dzone.com/articles/design-patterns-uncovered-chain-of-responsibility 简要了解响应链模式。

下图展示了中间件模式中组件间的关系：

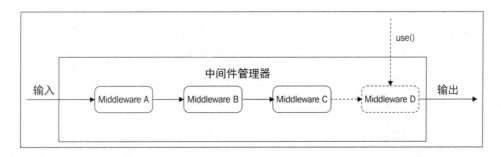

最基础的组成部分就是**中间件管理器**，其用来组织和执行中间件函数。以下是这个设计模式最重要的实现细节：

- 可以通过调用use()函数来注册新的中间件(该函数名只是从这个设计模式的不同实现中形成的常见约定，然而我们可以使用任何名字)。通常，新的中间件只能被添加到管道的末端，但不是严格要求这么做。

- 当接收到需要处理的新数据时，注册的中间件在异步执行流程中被依次调用。每个中间件都接收上一个中间件的执行结果作为输入值。

- 每个中间件都可以停止数据的进一步处理，只需要简单地不调用它的回调函数或者将错误传递给回调函数。当发生错误时，通常会触发执行另一个专门处理错误的中间件。

至于如何处理和传递数据并没有严格的规则。通常有以下几种方式：

- 通过添加属性和方法来增强。
- 使用某种处理的结果来替换 data。
- 保证原始要处理的数据不变，永远返回新的副本作为处理的结果。

具体的处理方式取决于中间件管理器的实现方式以及中间件本身要完成任务的类型。

# 为 ØMQ 创建中间件框架

下面我们通过为 ØMQ（http://zeromq.org）消息传递库构建一个中间件来演示这个模式的使用方法。ØMQ(也称 ZMQ 或者 ZeroQ) 提供了一个简单的接口，用以使用各种协议在网络间传递原子消息，它的性能很好，其基本的抽象集合是为了创建自定义消息传递框架而构建的。因此，ØMQ 经常被用来构建复杂的消息分发系统。

> 在第 11 章中，我们会分析 ØMQ 更多的功能细节。

ØMQ 提供的都是底层的一些接口，只允许我们使用字符串和二机制缓存格式的消息，所以如果想使用其他编码或者自定义格式的消息，就必须自己去实现。

在下一个例子中，我们将构建一个中间件基础架构来抽象对 ØMQ 套接字传递的数据进行预处理和后处理，以便能透明地处理 JSON 对象，紧接着对传递的消息进行压缩。

> 在继续讲解这个例子之前，请确保按照以下 URL 中的说明安装了 ØMQ 的本
> 地库：http://zeromq.org/intro:get-the-software。4.0 以上的任何版
> 本都可以满足这个例子的要求。

## 中间件管理器

围绕 ØMQ 构建中间件的第一步是创建一个管理器，来负责当一条新消息被接收或者发送的时候，像流水线一样执行一系列的中间件。为了达到这一目的，我们创建一个新的模块zmqMiddlewareManager.js：

```
module.exports = class ZmqMiddlewareManager {
    constructor(socket) {
        this.socket = socket;
        this.inboundMiddleware = [];  //[1]
```

```
        this.outboundMiddleware = [];
        socket.on('message', message => {   //[2]
            this.executeMiddleware(this.inboundMiddleware, {
                data: message
            });
        });
    }

    send(data) {
        const message = {
            data: data
        };

        this.executeMiddleware(this.outboundMiddleware, message,
            () => {
                this.socket.send(message.data);
            }
        );
    }

    use(middleware) {
        if (middleware.inbound) {
            this.inboundMiddleware.push(middleware.inbound);
        }
        if (middleware.outbound) {
            this.outboundMiddleware.unshift(middleware.outbound);
        }
    }

    executeMiddleware(middleware, arg, finish) {
        function iterator(index) {
            if (index === middleware.length) {
                return finish && finish();
            }
            middleware[index].call(this, arg, err => {
                if (err) {
                    return console.log('There was an error: ' + err.
                        message);
```

```
            }
            iterator.call(this, ++index);
        });
    }

    iterator.call(this, 0);
    }
};
```

在这个类的第一部分，定义了该组件的构造函数。它接收一个ØMQ套接字作为参数并且：

1. 创建了两个空列表用来保存我们的中间件函数，一用来处理接收到的信息，一类用来处理发送的消息。

2. 通过添加message事件的监听器，它会立即监听来自套接字的新消息。在监听器中，会执行inboundMiddleware中的中间件函数来处理接收到的消息。

ZmqMiddlewareManager类的另一个方法 send，用来当套接字发送消息的时候执行中间件。

这时，outboundMiddleware列表中的过滤器函数会执行，来处理要发送的消息，并通过socket.send()方法进行真正的网络传递。

现在我们来看use方法。这个方法用来将新的中间件添加到管道。在我们的实现中，中间件就是包含inbound和outbound属性的对象，这两个属性是成对出现的，中间件函数会被添加到对应的列表中。

需要注意的重要一点是，inbound中间件被添加到inboundMiddleware列表的最后，而outbound中间件则是被插入（使用unshift方法）到outboundMiddleware列表的头部。这是因为，一般来说inbound和outbound中间件函数需要按照相反的顺序执行。比如，如果我们想要使用 JSON 来解压缩并反序列化接收到的消息，就意味着发送消息的时候需要先进行序列化再进行压缩。

 需要注意的一点是，这种将中间件配对组织的做法并不是这个设计模式的严格要求，只是我们这个特定例子的实现细节。

最后一个函数executeMiddleware是管理器的核心，该函数用来执行所有的中间件函数。该函数的代码看起来非常熟悉，事实上，就是我们在第 3 章学习的异步顺序迭代模式的简单实现。middleware数组中的函数一个接一个被执行，arg 对象作为相同的参数传递给每一个中间件函数，因此，在中间件函数之间传递数据才变得可能。在迭代的最后，回调函数finish()被调用。

为简捷起见，我们并没有实现错误处理中间件。通常，当一个中间件函数执行出现错误时，会有一套专门用来处理错误的中间件函数被执行。同样，可以使用这个方式简单地实现错误处理中间件。

## 支持 JSON 格式消息的中间件

我们已经实现了中间件管理器，现在可以创建一对中间件函数来演示如何对接收和发送的消息进行处理。像之前说的，我们构建过滤器中间件来序列化和反序列化 JSON 格式的消息，现在就来创建这样一个中间件。新建一个模块jsonMiddleware.js，代码如下：

```
module.exports.json = () => {
    return {
        inbound: function (message, next) {
            message.data = JSON.parse(message.data.toString());
            next();
        },
        outbound: function (message, next) {
            message.data = new Buffer(JSON.stringify(message.data));
            next();
        }
    }
};
```

这个 JSON 中间件非常简单：

- inbound中间件将接收到的输入进行反序列化操作，并将结果重新赋值给message对象的 data 属性，使得该对象可以继续被处理管道中的中间件函数处理。
- outbound中间件将message.data中的数据进行序列化。

请注意，该框架支持中间件的方式和我们在 Express 中使用的有相当大的区别，这很正常，并且这也很好地告诉我们如何在具体使用场景中应用该设计模式。

## 使用 ØMQ 中间件框架

现在可以使用刚刚创建的中间件框架了。为此，我们将构建一个非常简单的应用，其中客户端定期向服务器发送ping命令，而服务端返回接收到的消息。

对于具体实现，我们会使用 ØMQ（http://zguide.zeromq.org/page:all#Ask-and-Ye-

Shall-Receive）提供的一对req/rep套接字来实现消息的请求和应答模式。然后使用zmqMiddlewareManager来包装套接字，这样就能利用中间件提供的所有功能，比如对JSON消息进行序列化和反序列化。

## 服务端

我们从创建服务端模块（server.js）开始。在该模块的开始部分，需要先初始化用到的组件：

```
const zmq = require('zmq');
const ZmqMiddlewareManager = require('./zmqMiddlewareManager');
const jsonMiddleware = require('./jsonMiddleware');
const reply = zmq.socket('rep');
reply.bind('tcp://127.0.0.1:5000');
```

在上述代码中，加载了依赖的模块，并将ØMQ提供的rep(replay)套接字绑定到一个本地的端口。接下来，初始化需要使用的中间件：

```
const zmqm = new ZmqMiddlewareManager(reply);
zmqm.use(jsonMiddleware.json());
```

创建一个新的ZmqMiddlewareManager对象，然后添加两个中间件，分别用来压缩/解压缩消息以及解析/序列化JSON消息。

 为简单起见，这里并没有展示太多关于zlib中间件的实现细节，但是你可以在随书提供的示例中找到这些内容。

现在我们来处理客户端发送的请求，同样，我们简单地添加更多的中间件，只是这次用来作为请求的处理器：

```
zmqm.use({
    inbound: function (message, next) {
        console.log('Received: ', message.data);
        if (message.data.action === 'ping') {
            this.send({action: 'pong', echo: message.data.echo});
        }
        next();
    }
});
```

因为最后一个中间件是在zlib和json中间件之后定义的，所以可以直接使用被解压缩和反

---

　　　　　　　　　　　　　　　　　　　　　　　　　　　　　Node.js 设计模式（第 2 版）

序列化后的消息，即message.data变量。另一方面，任何被传递给send()方法的数据都会经过出站中间件的预处理，在我们的应用中就是进行数据的序列化和压缩处理。

## 客户端

在应用的客户端模块client.js中，首先需要初始化一个新的 ØMQ 提供的req(requeset)套接字，连接到 5000 端口，这也是服务端使用的端口。

```
const zmq = require('zmq');
const ZmqMiddlewareManager = require('./zmqMiddlewareManager');
const jsonMiddleware = require('./jsonMiddleware');

const request = zmq.socket('req');
request.connect('tcp://127.0.0.1:5000');
```

然后，需要按照在服务端设置的方式来设置客户端的中间件：

```
const zmqm = new ZmqMiddlewareManager(request);
zmqm.use(jsonMiddleware.json());
```

接下来，我们创建一个入站的中间件来处理服务端的返回数据：

```
zmqm.use({
    inbound: function (message, next) {
        console.log('Echoed back: ', message.data);
        next();
    }
});
```

在上面的代码中，简单地拦截了所有接收到的返回数据，并输出到控制台。

最后，设置一个定时器来定期发送 ping 请求，同样通过 zmqMiddlewareManager 来使用中间件的功能：

```
setInterval( () => {
    zmqm.send({action: 'ping', echo: Date.now()});
}, 1000);
```

注意，使用function关键字来显式地定义inboud和outbound函数，而避免使用箭头函数的语法。这是因为，正如我们在第 1 章学习的，箭头函数声明会将函数作用域限制在词法作用域。使用call方法调用箭头函数声明的函数，并不会更改其内部作用域。换句话说，如果我们使用箭头函数，我们的中间件函数不会把this识别成zmqMiddlewareManager的实例，然后会抛出一个错误"TypeError: this.send is not a function"。

现在可以试验一下我们的应用了，首先启动服务端程序：

`node serer`

然后启动客户端程序：

`node client`

这时，我们就能看到客户端发送消息，服务端再将其返回的过程。

我们的中间件框架生效了，它允许我们解压缩/压缩和反序列化/序列化传递的消息，而使处理程序能更专注于业务逻辑的处理。

## 在 Koa 中使用生成器的中间件

在上面的章节中，我们知道了如何利用回调函数来实现中间件模式，并提供了一个示例，演示如何将其应用到消息系统中。

正如我们所见，中间件模式可以在 Web 框架中发挥真正的作用，通过创建逻辑层来处理应用程序中传递的输入和输出数据。

除了 Express 以外，另一个 Web 框架 Koa（http://koajs.com/）也大量使用了中间件模式。Koa 是一个非常有趣的框架，因为它激进地选择使用 ES2015 的生成器函数来实现中间件模式，而不使用回调函数。稍后我们会看到这个选择是如何极大地简化编写中间件的方式的，但是在接触具体的代码之前，我们先用图示的方式来形象地感受下在这个框架中是如何使用中间件模式的：

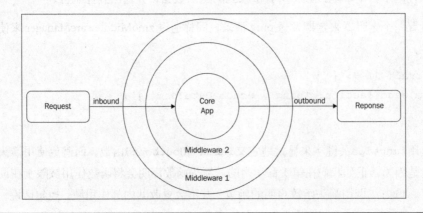

Node.js 设计模式（第 2 版）

从该图可以看到，接收到一个请求，在到达应用的核心之前，会先遍历一些中间件。这个流程被称作 inbound 或者 downstream。当请求经过应用的核心之后，同样会再一次遍历所有的中间件，不过这次是以相反的顺序遍历。这就允许当应用执行完主要逻辑之后进行一些其他的操作，然后对用户进行响应返回。这部分流程被称作 **outbound** 或者 **upstream**。

该图有时被程序员称作"洋葱"，因为中间件环绕核心应用的方式就像是一层一层的洋葱一样。

现在我们使用 Koa 创建一个新的 Web 应用，学习如何使用生成器函数来编写一个自定义的中间件。

我们的应用非常简单，只是一个以 JSON 格式返回我们服务端当前时间戳的 API。

首先，需要安装 Koa：

```
npm install koa
```

接下来编写新的 app.js 文件：

```
const app = require('koa')();
```

```
app.use(function *(){
    this.body = {"now": new Date()};
});
```

```
app.listen(3000);
```

需要注意的一点是，调用app.use方法时会传入一个生成器函数，我们应用的核心部分就在该函数中。之后会看到中间件都是以完全相同的方式被添加到应用中，同时核心部分其实就是添加到应用中的最后一个中间件(这个中间件就不需要指定执行下一个中间件了)。

应用的第一版已经完成了。现在可以运行它：

```
node app.js
```

然后我们可以在浏览器中访问 http://localhost:3000 来查看效果。

注意当我们将当前响应体设置为一个 JavaScript 对象时，Koa 会将响应转换为 JSON 格式的字符串并添加正确的content-type头。

我们的 API 工作得很好，但是我们想保护 API 免受滥用，确保每秒只会有一个请求到达。该逻辑可以被看成是我们的 API 业务逻辑之外的部分，所以应该添加一个专门的中间件来实现这一功能。可以编写一个单独的模块rateLimit.js：

```
const lastCall = new Map();

module.exports = function *(next) {

    // inbound
    const now = new Date();
    if (lastCall.has(this.ip) && now.getTime() - lastCall.get(this.ip).
        getTime() < 1000) {
        return this.status = 429; // Too Many Requests
    }

    yield next;

    // outbound
    lastCall.set(this.ip, now);
    this.set('X-RateLimit-Reset', now.getTime() + 1000);
};
```

该模块会暴露一个生成器函数，来实现中间件的逻辑。

首先要注意的是，使用一个Map对象来存储某个 IP 地址发送最后请求的时间。我们将使用该Map对象作为一种内存数据库，以便能够检查特定用户是否过度使用服务器资源，是否在 1 秒内发出了多个请求。当然，这只是一种模拟的实现方式，在真实的场景中并不是最理想的，最好的方案是使用类似 Redis 或者 Memcache 的外部存储以及更加完善的逻辑来监测请求过载。

可以看到，中间件的主体被 yield next 调用分隔成两部分：inbound 和 outbound。在 inbound 部分，请求并没有到达应用的核心部分，需要首先检测该用户是否超出了我们定义的发送请求的频率。如果是，则简单地将 HTTP 的状态码设置成 429(过多的请求) 并且停止对请求的进一步处理。

如果不是，可以通过调用yield next进入下一个中间件的逻辑。最神奇的事情发生了：使用生成器函数和yield，中间件的执行逻辑可以被暂停，以便能顺序执行列表中所有其他的中间件并且只有当最后一个中间件被执行 (应用真正的核心部分) 时，outbound 的处理逻辑才开始被执行，每个中间件以相反的顺序又执行了一次，直到第一个中间件再次被调用。

当中间件再次被执行，生成器函数被恢复时，我们存储了成功请求的时间戳，并且向请求中添加了X-RateLimit-Reset头信息，来标记用户能够再次发出请求的时间。

 如果你想了解如何实现一个更完整、更可靠的速率控制中间件，可以看下koajs/ratelimit模块的实现:https://github.com/koajs/ratelimit。

想要使用该中间件，需要在.app.js 文件中，现有的app.use调用，也就是我们应用的核心逻辑执行之前添加下面这行代码:

```
app.use(require('./rateLimit'));
```

现在需要重新启动服务端程序，打开浏览器重新访问从而查看新的效果。如果在很短时间内快速地刷新页面，则很可能达到请求速率的限制，然后我们就能看到提示的错误消息"Too Many Requests"。由于将状态码设置为 429 并拥有空的响应体，Koa 会自动添加该消息。

 如果你对于在 Koa 框架中如何使用生成器函数实现中间件模式很感兴趣，可以阅读koajs/compose库（https://github.com/koajs/compose），这是 Koa 的一个核心模块，其将系列生成器函数转换成一个新的生成器函数，并按照原先数组的顺序执行这些生成器函数。

# 命令模式 (Command)

**命令模式**是 Node.js 中另一个重要的设计模式。从通用的定义来看，可以将命令模式看作是封装了即将要执行操作所需信息的对象。所以，并不是直接调用一个方法或者函数，而是创建一个表示这种调用意图的对象，之后会由其他的组件来完成调用，执行真正的操作。一般来说，该设计模式是围绕着四部分来构建的，如下图所示:

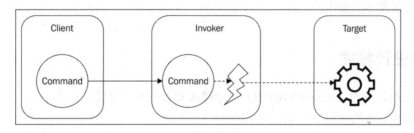

典型的命令模式组织结构如下。

- **Command**：该对象封装了调用某个方法或者函数所必需的信息。
- **Client**：创建了命令并提供给 Invoker。

- **Invoker**：负责在目标上执行命令。
- **Target(或者叫 Receiver)**：调用的主体。可以是孤立的函数或者对象的方法。

可以看到，这四部分会根据实现该模式的方式不同有很大的区别，其实这一点很容易想到。

与直接执行某个操作相比，使用命令模式有以下这些优点和应用场景：

- 可以调度命令的执行。
- 命令可以简单地被串行化并通过网络发送。这个简单的特性允许我们通过远程的机器分配任务，将命令从浏览器发送到服务端，创建 RPC 服务等。
- 使用命令使得保存系统执行的所有操作历史记录变得非常简单。
- 命令是某些数据同步和冲突解决算法的重要组成部分。
- 如果预定执行的命令还未执行，则可以将其取消。也可以还原 (撤销)，将应用恢复到命令执行前的状态。
- 命令可以被组合到一起。这可以用来创建原子事务或者实现一种机制，让组合到一起的所有命令一次都执行。
- 用一系列的命令可以实现不同的变化，比如重复删除，连接和分割或者应用到更复杂的算法比如操作转换 (OT)，这是当今大多数实时协同软件的基础，例如协同文本编辑。

 以下文章很好地解释了 OT 是如何工作的：http://www.codecommit.com/blog/java/understanding-and-applying-operational-transformation。

上面列出的几点已经清楚地说明了该设计模式的重要性，尤其在 Node.js 中，网络请求和异步执行是非常基本的操作。

## 灵活的设计模式

正如我们已经提到的，在 JavaScript 中，命令模式有各种不同的实现方式，下面我们只举几个例子来说明具体的应用。

## 任务模式

首先来看最基本和最简单的实现：任务模式。在 JavaScript 中创建表示调用的对象最简单的方法当然就是创建一个闭包了：

```
function createTask(target, args) {
    return () => {
        target.apply(null, args);
    }
}
```

这并不是新鲜事物，我们已经多次在本书中使用了该模式，特别是在第 3 章中。该技术允许我们使用一个独立的组件来控制和调度任务的执行，这本质上和命令模式中的 Inverker 是一致的。比如，你还记得我们在使用 async 时是如何定义需要被传递的任务的吗？或者说，你还记得我们如何使用 thunk 来合并组合生成器吗？回调模式本身就可以被看成一个非常简单的命令模式的实现。

## 一个更加复杂的命令

我们来看一个更加复杂的命令的例子，这次我们希望支持撤销和序列化。首先实现命令的 target 部分，一个简单的对象负责将状态的更新发送给类似 Twitter 的服务。我们来简单模拟这样的一个服务：

```
const statusUpdateService = {
    statusUpdates: {},
    sendUpdate: function(status) {
        console.log('Status sent: ' + status);
        let id = Math.floor(Math.random() * 1000000);
        statusUpdateService.statusUpdates[id] = status;
        return id;
    },

    destroyUpdate: id => {
        console.log('Status removed: ' + id);
        delete statusUpdateService.statusUpdates[id];
    }
};
```

现在，我们创建一个命令负责发送状态的更新信息：

---

```
function createSendStatusCmd(service, status) {
    let postId = null;

    const command = () => {
        postId = service.sendUpdate(status);
    };

    command.undo = () => {
        if(postId) {
            service.destroyUpdate(postId);
            postId = null;
        }
    };

    command.serialize = () => {
        return {type: 'status', action: 'post', status: status};
    };

    return command;
}
```

该函数是用来创建新的 *sendStatus* 命令的工厂函数。每个命令都实现了以下三个功能：

1. 命令本身是一个函数，当被调用的时候会触发相应的操作，换句话说，它实现了我们上面说的任务模式。命令执行的时候会使用目标服务提供的方法来发送状态的更新。
2. 添加到主任务的undo()函数用来恢复到操作执行前的状态。在我们的例子中，我们只是简单地调用了目标服务的destroyUpdate()方法。
3. serialize()函数创建了一个 JSON 对象，该对象包含了重建相同命令对象的所有必要信息。

然后，可以创建一个 Invoker 对象，和对应的构造函数及实例对象的run()方法：

```
class Invoker {

    constructor() {
        this.history = [];
    }

    run (cmd) {
```

```
        this.history.push(cmd);
        cmd();
        console.log('Command executed', cmd.serialize());
    }
}
```

定义的run()方法是Invoker的基础功能，它负责将命令保存到history这个实例对象中，然后执行命令本身。接下来，添加一个新的方法来延迟命令的执行：

```
delay (cmd, delay) {
    setTimeout(() => {
        this.run(cmd);
    }, delay)
}
```

然后，可以实现一个undo()方法，用来回退到最后一次命令执行前的状态：

```
undo () {
    const cmd = this.history.pop();
    cmd.undo();
    console.log('Command undone', cmd.serialize());
}
```

最后，我们还希望能够在远程服务器上执行命令，所以可以将命令序列化并通过 Web 服务进行网络传输：

```
runRemotely (cmd) {
    request.post('http://localhost:3000/cmd',
        {json: cmd.serialize()},
        err => {
            console.log('Command executed remotely', cmd.serialize());
        }
    );
}
```

现在我们有了 Command、Invoker 和 Target，那么还缺少的就是 Client 了。先来实例化 Invoker 对象：

```
const invoker = new Invoker();
```

接着，用下面的代码来创建一条命令：

```
const command = createSendStatusCmd(statusUpdateService, 'HI!');
```

我们现在创建了一条发送状态信息的命令，可以立即来执行它：

```
invoker.run(command);
```

如果我们犯了一个错误，可以恢复到发送最后一条信息之前的状态：

```
invoker.undo();
```

也可以预订在一个小时之后发送信息：

```
invoker.delay(command, 1000 * 60 * 60);
```

或者，可以将任务迁移到另一台机器执行来减轻应用的负载：

```
invoker.runRemotely(command);
```

我们刚刚创建的这个小例子展示了如何使用命令封装操作的可能性，当然，这只是小小的演示，是冰山的一角。

最后需要说明的是，只有在真正需要的时候再去使用命令模式。可以看到，事实上，我们写了很多额外的代码，只是为了简单调用 statusUpdateService 的一个方法。如果需要的只是一个简单的调用，创建复杂的命令完全是多余的。然而，如果我们想要调度任务的执行，或者执行异步操作，那精简的任务模式是个不错的选择。相反，如果我们需要更多高级的功能，比如支持撤销操作、变换、解决冲突或者我们之前说到的一些很酷的功能，这时使用复杂的命令可能才是必须的。

# 总结

在本章中，我们学习了一些传统的 GoF 设计模式是如何被应用到 JavaScript 中的，特别是在 Node.js 中。其中一些被进行了变形，一些被简化，一些被重命名或者进行适配，成为了对应语言、平台和社区的一部分。我们强调简单的工厂模式可以大大提高代码的灵活性，以及如何使用代理、装饰器和适配器来控制、扩展和修改现有对象提供的接口。而策略、状态和模板这三种设计模式告诉我们如何将一个大的算法分成静态的和可变的两部分，从而来提高代码的复用性和组件的可扩展性。通过学习中间件模式，我们可以使用简单、可扩展和优雅的方式来处理数据。最后，命令模式为我们提供了一种简单的抽象方式，使操作更加灵活和强大。

除了这些在 JavaScript 中被普遍接受的设计模式之外，本章还探索了一些新的在 JavaScript 中诞生的设计模式，比如揭示构造函数和可组合工厂函数，这些新的设计模式也获得了越来越多的关注。这些设计模式有助于处理 JavaScript 语言中的一些特定问题，比如异步操作和基于原型编程。

最后，通过本章的学习，我们更加清楚地认识到，JavaScript 是如何通过将不同可重用的对象和方法组合起来完成某项工作和构建应用的，而不是去扩展许多小的类和接口。此外，对于从事其他面向对象语言开发的开发者来说，用 JavaScript 来实现一些设计模式的时候和以往的认知有些不同，对于同一个设计模式，在 JavaScript 中会有很多不同的实现，这一点会让他们觉得非常困惑。

我们说 JavaScript 是一种非常务实的语言，它可以帮助我们很快地完成某些工作，然而如果没有任何的体系和指导，我们还是会遇到很多的麻烦。这就是本书尤其是本章显得如此有用的原因。它试图教会我们如何在创造性和严谨之间做出权衡。本章不仅仅向我们展示了可以重复使用的一些设计模式，来帮助我们提高代码的质量，也告诉我们最重要的并不是这些设计模式的具体实现，它们之间或许有很大的差异，或者也有重叠。真正重要的是这些设计模式深层的思想和对我们的指导意义。这才是真正可以重用的信息，基于此我们可以用一种更有趣的方式来设计更加优秀的 Node.js 应用。

在下一章，我们会继续分析一些设计模式，主要关注编程中最令人瞩目的问题：如何将模块组织和连接到一起。

# 第 7 章

# 连接模块

Node.js 的模块系统出色地弥补了 JavaScript 语言的一个缺陷：没有将代码组织到不同独立单元的本地方法。其最大的优点在于能够使用 require() 函数将这些模块连接在一起（正如我们在第 2 章所看到的），这是一个简单而强大的方法。然而，许多 Node.js 新手可能会感到困惑，其中最常见的问题是：将组件 X 的实例传递到模块 Y 的最好方法是什么？

有时，这种混乱导致了对单例模式追求的绝望，人们希望找到一种更熟悉的方式将模块关联在一起。另一方面，有一些人可能会过度使用依赖注入模式，在没有一个特殊的理由下就利用它来处理任何类型的依赖关系（甚至是无状态的）。**连接模块**是 Node.js 中最具争议的话题之一，这点不足为奇。有许多思想学派影响着这个领域，但是没有一个可以被认为是无可争议的真理。每一种方法，事实上都有它自己的优缺点，它们往往在同一个应用中被混合、改编、定制，或伪装成其他名字。

在本章中，我们将分析连接模块的不同方法，并指出它们的优缺点，依据我们想要获得的简单性、可重用性和可扩展性之间的平衡，理性地选择和组合。我们将讨论如下几个重要的模式：

- 硬编码的依赖
- 依赖注入
- 服务定位器
- 依赖注入容器

然后，将探讨一个与此密切相关的问题，即如何连接插件。这可以被认为是一个模块连接的规范，它表现出了共同的特性，但是它在应用上下文稍有不同，又表现出特有问题，特别是当插件作为一个独立的 Node.js 包分发的时候。下面我们将学习创建一个支持插件功能架构的主要技术，然后将重点介绍如何将这些插件集成到主应用程序的流程中。

在本章结束时，Node.js 模块连接晦涩难懂的艺术对我们来说就不再神秘了。

# 模块和依赖

每一个现代应用程序都是几个组件聚合的结果，随着应用的增长，连接这些组件的方式将成为一个成功或失败的因素。这不仅涉及技术方面（如可扩展性）的问题，而且也是我们对系统的一个关注点。一个复杂的**关系依赖图（dependency graph）**是一种债务（liability），它增加了项目的**技术债务（technical debt）**。在这种情况下，修改或者扩展功能代码都需要付出巨大的努力。

在最坏的情况下，组件如此紧密地连接在一起，在不重构甚至完全重写整个应用程序的情况下，不可能添加或更改任何内容。当然这并不意味着我们必须要从第一个模块开始就过度设计，但肯定从一开始就找到一个很好的平衡会大不一样。

Node.js 提供了一个很好的工具，用于组织和连接应用程序的组件：CommonJS 模块系统。然而，单独的模块系统并不能保证成功。一方面，它在客户端模块和依赖关系之间增加了一个方便的间接级别（level of indirection）；然而另一方面，如果使用不当，它可能会引入一个更紧密的耦合。这一节，我们讨论 Node.js 中使用的一些依赖连接。

## Node.js 中最常见的依赖

在软件架构中，我们可以考虑任何影响组件作为依赖关系（dependcy）的行为或者结构的实体、状态或数据格式。例如，一个组件可以使用另一个组件提供的服务，依赖于一个系统的特定全局状态，或者实现特定的通信协议以便与其他组件交换信息等。依赖的概念非常广泛，有时很难评估。

在 Node.js 中，我们可以立即识别出一种基本类型的依赖关系，这是最常见和最容易识别的，那就是**模块间的依赖关系**。模块是我们组织和构建代码的基本机制。构建一个大型应用，不依赖模块系统，这是不合理的。如果正确使用应用程序的各种元素进行分组，它可以带来很多好处。总体上，一个模块有如下这些特性：

- 模块更易于阅读和理解，因为（理想中）它更集中。

- 作为一个独立的文件，一个模块更容易被识别。

- 一个模块可以更容易在不同应用程序中重用。

模块表示用于执行**信息隐藏**的完美级别的粒度，并且提供了有效机制，从而仅暴露组件的公共接口（module.exports）。

然而，简单地将应用程序或库的功能扩展到不同的模块，对于成功的设计是远远不够的。其中一个谬误在于我们创建了一个唯一的实体，用于删除或替换模板，其将会反射在大部分架构里，使得模块之间的关系变得很强。我们立即就能认识到，我们将代码组织为模块的方式以及我们将它们连接在一起的方式发挥了战略作用。而且，和软件设计中的任何问题一样，重要的是找到在不同的措施之间适当的平衡。

## 内聚和耦合

构建模块时平衡的两个最重要的特性是**内聚（cohesion）**和**耦合（coupling）**。它们可以应用于软件架构中的任何类型的组件或子系统，因此我们可以在构建 Node.js 模块时将其作为指南。这两个特性定义如下。

- **内聚**：这是组件功能之间相关性的度量。例如，一个模块只做一件事，其他所有的部分都帮助实现这个单一任务就是高内聚。一个模块包含函数（如 saveProduct()、saveInvoice()、saveUser() 等）来将任何类型的对象保存到数据库就是低内聚。

- **耦合**：其衡量的是组件依赖系统其他组件的程度。例如，当模块直接读取或修改另一个模块的数据时，该模块紧耦合到另一个模块。此外，通过全局或共享状态进行交互的两个模块也是紧耦合的。另一方面，两个模块仅仅通过传递参数进行通信就叫作松耦合。

理想的情况是具有高内聚和低耦合，通常这是更容易理解、可重用和可扩展的模块。

## 有状态的模块

在 JavaScript 中，一切皆对象。没有纯粹的接口或者类等抽象的概念。它的动态类型已经提供一种自然机制来解耦**接口**（或**策略**）与**实现**（或**细节**）。正如我们在第 6 章中看到的，这就是为什么许多设计模式与传统实现相比看起来不同和简捷的原因之一。

在 JavaScript 中，在将接口和实现分离方面存在着小问题。然而，通过简单地使用 Node.js 模块系统，引入了硬编码关系的一个特定的实现。在正常情况下，这并没有什么问题，但是如果我们使用 require() 加载一个模块，该模块导出一个有状态实例，例如数据库句柄、一个 HTTP 服务器实例、一个服务实例，或者一般来说任何非无状态的对象，我们实际上引用了一个非常类似于单例的东西，从而也继承了它的利弊，外加一些注意事项。

## Node.js 中的单例模式

许多 Node.js 新人对如何正确实现单例模式感到困惑，大多数时候我们的想法都是通过应用程序的各个模块共享实例。然而，在 Node.js 中答案比我们想象的还要简单，只需要使用 module.exports 导出实例就足以获得类似于单例模式的东西。例如，考虑以下代码：

```
//'db.js' module
module.exports = new Database('my-app-db');
```

通过简单地导出数据库的一个新实例，可以假设在当前包（它可以很容易成为应用程序的整体代码），我们只有一个 db 模块的实例。这是可能的，因为我们知道，Node.js 会在第一次调用 require() 后缓存模块，确保在任何后续调用时不再执行它，而是返回缓存的实例。例如，可以很容易获得我们之前定义的 db 模块的共享实例，如以下代码行：

```
const db = require('./db');
```

但是请注意，该模块使用完整路径作为查找关键字进行缓存，因此它仅保证在当前包中是一个单例。我们在第 2 章中讲过，每个包在其内部的 node_module 目录中可能有它自己的一组私有依赖项，这可能导致同一个包有多个实例，因此可能导致相同的模块有多个实例，结果是单例可能不再是单一的了。例如，考虑将 db 模块封装到一个名为 mydb 的包中。在 package.json 文件中将会添加下面的代码行：

```
{
  "name": "mydb",
  "main": "db.js"
}
```

考虑下面包的依赖关系树：

```
app/
`-- node_modules
    |-- packageA
    |   `-- node_modules
    |       `-- mydb
    `-- packageB
        `-- node_modules
```

```
    `-- mydb
```

packageA 和 packageB 都对 mydb 包有依赖，反过来，我们的主应用程序 app 包依赖于
packageA 和 packageB。我们刚刚描述的场景将打破有关数据库实例唯一性的假设。实际
上，无论 packageA 还是 packageB 都将使用下面的命令加载数据库的实例：

```
const db = require('mydb');
```

然而，packageA 和 packageB 实际上会加载单例的两个不同的实例，因为 mydb 模块将根据
需要的包被解析到不同的目录。

在这一点上，我们可以认为，文献中描述的单例模式在 Node.js 中不存在，除非我们不使用
一个真正的全局变量去存储它，如下所示：

```
global.db = new Database('my-app-db');
```

这将保证实例是唯一的，并且在整个应用程序中共享，而不仅仅在一个包中。然而，这是一
种不惜代价的做法，大多数时候，我们并不需要一个纯粹的实例，稍后我们会看到，还有其
他的模式让我们在不同的包中共享一个实例。

 本书为了简单起见，将使用术语"单例"（Singleton）来描述一个模块导出的
状态对象，即使从术语的严格定义来说这并不是真正的单例。但可以肯定，
它与原始模式有着相同的实际作用，即分享不同组件的状态。

# 连接模块模式

讨论了依赖和耦合的一些基本理论后，下面我们深入到一些更实际的概念中。这一节我们将
学习主模块的连接模式。重点讨论有状态实例的连接，这毫无疑问是一个应用程序中最重要
的依赖类型。

## 硬编码依赖

我们通过观察两个模块间最常见的关系来分析，这就是**硬编码的依赖关系（hardcoded
dependency）**。在 Node.js 中，一个客户端模块可以使用 require() 显式加载另一个模块，
这就是一个硬编码的依赖关系。稍后你会看到，使用这种方式建立模块依赖是比较简单有效
的，但是我们必须更加注意有状态实例的硬编码依赖，因为其将限制模块的可重用性。

## 用硬编码依赖构建一个认证服务器

我们从下图所示的结构开始分析：

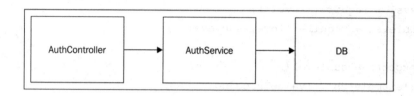

该图显示了一个典型的分层架构。它描述了一个简单的认证系统的结构。AuthController 接受来自客户端的输入，从请求中提取登录信息，并执行一些初步验证。然后它依靠 AuthService 来检查提供的凭证是否和存储在数据库中的信息匹配。这些工作通过使用 db 模块句柄来执行一些特定的查询完成，作为与数据库通信的手段。把这三个组件连接在一起的方式将决定它们在可重用性、可测试性和可维护性上的水平。

将这些组件连接在一起的最自然的方式是从 AuthService 请求 db 模块，然后从 AuthController 请求 AuthService。这就是我们讨论的硬编码依赖。

下面我们在实践中证明刚才描述的系统的实现。然后，设计一个简单的**认证服务器**，它会暴露以下两个 HTTP API：

- POST '/login'：接收一个包含用户名和密码以进行身份验证的 JSON 对象。成功后，它会返回一个 **JSON 网络令牌（JWT）**，可以在后续请求中使用它，表明已验证用户身份。

    JSON 网络令牌是用于在各方之间表示共享声明的一种格式。随着**单页应用程序**和**跨域资源共享（CORS）**的爆发式增长，作为基于 cookie 的身份验证更灵活的替代方案，其变得越来越流行。要了解更多关于 JWT 的知识，可以在 http://self-issued.info/docs/draft-ietf-oauth-json-web-token.html 上查看说明（目前正在起草中）。

- GET '/checkToken'：它从 GET 查询参数读取令牌并验证其有效性。

在这个例子中，我们将使用多种技术，其中有一些我们并不陌生。特别是，我们将使用 express(https://npmjs.org/package/express) 来实现 Web API 和使用 leveup(https://npmjs.org/package/levelup ) 来存储用户数据。

## db 模块

下面我们开始自下而上地构建应用程序。需要做的第一件事情是暴露一个 levelUp 数据库实例模块。我们创建一个名为 lib/db.js 的新文件，包括以下内容：

```
const level = require('level');
const sublevel = require('level-sublevel');

module.exports = sublevel(
  level('example-db', {valueEncoding: 'json'})
);
```

该模块只创建一个存储在 ./example-db 目录中的 LevelDB 数据库的连接，然后使用分段插件（https://npmjs.org/package/level-sublevel）装饰实例，增加了支持创建和查询数据库的不同部分（可以和 SQL 表或者 MongoDB 集合进行比较）。模块导出的对象是数据库句柄本身，其是一个有状态的实例，因此，我们正在创建一个单例。

## 认证服务模块

有了 db 单例，可以用它来实现 lib/authService.js 模块，该组件负责根据数据库中的信息检查用户凭据。代码如下（仅展示相关部分）：

```
// ...
const db = require('./db');
const users = db.sublevel('users');

const tokenSecret = 'SHHH!';

exports.login = (username, password, callback) => {
  users.get(username, function(err, user) {
    // ...
  });
};

exports.checkToken = (token, callback) => {
  // ...
  users.get(userData.username, function(err, user) {
    // ...
  });
};
```

authService 模块实现了 login() 服务，它负责根据数据库中的信息校验用户名/密码对；以及 checkToken() 服务，它接收一个令牌并验证其有效性。

该代码是有状态模块的硬编码依赖的第一个示例。关于 db 模块，只需简单地引入来加载它。所得到的 db 变量包含一个已经初始化的数据库句柄，可以直接使用它来执行查询。

在这一点上，可以看到，我们为 authService 模块创建的所有代码并不真正需要 db 模块的一个特定实例，任何实例都会工作。然而，我们将依赖硬编码到一个特定的 db 实例，这意味着在将该实例与另一个数据库实例结合时，如果不修改它的代码将无法重用 authsevice。

### authController 模块

接下来我们来看看 lib/authController.js 模块是什么样子。该模块负责处理 HTTP 请求，它的本质是 Express 路由集合，该模块的代码如下：

```
const authService = require('./authService');
exports.login = (req, res, next) => {
  authService.login(req.body.username, req.body.password,
    (err, result) => {
      // ...
  } );
};


exports.checkToken = (req, res, next) => {
  authService.checkToken(req.query.token,
    (err, result) => {
      // ...
    }
  );
};
```

该 authController 模块实现了两个 Express 路由：一个用于执行登录并返回相应的身份验证令牌（login()），另一个用于检查令牌的有效性（checkToken()）；这两个路由都将它们的大部分逻辑委托给了 authService，因此它们唯一的工作就是处理 HTTP 请求和响应。

可以看到，在这种情况下，我们正在使用有状态模块对其依赖进行硬编码：authService。是的，authService 模块在传递时是有状态的，因为它直接依赖于 db 模块。基于此，我们开始去了解，硬编码的依赖如何轻易地跨整个应用程序的结构传播：authController 模块依赖于 authService 模块，而后者又取决于 db 模块。这意味着 authService 模块本身是间接连接到一个特定的 db 实例的。

## app 模块

最后，通过实现应用程序的入口点将各个部分组合在一起。按照惯例，我们将这种逻辑模块命名为 app.js，位于项目的根目录中。该模块如下所示：

```
const express = require('express');
const bodyParser = require('body-parser');
const errorHandler = require('errorhandler');
const http = require('http');

const authController = require('./lib/authController');

const app = module.exports = express();
app.use(bodyParser.json());

app.post('/login', authController.login);
app.get('/checkToken', authController.checkToken);

app.use(errorHandler());
http.createServer(app).listen(3000, () => {
  console.log('Express server started');
});
```

可以看到，app 模块非常基本。它包含一个简单的 Express 服务器，并注册一些中间件和 authController 导出的两个路由。当然，对于我们来说最重要的代码是使用 authController 来创建一个有状态实例的硬编码依赖。

## 运行身份验证服务器

在试验刚刚实现的身份验证服务器之前，建议你使用实例代码中提供的 populate_db.js 脚本，向数据库填充一些示例数据。完成之后，可以通过运行以下命令启动服务器：

```
node app
```

然后可以尝试调用刚才创建的两个 Web 服务。可以使用 REST 客户端来执行此操作，或者使用好用的 curl 命令。例如，要执行登录，可以运行以下命令：

```
curl -X POST -d '{"username": "alice", "password":"secret"}'
http://localhost:3000/login -H "Content-Type: application/json"
```

前面的命令应该返回一个令牌，可以用它来测试 /checkLogin Web 服务（只需要在以下的

命令中替换 <TOKEN HERE> ）：

```
curl -X GET -H "Accept: application/json"
http://localhost:3000/checkToken?token=<TOKEN HERE>
```

该命令应该返回一个如下所示的字符串，这证实我们的服务器如期工作了：

```
{"ok":"true","user":{"username":"alice"}}
```

## 硬编码依赖的优缺点

上面的示例演示了在 Node.js 中连接模块的传统方式，利用模块系统的功能来管理应用程序的各个组件间的依赖关系。从模块中导出状态实例，让 Node.js 管理它们的生命周期，然后直接从应用程序的其他部分加载它们。这样的模块组织直观，易于理解和调试，其中每个模块初始化和连接都无须任何外部干预。

然而另一方面，硬编码对有状态实例的依赖限制了模块与其他实例连接的可能性，这使得它不可重用并且难以进行单元测试。例如，将 authService 与另一个数据库实例组合重用几乎是不可能的，因为它的依赖是用一个特定的实例硬编码的。同样，单独测试 authService 是一个困难的任务，因为我们不能轻易地模拟模块使用的数据库。

最后，重要的是要看到大多数的使用硬编码依赖的缺点与有状态的实例相关联。这意味着如果我们使用 require() 去加载一个无状态的模块，如工厂模式、构造函数或者一组无状态的函数，不会遭遇同样的问题。仍然与具体的实现紧密相关，但是在 Node.js 中，这通常并不影响组件的可重用性，因为它不引入具有特定状态的耦合。

# 依赖注入

**依赖注入（DI）** 模式可能是在软件设计中最容易被误解的概念之一。许多人将术语与框架和 DI 容器相关联，如 Spring（用于 Java 和 C#）或者 Pimple（用于 PHP），但是在现实中它是一个更简单的概念。依赖注入模式背后的主要思想是通过外部实体提供作为输出的组件的依赖性。

这样的实体可以是客户端组件或者全局容器，其集中了系统所有模块的连接。这种方法的主要优点是改进的解耦，特别是对于依赖于状态实例的模块。使用 DI，每个依赖，都从外部接收，而不是被硬编码到模块中。这意味着模块可以被配置为使用任何依赖关系，因此可以在不同的上下文中重用。

为了在实践中演示这种模式，我们现在将使用 DI 来连接各个模块，来重构上一节中构建的认证服务器。

## 使用依赖注入重构认证服务器

使用 DI 重构模块涉及一个非常简单的窍门：需创建一个包含一组依赖作为参数的工厂，而不是将依赖硬编码到有状态的实例中。

下面我们就重构 lib/db.js 模块，如下所示：

```
const level = require('level');
const sublevel = require('level-sublevel');

module.exports = dbName => {
  return sublevel(
    level(dbName, {valueEncoding: 'json'})
  );
};
```

重构的第一步就是将 db 模块转换为工厂，这样我们可以使用它来创建尽可能多的数据库实例，这意味着整个模块现在是可重用和无状态的。

我们继续实现新版本的 lib/authService.js 模块：

```
const jwt = require('jwt-simple');
const bcrypt = require('bcrypt');

module.exports = (db, tokenSecret) => {
  const users = db.sublevel('users');
  const authService = {};
  authService.login = (username, password, callback) => {
    //...same as in the previous version
  };
  authService.checkToken = (token, callback) => {
    //...same as in the previous version
```

```
  };
  return authService;
};
```

此外，authService 模块现在是无状态的。它不再导出任何特定的实例，只是一个简单的工厂。然而最重要的细节是我们将 db 依赖注入作为工厂函数的参数，删除之前硬编码的依赖。这个简单的修改使我们能够通过将它连接到任何数据库实例来创建一个新的 authService 模块。

我们可以以类似的方式重构 lib/authController.js 模块，如下所示：

```
module.exports = (authService) => {
  const authController = {};
  authController.login = (req, res, next) => {
    //...same as in the previous version
  };
  authController.checkToken = (req, res, next) => {
    //...same as in the previous version
  };
  return authController;
};
```

authController 模块根本没有任何硬编码的依赖，甚至是无状态的！唯一的依赖项，即 authService 模块，在被调用时作为输入提供给工厂。

好了，现在我们看看所有这些模块实际是在哪里被创建和连接在一起的，答案是在 app.js 模块中，它代表了我们应用程序的顶层。其代码如下：

```
// ...
const dbFactory = require('./lib/db');                              //[1]
const authServiceFactory = require('./lib/authService');
const authControllerFactory = require('./lib/authController');

const db = dbFactory('example-db');                                 //[2]
const authService = authServiceFactory(db, 'SHHH!');
const authController = authControllerFactory(authService);

app.post('/login', authController.login);                          //[3]
app.get('/checkToken', authController.checkToken);
// ...
```

前面的代码可以总结如下：

1. 首先，加载我们的服务工厂，此时，它们仍是无状态对象。
2. 其次，通过提供它需要的依赖关系来实例化每个服务。这是创建和连接所有模块的阶段。
3. 最后，像往常一样通过 Express 服务注册 authController 模块路由。

现在我们的认证服务器使用 DI 连接，并准备好重用。

## 不同类型的 DI

刚刚介绍的例子只展示了一种类型的 DI（工厂注入），其他类型的 DI 还有：

- **构造器注入**：这种类型的 DI，依赖关系在其创建的时候被传递给构造函数，一个可能的例子如下：

  ```
  const service = new Service(dependencyA, dependencyB);
  ```

- **属性注入**：这种类型的 DI，依赖关系在其创建之后被附加到对象，如下面代码所示：

  ```
  const service = new Service();  //works also with a factory
  service.dependencyA = anInstanceOfDependencyA;
  ```

属性注入意味着一个对象是在不一致的状态下创建的，因为它没有被连接到它的依赖，所以它是最健壮的，当依赖之间有循环的时候，这样做非常有用。例如，我们有两个组件 A 和 B，都使用工厂或构造函数注入，并且两者都依赖于彼此，我们不能实例化其中任何一个，因为两者都将需要另一个存在才可以被创建。我们来看一个简单的例子，如下所示：

```
function Afactory(b) {
  return {
    foo: function() {
      b.say();
    },
    what: function() {
      return 'Hello!';
    }
  }
}

function Bfactory(a) {
```

```
  return {
    a: a,
    say: function() {
      console.log('I say: ' + a.what);
    }
  }
}
```

这两个工厂之间的依赖死锁只能使用属性注入来解决，例如，首先创建一个不完整的 B 实
例，然后使用它创建 A。最后，我们通过设置相应的属性将 A 注入到 B，如下：

```
const b = Bfactory(null);
const a = Afactory(b);
a.b = b;
```

> 在某些罕见的情况下，依赖图中的循环是不容易避免的，然而，重要的是记
> 住，这通常是一个糟糕的设计方案。

## DI 的优缺点

在使用 DI 的认证服务器示例中，我们能够将模块与特定依赖实例解耦。结果是，我们可以
轻易地就能重用每个块，并且不改变它们的代码。而且测试一个使用 DI 模式的模块的工作
也大大简化了。我们可以轻松地提供模拟的依赖，以独立于系统的其余部分状态的方式来测
试我们的模块。

对于该例子还要强调的另一个重要问题是，我们将依赖责任从底层移动到架构的顶层。这个
想法是基于高级组件比低级组件更不可重用，因为应用程序层次越多，组件越具体化。

从这个假设出发，我们可以理解，从传统方式来看，应用程序的系统结构中自身拥有低级依
赖的高阶组件可以被倒置，所以低级组件只依赖于一个接口（在 JavaScript 中，它只是我们
期望从依赖关系中得到的接口），而定义依赖实现的所有权被赋给较高级的组件。在我们的
认证服务器中，事实上，所有的依赖在顶层的组件（app 模块）中被实例化和连接，其可重
用性较低，因此在耦合方面需要付出较高的代价。

所有这些解耦和可重用性方面的优势都会有代价。一般来说，在编码时不能解决依赖问题使
得我们更难以理解系统的各个组件之间的关系。同样，如果我们去观察 app 模块中实例化
所有依赖的方式，就可以明白，我们必须遵循一定的顺序，实际上我们不得不手动构建整个
应用程序的依赖图。当连接的模块数量变得很大时，依赖图会变得难以管理。

这个问题的一个可行的解决方案是拆分多个组件之间的依赖所有权,而不是将它们集中在一个地方。这可以降低依赖管理上的复杂度,因为每个组件只对特定的依赖子图负责。当然在必要的时候,我们也可以选择只在本地使用 DI,而不是在整个应用程序范围内构建它。

在本章后面我们会看到,简化复杂架构中模块连接的另一种可能的解决方案是使用 DI 容器,一个专门负责实例化和连接应用程序的所有依赖项的组件。

使用 DI 确实增加了模块的复杂性和冗长性,但正如我们在前面所看到的,我们有这样做的理由。你要在简单性和可重用性之间做出权衡,以选择正确的方法。

 DI 通常在依赖反转原则(*Dependency Inversion principle*)和控制反转(*Inversion of control*)结合中被提及,但是它们是不同的概念(即使相关)。

# 服务定位器

在上一节中,我们介绍了通过获得可重用性和解耦模块,DI 如何真正地改变我们连接依赖的方式。另一种非常相似的模式是**服务定位器**(**service locator**)。它的核心原则是,有一个中央注册表,用于管理系统的组件,并在每个模块需要加载依赖时充当调节器。这个想法是提供依赖服务定位器,而不是硬编码。

重要的是要理解,通过使用服务定位器,我们可以引入对它的依赖,所以我们将其连接到模块的方式决定了它们的耦合水平,因此,它们具有可重用性。在 Node.js 中,依据连接到系统的各个组件的方式,有三种类型的服务定位器:

- 硬编码依赖的服务定位器
- 注入的服务定位器
- 全局的服务定位器

第一种在解耦方面是没有什么优势的,因为它包括使用 require() 直接引用服务定位器的实例。在 Node.js 中,这可以被认为是一种反模式,因为它引入了紧耦合的组件。在这种情况下,服务定位器显然不能在可重用性方面提供任何价值,只增加另一层次的间接性和复杂性。

另一方面,注入的服务定位器由组件通过 DI 引用。这可以被认为是一种更方便的一次性注入一整套依赖的方法,而不是逐个提供。后面我们将看到,它的优点不止于此。

引用服务定位器的第三种方式是直接从全局范围引用。这与硬编码的服务定位器具有相同的缺点,但是由于它是全局的,它是一个真正的单例,因此它可以被用作在包之间共享实例的模式。在本章的后面我们会看到它是如何工作的，但是可以肯定地说，使用全局服务定位器的原因很少。

 Node.js 模块系统已经实现了服务定位器模式的一个变体，使用 require() 表示服务定位器本身的全局实例。

一旦我们开始在实际的例子中使用服务定位器模式，所有这里讨论的问题将变得更加清晰。现在让我们用学到的内容再次重构认证服务器。

## 使用服务定位器重构认证服务器

我们现在要从使用认证服务器转到使用注入的服务定位器。为此，第一步是实现服务定位器本身，我们将使用一个新的模块 lib/serviceLocator.js：

```
module.exports = function() {
  const dependencies = {};
  const factories = {};
  const serviceLocator = {};
  serviceLocator.factory = (name, factory) => {        //[1]
    factories[name] = factory;
  };
  serviceLocator.register = (name, instance) => {      //[2]
    dependencies[name] = instance;
  };
  serviceLocator.get = (name) => {                     //[3]
    if(!dependencies[name]) {
      const factory = factories[name];
      dependencies[name] = factory && factory(serviceLocator);
      if(!dependencies[name]) {
        throw new Error('Cannot find module: ' + name);
      }
    }
    return dependencies[name];
  };
  return serviceLocator;
};
```

serviceLocator 模块是一个工厂，具有三个方法，均返回一个对象：

---

- `factory()` 用于将组件名称与工厂关联。
- `register()` 用于将组件名称直接与实例相关联。
- `get()` 按名称检索组件。如果一个实例已经可用，则返回它本身，否则该方法将尝试调用注册工厂以获取新的实例。值得注意的是，模块工厂是通过注入服务定位器（serviceLocator）的当前实例被调用的。这是模式的核心机制，它允许自动和按需地构建系统的依赖关系图。后面我们会看到这是如何运作的。

 一个类似服务定位器的简单模式是使用一个对象作为一组依赖关系的命名空间：

```
const dependencies = {};
const db = require('./lib/db');
const authService = require('./lib/authService');
dependencies.db = db();
dependencies.authService = authService(dependencies);
```

现在我们转换 lib/db.js 模块，以演示 serviceLocator 如何工作：

```
const level = require('level');
const sublevel = require('level-sublevel');

module.exports = (serviceLocator) => {
  const dbName = serviceLocator.get('dbName');

    return sublevel(
      level(dbName, {valueEncoding: 'json'})
    );
}
```

db 模块使用服务定位器接收检索实例数据库名字的输入。这是一个亮点，服务定位器不仅可以用于返回组件实例，还可以提供定义整个依赖图的行为的配置参数。

下一步是转换 lib/authService.js 模块：

```
// ...
module.exports = (serviceLocator) => {
  const db = serviceLocator.get('db');
  const tokenSecret = serviceLocator.get('tokenSecret');
```

```
  const users = db.sublevel('users');
  const authService = {};

  authService.login = (username, password, callback) => {
    //...same as in the previous version
  }

  authService.checkToken = (token, callback) => {
    //...same as in the previous version
  }
  return authService;
};
```

此外，authService 模块是一个将服务定位器作为输入的工厂。模块的两个依赖：db 句柄和 tokenSecret（另外一个配置参数），使用服务定位器的 get() 方法检索。

同样，我们可以转换 lib/authController.js 模块：

```
module.exports = (serviceLocator) => {
  const authService = serviceLocator.get('authService');
  const authController = {};

  authController.login = (req, res, next) => {
    //...same as in the previous version
  };

  authController.checkToken = (req, res, next) => {
    //...same as in the previous version
  };

  return authController;
}
```

现在，我们看看如何实例化和配置服务定位器。这当然是在 app.js 模块中进行的：

```
//...
const svcLoc = require('./lib/serviceLocator')();          //[1]

svcLoc.register('dbName', 'example-db');                   //[2]
svcLoc.register('tokenSecret', 'SHHH!');
```

```
svcLoc.factory('db', require('./lib/db'));
svcLoc.factory('authService', require('./lib/authService'));
svcLoc.factory('authController', require('./lib/authController'));

const authController = svcLoc.get('authController');       //[3]

app.post('/login', authController.login);
app.all('/checkToken', authController.checkToken);
// ...
```

新的服务定位器的连接方式如下:

1. 通过调用它的工厂实例化一个新的服务定位器。

2. 向服务定位器注册配置参数和模块工厂。在这一点上，所有的依赖都没有被实例化，只是注册了它们的工厂。

3. 从服务定位器加载 autoController，这是触发应用程序的整个依赖图实例化的入口点。当我们请求 autoController 组件实例时，服务定位器通过注入自身的实例来调用相关的工厂，然后 autoController 工厂尝试加载 authSerive 模块，该模块又实例化了 db 模块。

有趣的是，服务定位器具有惰性，每个实例只在需要时被创建。另外我们可以看到，每个依赖都会被自动连接，而不需要提前手动处理。这样处理的优点是，我们不必提前知晓实例化和连接模块的正确顺序，这一切都会自动按需发生。这比简单的 DI 模式更方便。

> 另一个常见的模式是使用 Express 服务器实例作为一个简单的服务定位器。可以使用 expressAp.set(name, instance) 来注册一个服务，并使用 expressApp.get(name) 来检索。该模式的便利之处是作为服务定位器的服务器实例，可以通过 request.app 属性访问。你可以在与本书配套的样例中找到此模式的示例。

## 服务定位器的优缺点

**服务定位器**和**依赖注入**有许多共同点:都将依赖项所有权转移到组件的外部实体。但是连接服务定位器的方式决定了整个架构的灵活性。我们选择一个注入服务定位器来实现我们的示例，而不是硬编码或全局服务定位器，这不是偶然的。后面这两个变体几乎丧失了这种模式的优势。事实上，结果将是，使用 require() 将组件直接耦合到其依赖项，而不是将其耦合到服务定位器的一个特定实例。同样，硬编码的服务定位器在配置与特定名称相关联的组件时仍会提供更多的灵活性，但是其在可重用性方面仍然没有什么大的优点。

此外，像 DI 一样，使用服务定位器使得我们更难识别组件之间的关系，因为它们在运行时才被解析。此外，也更加难以确认特定组件将需要什么依赖。使用 DI 表达得更清晰：通过声明工厂或者构造函数参数中的依赖，而使用定位服务，这些却不是很清晰，其需要使用代码来检查或在文档中用明显的语句来解释一个特定的组件会加载什么依赖。

最后要注意的是，一个服务定位器常常被误认为是 DI 容器，因为它与服务注册表具有相同的作用。然而，两者之间有很大的差别。使用服务定位器，每个组件显式地从服务定位器本身加载其依赖。但使用 DI 容器时，组件并没有容器的概念。

可以从以下两点来区分这两种方法。

- **可重用性**：依赖于服务定位器的组件可重用性差，因为它要求系统中的服务定位器可用。
- **可读性**：正如我们所说，服务定位器会模糊组件间的依赖关系。

从可重用性方面，可以说服务定位器模式介于硬编码依赖和 DI 之间。在方便性和简单性方面，它绝对比手动 DI 好，因为我们不必手动构建整个关系依赖图。

在这些假设下，DI 容器在组件的可重用性和便利性方面提供了最佳折中方案。在下一节我们将学习这种模式。

# 依赖注入容器

将服务定位器转换为依赖注入（DI）容器的步骤并不多，但正如我们在前面提到的，它在解耦方面提升很多。在这种模式下，每个模块都不一定要依赖于服务定位器，它们可以简单地表达其依赖需求，DI 容器将无缝地完成剩余任务。后面我们将看到，这种机制的巨大飞跃使得即使没有容器，每个模块也都可以重复使用。

## 为 DI 容器声明一组依赖项

DI 容器本质上是一个服务定位器，其增加了一个特性：在实例化之前标识模块的依赖需求。为了做到这一点，一个模块必须以某种方式声明它的依赖，对此我们有多种选择。

第一种，可能是最受欢迎的一种，基于工厂或者构造函数中使用的参数名称注入一组依赖。例如，像 authService 模块这样：

```
module.exports = (db, tokenSecret) => {
  //...
}
```

该模块将由使用 db 和 tokenSecret 名称的依赖 DI 容器实例化，这是一种非常简单直观的机制。然而，为了能够读取函数的参数名称，有必要使用一个小技巧。在 JavaScript 中，我们有可能序列化一个函数，在运行时获得它的源代码，这就像在函数引用上调用 toString() 方法一样简单。使用正则表达式获取参数列表肯定不是黑魔法。

 AngularJS (http://angularjs.org) 推广了使用这种函数参数名称注入一组依赖关系的技术。AngularJS 是一个由 Google 开发的客户端 JavaScript 框架，完全基于 DI 容器。

这种方法最大的问题在于，它不能很好地**压缩（minification）**，客户端 JavaScript 中广泛地使用该实践，包括转换应用程序的特定代码来减小源代码尺寸。许多人使用一种名为**命名重整（name mangling）**的技术，其本质是重命名任何局部变量以使其长度变短，通常为单个字符。不好的消息是，函数参数是局部变量，通常会受这个过程的影响，从而导致该机制崩溃。尽管服务端代码不需要压缩，但 Node.js 模块通常与浏览器共享，我们在分析时要考虑这个重要的因素。

幸好，DI 容器会使用其他技术来获知要注入哪些依赖。例如：

- 可以使用一个附加到工厂函数上的特殊属性，例如，数组显式列出所有依赖注入项：

  ```
  module.exports = (a, b) => {};
  module.exports._inject = ['db', 'another/dependency'];
  ```

- 可以指定一个模块作为依赖数组名称，其后跟着工厂函数：

  ```
  module.exports = ['db', 'another/depencency',(a, b) => {}];
  ```

- 可以使用附加到函数的每个参数的注释（但是，这也不利于压缩）

  ```
  module.exports = function(a /*db*/, b /*another/depencency*/) {};
  ```

所有这些技术都非常有意思，所以在我们的例子中，将使用最简单和最流行的技术，即使用函数参数来获取依赖名称。

## 使用 DI 容器重构认证服务器

为了演示 DI 容器侵入性比服务定位器更少，我们将再次重构我们的认证服务器，为此我们使用普通 DI 模式作为起始点。事实上，我们要做的只是保留应用程序的所有组件，除了app.js 模块，它将负责初始化容器。

但首先，需要实现 DI 容器。我们在 lib/directory 目录下创建一个名为 diContainer.js 的新模块，以下代码它的开始部分：

```
const fnArgs= require('parse-fn-args');

module.exports = function() {
  const dependencies = {};
  const factories = {};
  const diContainer = {};
  diContainer.factory = (name, factory) => {
    factories[name] = factory;
  };
  diContainer.register = (name, dep) => {
    dependencies[name] = dep;
  };

  diContainer.get = (name) => {
    if(!dependencies[name]) {
      const factory = factories[name];
      dependencies[name] = factory &&
        diContainer.inject(factory);
      if(!dependencies[name]) {
        throw new Error('Cannot find module: ' + name);
      }
    }
    return dependencies[name];
  };
//...to be continued
```

diContainer 模块的第一部分在功能上与我们在前面看到的服务定位器相同。唯一明显的区别是：

- 需要一个名为 args-list (https://npmjs.org/package/args-list) 的新 npm

模块，用于提取函数参数的名称

- 这里，不是直接调用模块工厂，而是使用 diContainer 模块的另外一个方法 inject
  ()，它将解析模块的依赖关系，并使用它们来调用工厂。

让我们看看 diContainer.inject() 长什么样子：

```
diContainer.inject = (factory) => {
  const args = fnArgs(factory)
  .map(dependency => diContainer.get(dependency));
    return factory.apply(null, args);
  };
}; //end of module.exports = function() {
```

该方法是 DI 容器不同于服务定位器的地方，它的逻辑非常简单：

1. 使用 parse-fn-args 库，从工厂函数中提取参数列表作为输入。

2. 然后将每个参数名称映射到使用 get() 方法获取的对应依赖关系实例。

3. 最后，我们要做的只是通过提供刚刚生成的依赖关系列表来调用工厂。

这就是我们的 diContainer。正如我们看到的，它与服务定位器并没有什么不同，但是通过注入依赖关系来实例化模块，出现了巨大的差异（与注入整个服务定位器相比）。

要完成认证服务器的重构，还需要调整 app.js 模块：

```
// ...
const diContainer = require('./lib/diContainer')();

diContainer.register('dbName', 'example-db');
diContainer.register('tokenSecret', 'SHHH!');
diContainer.factory('db', require('./lib/db'));
diContainer.factory('authService', require('./lib/authService'));
diContainer.factory('authController', require('./lib/authController'));

const authController = diContainer.get('authController');

app.post('/login', authController.login);
app.get('/checkToken', authController.checkToken);
// ...
```

可以看到，app 模块的代码与我们在上一节中用到的初始化服务定位器的相同。我们还注意

到，为了启动 DI 容器，因此触发了整个依赖图的加载，这里仍需要通过调用 `diContainer
.get('authController')` 将其作为服务定位器。从那时起，每个注册到 DI 容器的模块将
被自动实例化并连接。

### DI 容器的优缺点

DI 容器假定我们的模块使用 DI 模式，因此它继承了 DI 模式的大部分优点和缺点。例如有
更好的解耦性和可测试性，但是另一方面，也具有更高的复杂性，因为依赖在运行时解析。
DI 容器同时也和服务定位器共享许多属性，但是另一方面，它不强制模块依赖任何额外的
服务，除了它的实际依赖。这是一个巨大的优势，因为它允许每个模块在没有 DI 容器的情
况下，也可以通过简单的手动注入来使用。

这实际上是我们在本节中演示的：采用认证服务器的版本，使用简单的 DI 模式，然后不修
改任何组件（除了应用程序模块），就可以自动注入每个依赖项。

 在 npm 中，你可以找到很多 DI 容器，你可以重用它们或者从它身上获得一些灵
感（https://www.npmjs.org/search?q=dependency%20injection）。

# 连接插件

软件工程师梦想中的架构是一个具有最小内核，可根据需要使用**插件**进行扩展的框架。遗憾
的是，这总是不那么容易获得，因为在大多数时候在时间、资源和复杂性方面都需要成本。
尽管如此，我们还是希望支持某种**外部扩展**，即使只限制于系统的某些部分。这一节中，我
们将进入这个迷人的世界，主要讨论这两个问题：

- 将应用程序的服务暴露给插件。
- 将插件集成到父应用程序的流中。

## 插件作为包

通常在 Node.js 中，应用程序的插件被作为包安装在项目的 `node_modules` 目录中。这样做
有两个好处：第一，我们可以利用 npm 的功能来分发插件并管理其依赖；第二，一个包可
以有它自己的私有依赖关系图，这减少了在依赖关系之间发生冲突和不兼容的可能性，而不
是让插件使用父项目的依赖关系。

以下目录结构是一个有两个作为包分发的插件的应用程序的示例：

---

```
application
'-- node_modules
    |-- pluginA
    '-- pluginB
```

在 Node.js 的世界中，这是一个非常常见的做法。一些流行的例子有 express (http://expressjs.com)及其中间件、gulp(http://gruntjs.com)、grunt(http://gruntjs.com)、nodebb (http://nodebb.org) 和 docpad (http://docpad.org)。

然而，使用包的好处并不限于**外部插件**。事实上，一种流行的模式是通过将其组件封装到包中来构建整个应用程序的，就像它们是**内部插件**一样。因此，我们可以为每个大块功能创建一个独立的软件包，而不是组织应用程序主包中的模块，并将其安装到 node_modules 目录中。

 一个包可以是私有的，并不一定要在公共 npm 库里。我们可以随时在 package .json 中为其设置 private 标志，来防止其被意外发布到 npm。然后，我们可以将包提交到版本控制系统（如 git）或利用私人 npm 服务器与团队的其他人共享。

为什么要遵循这种模式？首先，是因为方便。人们经常发现使用相对路径来引用包的本地模块是不切实际或过于烦琐的。例如，我们考虑以下目录结构：

```
application
|-- componentA
|   '-- subdir
|       '-- moduleA
'-- componentB
'-- moduleB
```

如果我们想在 moduleA 中引用 moduleB，必须这样写：

```
require('../../componentB/moduleB');
```

相反，我们可以利用 require() 的解析算法特性（如我们在第 2 章中讨论的），将整个 componentB 目录放到一个包中。将其安装到 node_modules 目录中，我们就可以这样编写代码（从主应用程序包的任何地方）：

```
require('componentB/module');
```

将项目拆分为软件包的第二个原因，当然是可重用性。一个包可以有自己的私有依赖关系，它迫使开发者去考虑暴露什么给主应用程序，而不是保持私有，这有利于整个应用程序的解耦和信息隐藏。

**模式**

使用包作为组织应用程序的方法，而不仅仅是 npm 组合中的分发代码。

上面的例子使用一个包而不仅仅是一个无状态的可重复使用的库（像 npm 上的大多数包），作为特定应用程序的一个组成部分，提供服务，扩展功能，或者修改行为。主要的区别在于这些类型的包被集成在应用程序内部而不仅仅是使用。

为了简单起见，我们将使用术语插件来描述任何包，这意味着它与一个特定的应用程序集成。

后面我们将看到，当决定去支持这种类型的架构时，要面对的问题是将主应用程序的某些部分暴露给插件。事实上，我们不能只考虑无状态的插件，这当然是一个完美的可扩展性的目标，因为有时候插件必须使用其父应用程序的一些服务才能执行任务。这取决于用在父应用程序中的连接模块的技术。

## 扩展点

有无数种方式使应用程序可扩展。例如，我们在第 6 章中讨论的一些设计模式正是为此而设计的。使用代理或者装饰器，我们能够改变或者增强服务的功能；在策略上，我们可以交换部分算法；在中间件上，我们可以在现有管道中插入处理单元。此外，由于可组合性，流可以提供强大的可扩展性。

另一方面，`EventEmitters` 允许我们使用事件和发布/订阅模式来解耦组件。另一个重要的技术是在应用程序中显式定义一些在此可以附加新功能或者修改现有的功能的点，这些点在应用程序中通常被称为钩子。总而言之，支持插件的最重要的因素是一组扩展点。

连接组件的方式也起着决定性的作用，因为其会影响应用程序的服务暴露给插件的方式。在本节中，我们主要讨论这个问题。

## 插件控制与应用程序控制的扩展

在给出一些例子前，我们需要了解要使用的技术背景。扩展应用程序的组件主要有两种方法：

- 显式扩展

- 通过控制反转扩展（IoC）

在第一种情况下，有一个更具体的组件（提供新功能的组件）来显式扩展基础设施；而在第二种情况下，是基础设施通过加载、安装或执行特定组件控制扩展。在第二种情况下，控制流被反转，如下图所示：

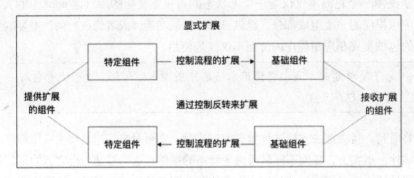

IoC 是一个应用非常广泛的原则，不只应用于应用程序可扩展性问题。事实上，从更普遍的意义上来说，通过实现某种形式的 IoC，而不是控制基础设施的自定义代码，基础设施可以控制自定义代码。使用 IoC，应用程序的各个组件放弃控制流的能力，以换取改进的解耦水平。这也被称为**好莱坞原则（Hollywood principle）**或"不要给我们打电话，我们会给你打电话"。

例如，DI 容器就是将 IoC 原理应用于特定情况依赖管理的示例。观察者模式是将 IoC 应用到状态管理的另一个例子。模板、策略、状态和中间件也是同样的原理，在这里更多的是本地化表现。当将 UI 事件发送到 JavaScript 代码时，浏览器实现 IoC 原则（JavaScript 代码不会主动地轮询浏览器事件）。并且当我们控制各种回调的执行时，Node.js 本身就遵循 IoC 原则。

 要更多地了解 IoC 原则，建议你直接从 Martin Fowler 的文章中研究该主题（`http://martinfowler.com/bliki/InversionOfControl.html`）。

将这个概念应用到插件，可以确定有两种形式的扩展：

- 插件控制的扩展

- 应用程序控制扩展（IoC）

在第一种情况下，是插件插入应用程序组件中来扩展。而在第二种情况下，控制权在应用程序手中，它将插件插到其中一个扩展点。

举一个简单的例子，我们考虑一个插件，它使用一个新的路由来扩展 Express 应用程序。使用插件控制的扩展，代码如下所示：

```
//in the application:
const app = express();
require('thePlugin')(app);

//in the plugin:
module.exports = function plugin(app) {
  app.get('/newRoute', function(req, res) {...})
};
```

相反，如果我们想让应用程序来控制扩展（IoC），则前面的示例将如下所示：

```
//in the application:
const app = express();
const plugin = require('thePlugin')();
app[plugin.method](plugin.route, plugin.handler);

//in the plugin:
module.exports = function plugin() {
  return {
    method: 'get',
    route: '/newRoute',
    handler: function(req, res) {...}
  }
}
```

在后一个代码片段中，我们看到插件在扩展过程中只是一个被动的播放器，控制权在应用程序手中，它实现了接受插件的框架。

基于上述示例，我们可以立即看出两种方法之间的一些重要区别：

- **插件控制扩展**更加强大和灵活，通常我们可以访问应用程序的内部，我们可以自由移动，就像插件实际上是应用程序本身的一部分一样。然而，这有时候可能比责任更重要。实际上，应用程序中的任何改变都会更容易对插件产生影响，需要随着插件的发展而不断更新。

- 应用程序控制扩展需要在主应用程序中使用**插件基础架构**。插件控制扩展唯一的要求是应用程序的组件可以以某种方式扩展。

- 使用插件控制扩展，共享应用程序的内部服务变得至关重要（在上述的例子中，要共享的服务应该是应用程序的实例）。否则，我们将无法扩展它们。使用应用程序控制扩展，可能仍然需要访问应用程序的某些服务，而不是扩展。例如，我们想在我们的插件中查询 db 实例，或者利用主应用程序的日志记录器。

最后一点，我们可以考虑将应用程序的服务暴露给插件的重要性，这是我们主要想探索的。最好的方法是举一个插件控制扩展的实际例子，它在基础设施方面只需要很少的工作，就可以更加地强调使用插件共享应用程序的状态的问题。

# 实现注销插件

下面我们在身份认证服务器上使用一个小插件。使用我们最初创建应用程序的方式，不可能显式地使令牌无效。当它过期时就无效了。现在我们要添加对这个功能的支持，即注销（logout）插件。我们希望不修改应用程序的代码，而将任务委托给外部插件来实现。

为了支持这个新功能，需要在创建数据库之后将每个令牌保存到数据库中，然后在每次需要验证它的时候检查它的存在。要使令牌无效，我们只需要从数据库中删除它即可。

为此，我们将使用插件控件扩展来代理对 authService.login() 和 authService.check-Token() 的调用。然后我们需要使用一个名为 logout() 的新方法来装饰 authService。之后，还要针对主要的 Express 服务器注册一个新的路由来公开一个新的端点（/logout），可以使用 HTTP 请求来验证令牌是否失效。

这个插件有四种不同的变体：

- 使用硬编码依赖
- 使用依赖注入
- 使用服务定位器
- 使用 DI 容器

## 使用硬编码依赖

下面实现插件的第一个变体，该插件包含应用程序使用硬编码的依赖来连接其状态模块的情况。在这种情况下，如果插件存在于 node_modules 目录下的一个包中，为了使用主应用程序的服务，我们必须获得父包的访问权。可以使用两种方式来解决：

- 使用 require() 并使用相对路径或绝对路径导航到应用程序的根目录。
- 使用 require() 模拟父应用程序中的模块，该模块实例化插件。从而我们可以通过 require() 轻松访问应用程序的所有服务，就像它是由父应用程序而不是插件调用的。

第一种技术并不那么健壮，因为它假设包了解主应用程序的位置。不管包是从哪里依赖的，都可以使用模块的模拟模式。这是我们实现下一个示例要使用的技术。

要构建插件，首先需要在 node_modules 目录下创建一个名为 hsrv-plugin-logout 的包。在开始编码之前，需要创建一个最小的 package.json 文件来描述包，只填充必要的参数（文件的完整路径是 node_modules/authsrv-plugin-logout/package.json）：

```json
{
  "name": "authsrv-plugin-logout",
  "version": "0.0.0"
}
```

下面创建插件的主模块，我们将使用 index.js 文件，因为它是 Node.js 尝试加载时需要包的默认模块（如果没有在 package.json 中定义 main 属性）。一如既往，模块的初始行专用于加载依赖。注意我们将如何使用它们（文件 node_modules/authsrv-plugin-logout/index.js）：

```js
const parentRequire = module.parent.require;

const authService = parentRequire('./lib/authService');
const db = parentRequire('./lib/db');
const app = parentRequire('./app');

const tokensDb = db.sublevel('tokens');
```

第一行代码是不同的。我们获得对父模块的 require() 函数的引用，这是一个加载插件的模块。在我们的例子中，父模块将成为主应用程序中的 app 模块，这意味着我们每次使用 parentRequire() 时，就加载一个模块，就像从 app.js 加载一样。

下一步是为 authService.login() 方法创建一个代理。在学习了第 6 章中的设计模式后，我们已经知道它是如何运作的：

```js
const oldLogin = authService.login;                          //[1]
authService.login = (username, password, callback) => {
  oldLogin(username, password, (err, token) => {             //[2]
    if(err) return callback(err);                            //[3]

    tokensDb.put(token, {username: username}, () => {
      callback(null, token);
```

```
  });
 });
}
```

该代码的执行步骤如下：

1. 首先保存对旧的 `login()` 方法的引用，然后使用代理版本来覆盖它。

2. 在代理函数中，通过提供一个自定义的回调来调用原始的 `login()` 方法，这样可以拦截最初的返回值。

3. 如果原始的 `login()` 返回一个错误，只需将它转发回回调函数即可，否则，将令牌保存到数据库中。

同样，需要拦截对 `checkToken()` 的调用，以便可以添加我们的自定义逻辑：

```
const oldCheckToken = authService.checkToken;

authService.checkToken = (token, callback) => {
  tokensDb.get(token, function(err, res) {
    if(err) return callback(err);
    oldCheckToken(token, callback);
  });
}
```

这里，我们首先在将控制权交给 `checkToken()` 方法之前检查令牌是否存在于数据库中。如果没有找到令牌，`get()` 返回一个错误。这意味着我们的令牌无效，于是立即将错误返回给回调函数。

为了完成对 `authService` 的扩展，现在需要一个新方法来装饰它，我们将使用它来使令牌失效：

```
authService.logout = (token, callback) => {
  tokensDb.del(token, callback);
}
```

`logout()` 方法非常简单：我们只是从数据库中删除令牌。

最后，可以为 Express 服务器添加一个新的路由，通过 Web 服务公开新功能：

```
app.get('/logout', (req, res, next) => {
  authService.logout(req.query.token, function() {
    res.status(200).send({ok: true});
```

```
  });
});
```

现在插件已经准备好可以连接到主应用程序了。为此，我们只需要回到应用程序的主目录并编辑 app.js 模块：

```
// ...
let app = module.exports = express();
app.use(bodyParser.json());

require('authsrv-plugin-logout');

app.post('/login', authController.login);
app.all('/checkToken', authController.checkToken);
// ...
```

可以看到，为了附加插件，只需要 require 它。一旦发生这种情况，在应用程序启动期间，流的控制权就交给插件，反过来，扩展 authService 和 app 模块。

现在我们的认证服务器也支持令牌无效。我们创建了一个可重用的方法，应用程序的核心几乎不变，可以轻松地应用代理和装饰器模式来扩展它的功能。

我们尝试再次启动应用程序：

**node app**

然后，可以验证新的 /layout Web 服务实际存在并如预期工作。使用curl，可以尝试使用 /login 获取一个新令牌：

**curl -X POST -d '{"username": "alice", "password":"secret"}'**
**http://localhost:3000/login -H "Content-Type: application/json"**

然后，可以使用 /checkToken 检查令牌是否失效：

**curl -X GET -H "Accept: application/json"**
**http://localhost:3000/checkToken?token=<TOKEN HERE>**

然后，可以将令牌传递到 /logout 端点使其失效。使用 curl，可以通过这样的命令来完成：

**curl -X GET -H "Accept: application/json"**
**http://localhost:3000/logout?token=<TOKEN HERE>**

现在，如果我们再次检查令牌的有效性，应该得到一个否定的响应，由此确认我们的插件工作得很好。

即使是一个小插件，基于插件扩展的优点也是显而易见的。我们还学习了如何使用模块模拟从另一个包中获取主应用程序的服务。

 模块模拟模式被不少的 NodeBB 插件使用。你可以查看几个例子，以便了解如何在实际应用程序中使用它。下面都是一些著名的例子的链接：

nodebb-plugin-poll: https://github.com/Schamper/nodebb-plugin-poll/blob/b4a46561aff279e19c23b7c635fda5037c534b84/lib/nodebb.js

nodebb-plugin-mentions: https://github.com/julianlam/nodebb-plugin-mentions/blob/9638118fa7e06a05ceb24eb521427440abd0dd8a/library.js#L4-13

模拟模块模式当然是一种硬编码依赖的形式，也具有硬编码依赖的优缺点。一方面，它允许使用最小的基础设施轻松地访问主应用程序的任何服务，但从另一方面来说，它制造了紧耦合，不仅与服务的特定实例耦合，也与它的位置耦合，这更容易将插件暴露在对主应用程序的修改和重构中。

## 使用服务定位器公开服务

与模拟模块类似，如果我们想要将应用程序的所有组件公开到它的插件中，服务定位器也是一个不错的选择，但是除此之外，它还有一个主要的优势，就是插件可以使用服务定位器来向应用程序甚至其他插件公开自己的服务。

下面我们使用服务定位器再次重构注销插件。我们将在 node_modules/authsrv-plugin-logout/index.js 文件中重构插件的主模块：

```
module.exports = (serviceLocator) => {
  const authService = serviceLocator.get('authService');
  const db = serviceLocator.get('db');
  const app = serviceLocator.get('app');

  const tokensDb = db.sublevel('tokens');

  const oldLogin = authService.login;
  authService.login = (username, password, callback) => {
    //...same as in the previous version
  }

  const oldCheckToken = authService.checkToken;
```

```
authService.checkToken = (token, callback) => {
  //...same as in the previous version
}

authService.logout = (token, callback) => {
  //...same as in the previous version
}

app.get('/logout', (req, res, next) => {
  //...same as in the previous version
});
};
```

现在我们的插件接收父应用程序的服务定位器作为输入，它可以根据需要访问应用程序的任何服务。这意味着应用程序不必提前知道插件需要的依赖关系，这在实现插件控制扩展时无疑是个很大的优势。

下一步是从主应用程序执行插件，为此，必须修改 app.js 模块。我们将使用基于服务定位器模式的认证服务器。所需的更改如以下代码所示：

```
// ...
const svcLoc = require('./lib/serviceLocator')();
svcLoc.register(...);
// ...

svcLoc.register('app', app);
const plugin = require('authsrv-plugin-logout');
plugin(svcLoc);

// ...
```

在上面的代码中已经高亮显示了变化的部分。这些变化使我们能够：

- 在服务定位器中注册 app 模块本身，因为插件可能会访问它。
- require 插件。
- 提供服务定位器作为参数来调用插件的主要功能。

正如我们已经讲过的，服务定位器的主要优点是它提供了一种将应用程序的所有服务暴露给插件的简单方法，但它也可以提供从插件将共享服务返回到父应用程序甚至其他插件的机制。最后还可以考虑的是基于插件的可扩展的上下文中服务定位器模式的主要优势。

## 使用 DI 公开服务

使用 DI 将服务传播到插件与在应用程序中使用它一样简单。如果它已经是父应用程序中连接依赖的主要方法，那么这几乎必不可少，但是当依赖管理的形式是硬编码依赖或服务定位器时，使用它势在必行。当我们想要支持应用程序控制扩展时，DI 也是一个理想的选择，因为它可以更好地控制与插件共享的内容。

为了测试以上所说，下面我们立即尝试重新使用 DI 来重构注销插件。所需的更改很少，我们从插件的主模块 (node_modules/authsrv-plugin-logout/index.js) 开始：

```
module.exports = (app, authService, db) => {
  const tokensDb = db.sublevel('tokens');

  const oldLogin = authService.login;
  authService.login = (username, password, callback) => {
    //...same as in the previous version
  }

  let oldCheckToken = authService.checkToken;
  authService.checkToken = (token, callback) => {
    //...same as in the previous version
  }

  authService.logout = (token, callback) => {
    //...same as in the previous version
  }

  app.get('/logout', (req, res, next) => {
    //...same as in the previous version
  });
};
```

以上代码所做的就是将插件代码封装成一个工厂，它接收父应用程序的服务作为输入。其余的部分保持不变。

为了完成重构，也需要改变从父应用程序附加插件的方式。接下来我们在 app.js 模块中更改需要插件的一行：

```
// ...
const plugin = require('authsrv-plugin-logout');
plugin(app, authService, authController, db);
// ...
```

这里故意没有显示如何获得这些依赖。事实上，并没有什么不同，任何方法都会同样地工作。你可能会使用硬编码的依赖或者从工厂或服务定位器中获取实例，这并不重要。这证明了 DI 是一种灵活的模式，当连接插件时，无论我们在父应用程序中连接服务的方式如何都可以使用它。

但是差别是更深层次的。DI 绝对是为插件提供一套服务的最干净的方法，但最重要的是，它对暴露什么提供了更好的控制水平，从而可以获得更好的信息隐藏效果和提供更好的防止过度侵略扩展的保护。然而，这也可以被认为是一个缺点，因为主应用程序不能总是知道插件需要什么服务，所以我们最终要注入每项服务，这是不切实际的，或者只是注入一部分服务，例如，只注入父应用程序的基本核心服务。因此，如果我们想要支持插件控制的可扩展性，DI 并不是理想的选择。然而，使用 DI 容器可以很容易地解决这些问题。

 Grunt (http://gruntjs.com) 是 Node.js 的任务运行器，它使用 DI 为每个插件提供核心 Grunt 服务的实例。每个插件都可以通过添加新任务，使用它来获取配置参数或运行其他任务来扩展 Grunt。Grunt 插件示例如下：

```
module.exports = function(grunt) {
  grunt.registerMultiTask('taskName', 'description',
  function(...) {...}
  );
};
```

## 使用 DI 容器公开服务

以前面的例子为基础，我们可以使用 DI 容器连接插件。对 app 模块做一个小的修改即可，如以下代码所示：

```
// ...
const diContainer = require('./lib/diContainer')();
diContainer.register(...);
// ...
//initialize the plugin
diContainer.inject(require('authsrv-plugin-logout'));
```

```
// ...
```

在注册工厂或者应用程序实例之后，我们所要做的就是通过使用 DI 容器注入其依赖来实例
化插件。这样，每个插件都可能需要一套自己的依赖，而父应用程序不需要知道。所有的连
接都由 DI 容器自动进行。

使用 DI 容器也意味着每个插件可以访问应用程序的任何服务，从而减少信息隐藏和控制可
以使用或扩展的内容。这个问题的一个可能解决方案是创建一个单独的 DI 容器，只注册想
要暴露给插件的服务，这样，我们就可以控制每个插件可以看到的主应用程序。这表明，DI
容器在封装和信息隐藏方面也是一个非常好的选择。

这就是我们最后重构的注销插件和认证服务器。

# 总结

依赖连接当然是软件工程中最有偏见的主题之一，但是在本章中，我们尽可能客观地分析最
重要的一些连接模式。我们梳理了一些关于单例对象和 Node.js 中的实例最常见的疑问，学
习了如何使用硬编码的依赖（DI）和服务定位器连接模块。同时我们练习了实现身份验证服
务器的每种技术，由此我们能够明辨每种方法的优缺点。

在本章的第 2 节中，我们了解了应用程序如何支持插件，最重要的是，我们如何将这些插件
连接到主应用程序中。我们在本章的第 1 节中用了相同的技术，但是从另一个角度对其进行
分析。我们体会到了插件能够访问主应用程序的正确服务有多重要，可能会影响其功能。

在本章后面，对于应用程序我们从解耦水平、可重用性和简单性方面考虑来选择一个最佳方
案，这应该不难。也可以考虑在同一个应用程序中使用多种模式。例如，可以使用硬编码的
依赖作为主要技术，然后在连接插件时使用定位服务器。我们现在可以做的事情真的没有限
制，因为我们知道每种方法的最佳用例。

到目前为止，我们的分析主要集中在高度通用和可定制的模式上，从下一章开始，我们将会
解决更具体的技术问题，例如探讨解决 CPU 绑定任务、异步缓存和与浏览器共享代码等有
关问题的具体方法。

# 第 8 章

# 通用 JavaScript 的 Web 应用程序

JavaScript 诞生于 1995 年，它最初的目的是为 Web 开发人员提供能够直接在浏览器中执行的代码，并构建动态和交互的网站。

随后，JavaScript 飞速发展，今天它是世界上最著名和使用最广泛的语言之一。如果一开始 JavaScript 是一种非常简单和有限的语言，那么今天它可以被认为是一种完整的通用语言，甚至可以在浏览器之外构建几乎任何类型的应用程序。事实上，JavaScript 现在为前端应用程序，Web 服务器和移动端应用程序，以及嵌入式设备，如可穿戴设备、恒温器和飞行无人机提供支持。

这种跨平台和设备的特性使 JavaScript 开发人员中出现了一种新趋势，就是简化同一项目中不同环境的代码重用。和 Node.js 相关的最具意义的案例是，它可以在服务器（后端）和浏览器（前端）之间轻松地共享代码。这种对代码的重用最初被称为**同构（Isomorphic）JavaScript**，但现在被广泛称为**通用 JavaScript**。

在本章中，我们将深入了解通用 JavaScript，特别是在 Web 开发领域，发掘一些工具和技术，以便能够在服务器和浏览器之间共享大部分代码。

我们将学习如何在服务器和客户端上共用模块，使用 **Webpack** 和 **Babel** 等工具为浏览器打包。采用 React 库和其他著名模块构建 Web 界面，并与前端共享 Web 服务器的状态。最后将讨论一些有趣的解决方案，并学会在我们的应用程序中实现通用路由和通用数据检索。

在本章最后，我们应该能够编写 React 版本的**单页面应用（SPA）**，该应用程序可以重用 Node.js 服务器中已经有的大多数代码，从而使应用程序保持一致，易于理解和维护。

# 与浏览器端共享代码

Node.js 的主要卖点之一是它基于 JavaScript 并运行在 V8 引擎上，该引擎支持最流行的浏览器：Chrome。你可能会因此得出结论，在 Node.js 和浏览器之间共享代码是一件容易的事情。然而事实并非如此，除非只共享一些小的独立的和通用的代码片段。开发客户端和服务器端代码需要花费很多精力，来确保相同的代码可以在两个本质不同的环境中正常运行。例如，在 Node.js 中，没有 DOM 或长存视图，而在浏览器中我们肯定没有文件系统或启动新进程的能力。此外，需要考虑可以安全地使用 Node.js 中的许多 ES2015 的特性。我们不能在浏览器中执行相同操作，因为大多数浏览器仍然停留在 ES5，并且在浏览器没有普遍支持 ES2015之前，在客户端运行 ES5 代码仍然是较长时间内最安全的做法。

因此，为两个平台开发，主要的精力是确保将这些差异降到最小。通过使用抽象和模式，使应用程序能够在浏览器兼容的代码之间动态或构建时切换。

幸运的是，随着这种新想法的兴起，生态系统中的许多库和框架已经开始支持这两种环境了。这种演变也使越来越多的工具支持这种新的工作流，并且多年来一直在改进和完善。这意味着，如果我们在 Node.js 上使用 npm 包，那么很有可能它在浏览器上也能无缝工作。然而，这通常不足以保证我们的应用程序可以在浏览器和 Node.js 上运行而不出问题。正如我们所看到的，在开发跨平台代码时总是需要仔细设计。

这一节，我们将探讨在 Node.js 和浏览器端编写代码时可能遇到的基本问题，本书将提出一些工具和模式，以帮助大家应对这令人兴奋的新挑战。

## 共享模块

要在浏览器和服务器之间共享代码，第一个难题是 Node.js 和浏览器中使用的模块系统不匹配。另一个问题是，在浏览器中，我们没有一个 require() 函数或可以用于解析模块的文件系统。因此，如果要编写可以在两个平台上工作的代码，并且希望继续使用 CommonJS 模块系统，则需要做一些额外的工作，需要使用一个工具来帮助我们将所有的依赖捆绑在一起，并在浏览器上抽象 require() 机制。

### 通用模块定义

在 Node.js 中，我们知道，CommonJS 模块是组件之间建立依赖关系的默认机制。浏览器领域中不好的一点是更分散：

---

- 可能有一个没有模块系统的环境，这意味着全局变量是访问其他模块的主要机制。

- 可能有一个基于**异步模块定义**（Asynchronous Module Definition，AMD）加载器的环境，例如，RequireJS(http://requirejs.org)。

- 可能有一个抽象 CommonJS 模块系统的环境。

幸运的是，有一种叫作**通用模块定义**（**Universal Module Definition**，**UMD**）的模式，可以帮助我们在环境中使用模块系统抽象代码。

### 创建 UMD 模块

UMD 还不是很标准化，所以可能依据组件及其必须支持的模块系统的需求有许多变化。然而，有一种形式可能是最受欢迎的，也支持最常见的模块系统，如 AMD、CommonJS 和浏览器全局变量。

我们看一个简单的例子。在一个新项目中，创建一个名为 umdModule.js 的新模块：

```
(function(root, factory) {                          // [1]
  if(typeof define === 'function' && define.amd) {    //[2]
    define(['mustache'], factory);
  } else if(typeof module === 'object' && typeof module.exports === '
    object') {    //[3]
    var mustache = require('mustache');
    module.exports = factory(mustache);
  } else {        //[4]
    root.UmdModule = factory(root.Mustache);
  }
}(this, function(mustache) {              //[5]
  var template = '<h1>Hello <i>{{name}}</i></h1>';
  mustache.parse(template);
  return {
    sayHello:function(toWhom) {
      return mustache.render(template, {name: toWhom});
    }
  };
}));
```

该示例中定义了一个具有外部依赖的简单模块：mustache(http://mustache.github.io)，它是一个简单的模板引擎。前导 UMD 模块的最终产品是 sayHello() 方法的对象，该方法将渲染 mustache 模板并返回给调用者。UMD 的目标是整合模块与环境中其他可用的模块系统。它的工作原理如下：

1. 所有的代码都包含在一个匿名的自执行函数中，这非常类似我们在第 2 章中看到的 **Revealing Module** 模式。该函数接受系统上可用的全局命名空间的根对象（例如，浏览器上的 window 对象）作为参数。这主要是为了将依赖注册为全局变量，稍后我们将看到。第二个参数是模块的 factory() 方法，一个返回模块实例并接受其依赖作为输入的函数（依赖注入）。

2. 我们要做的第一件事情是检查 AMD 是否在系统上可用。可以通过验证 define 函数及其 amd 标志的存在来做到这一点。如果找到了，意味着我们在系统上有一个 AMD 加载器，所以继续使用 define 注册我们的模块，并要求依赖 mustache 注入到 factory() 中。

3. 然后检查 module 和 module.exports 对象来判断是否处在 Node.js 风格的 CommonJS 环境中。如果是这样，使用 require() 加载器的依赖，并将它们提供给 factory()。然后将返回值赋给 module.exports。

4. 最后，如果没有 AMD 或 CommonJS，继续使用根对象将模块赋给全局变量，在浏览器环境中通常是 window 对象。此外，这里可以看到，Mustache 的依赖是如何导出到全局范围的。

5. 作为最后一步，包装函数是自调用的，提供 this 对象作为 root（在浏览器中，是 window 对象），并提供模块工厂作为第二个参数。这里可以看到工厂如何接受其依赖作为参数。

还需要强调的是，在模块中，没有使用任何 ES2015 的特性。这是为了保证即使是浏览器中的代码也能运行良好，无须任何修改。

现在，我们看看如何在 Node.js 和浏览器中使用这个 UMD 模块。

首先，创建一个新的 testServer.js 文件：

```
const umdModule = require('./umdModule');
console.log(umdModule.sayHello('Server!'));
```

如果执行这个脚本，它将输出以下内容：

**&lt;h1&gt;Hello &lt;i&gt;Server!&lt;/i&gt;&lt;/h1&gt;**

如果想在客户端上使用新模块，可以创建一个包含以下内容的 testBrowser.html 页面：

```
<html>
  <head>
```

```
    <script src="node_modules/mustache/mustache.js"></script>
    <script src="umdModule.js"></script>
  </head>
  <body>
    <div id="main"></div>
    <script>
      document.getElementById('main').innerHTML = UmdModule.sayHello('
          Browser!');
    </script>
  </body>
</html>
```

该代码将创建一个页面，其中较大的 **Hello Browser!** 作为页面的标题。

这里发生的事情是，将依赖（`mustache` 和我们的 `umdModule`）作为页面头部的常规脚本，然后使用 `UmdModule`（在浏览器中作为全局变量）创建一个小的内联脚本，生成一些 HTML 代码，放置在main块内。

 在 Packt Publishing 网站上本书的代码示例中，你可以找到其他示例，那些示例演示了 UMD 模块如何与 AMD 加载器和 CommonJS 系统结合使用。

### 关于 UMD 模式的注意事项

UMD 模式是一种简单而有效的技术，用于创建一个模块来兼容最流行的模块系统。然而，我们已经看到，它需要大量的样板，这些样板很难在每个环境中测试，不可避免地会出错。这意味着手动编写 UMD 样版文件对于包装已经开发和测试的单个模块是有意义的。从头开始写一个新模块，这不能是一种习惯，不可行也是不切实际的，所以在这种情况下，最好将任务留给可以帮助我们设计自动化流程的工具。其中一个工具是 Webpack，我们将在本章中使用它。

这里还应该注意的是，模块系统不是只有 AMD、CommonJS 和浏览器全局变量。本书提供的模式将覆盖大多数用例，但需要调整它以支持任何其他模块系统。例如，下一节要讨论的 ES2015 模块规范，它提供了许多其他解决方案没有的优点，并且已经成为新的 ECMAScript 标准的一部分（写作本书时它在 Node.js 中还没有得到支持）。

 可以在 https://github.com/umdjs/umd 中找到一个使用广泛的形式化的 UMD 模式列表。

### ES2015 模块

ES2015 规范中引入了一个新特性：**内置模块系统（built-in module system）**。这是我们第一次在本书中遇到它，但是遗憾的是，在编写本书时，ES2015 模块在 Node.js 中仍然不被支持。

我们不会在这里详细描述这个新特性，但了解它是很有必要的，因为它将可能成为未来的模块语法。除了作为标准之外，ES2015 模块还引入了更好的语法和一些优于其他模块系统的新特性。

ES2015 模块的目标是充分利用 CommonJS 和 AMD 模块：

- 像 CommonJS 一样，此规范提供了一种紧凑的语法，来支持单个导出以及循环依赖。
- 像 AMD 一样，它提供了对异步加载和配置加载模块的直接支持。

此外，由于是声明性语法，可以使用静态分析器来执行静态检查和优化等任务。例如，可以分析脚本的依赖树并为浏览器创建捆绑文件，其中导入的模块中所有未使用的功能将被剥离，从而在客户端上提供更紧凑的文件以减少加载时间。

 要了解有关 ES2015 模块语法的更多信息，你可以查看 ES2015 规范：`http://www.ecma-international.org/ecma-262/6.0/#sec-scripts-and-modules`。

现在，我们可以在 Node.js 中使用新的模块语法，但要使用一个转换器，如 Babel。许多开发者都力推它，同时也提出自己的解决方案来构建通用的 JavaScript 应用程序。一个好主意有待未来验证，这个特性已经被标准化，并且最终将成为 Node.js 内核的一部分。为了简单起见，我们在本章中坚持使用 CommonJS 的语法。

## Webpack 简介

当我们在编写一个 Node.js 应用程序时，要做的最后一件事情是手动添加对不同于平台默认提供的模块系统的支持。理想的情况将是继续使用 `require()` 和 `module.exports` 编写我们的模块，然后使用工具将我们的代码转换为可以在浏览器中轻松运行的软件包。幸运的是，这个问题已经被许多项目解决了，其中最受欢迎和被广泛采用的是 Webpack（`https://webpack.github.io`）。

Webpack 允许我们使用 Node.js 模块约定编写模块，然后，由于编译步骤的需要，它创建了一个包（所有的 JavaScript 文件），其中包含我们的模块在浏览器中工作所需的所有依赖项（包括一个抽象的 `require()` 函数）。该包可以很容易地在浏览器中执行。Webpack 递归扫描我们的源码，并查找 require() 函数的引用，然后将引用的模块包含包中。

 Webpack 不是我们使用 Node.js 模块创建浏览器包的唯一工具。其他流行的替代品有 Browserify（http://browserify.org）、RollupJs（http://rollupjs.org）和 Webmake（https://npmjs.org/package/webmake）。此外，require.js 允许我们为客户端和 Node.js 创建模块，但它使用 AMD 而不是 CommonJS（http://requirejs.org/docs/node.html）。

## Webpack 的魔力

为了演示 Webpack 是如何工作的，下面我们使用 Webpack 来创建 umdModule。首先，需要安装 Webpack。可以使用下面这个简单的命令：

```
npm install webpack -g
```

-g 选项告诉 npm 在全局安装 Webpack，以便我们可以使用控制台中的一个简单命令访问它，稍后我们会使用该命令。

接下来，我们创建一个新项目，尝试构建一个等同于 umdModule 的模块。如果必须在 Node.js（文件 sayHello.js）中实现它，它应该如下所示：

```
var mustache = require('mustache');
var template = '<h1>Hello <i>{{name}}</i></h1>';
mustache.parse(template);
module.exports.sayHello = function(toWhom) {
  return mustache.render(template, {name: toWhom});
};
```

比 UMD 模式更简单吧。现在，我们来创建一个名为 main.js 的文件，即浏览器代码的入口点：

```
window.addEventListener('load', function(){
  var sayHello = require('./sayHello').sayHello;
  var hello = sayHello(Browser!');
  var body = document.getElementsByTagName("body")[0];
  body.innerHTML = hello;
});
```

在上面的代码中，我们 require sayHello 模块的方式和在 Node.js 中完全相同，所以使用一个简单的 require() 方法来完成这项工作，而不用担心如何来管理依赖或配置路径。

接下来，确保在项目中安装了 mustache：

```
npm install mustache
```

下面到了神奇的一步。在终端中，运行以下命令：

```
webpack main.js bundle.js
```

该命令将编译主模块和所有必需的依赖捆绑到一个名为 bundle.js 的单个文件中，现在可以在浏览器中使用它了！

为了快速测试这个模式，我们创建一个名为 magic.html 的 HTML 页面，其中包含以下代码：

```html
<html>
  <head>
    <title>Webpack magic</title>
    <script src="bundle.js"></script>
  </head>
  <body>
  </body>
</html>
```

这足以在浏览器中运行我们的代码。尝试打开页面，来看一看。

 在开发的过程中，我们不想在对源代码做任何更改时手动运行 Webpack。我们想要的是一个自动机制，当我们的源码变化时，自动重新生成内容。为此，可以在运行 Webpack 命令的时候使用 --watch 选项。这个选项将保持 Webpack 连续运行，并且每次相关源文件被更改时，都会重新编译软件包。

# Webpack 的优点

Webpack 的魔力并不限于此。下面是一个 Webpack 的（不完整的）功能列表，用来实现更简单和无缝地与浏览器共享代码：

- Webpack 自动提供许多与浏览器兼容的 Node.js 核心模块版本。这意味着我们可以在浏览器中使用诸如 http、assert 或 eveents 等模块！

   不支持 fs 模块。

- 如果我们有一个与浏览器不兼容的模块，可以将其从构建中排除，或者使用空对象替换，或者使用另一个与浏览器兼容的模块实现替换它。这是一个很重要的功能，我们将会在后面的例子中看到它。

- Webpack 可以为不同的模块生成包。

- Webpack 允许我们使用第三方**加载器**和**插件**对源文件执行额外的处理。几乎所有的加载器和插件都可能需要由 CoffeeScript、TypeScript 或 ES2015 编译，以支持加载 AMD、Bower (`http://bower.io`) 和 Component (`http://component.github.io`) 包来使用 `require()`，以及压缩、编译和捆绑其他资源（如模块和样式表）。

- 我们可以轻松地从任务管理器调用 Webpack，例如 Gulp (`https://npmjs.com/package/gulp-webpack`) 和 Grunt (`https://npmjs.org/package/grunt-webpack`)。

- Webpack 允许我们管理和预处理所有的项目资源，而不仅仅是 JavaScript 文件，以及样式表、图片、字体和模板。

- 还可以配置 Webpack 来拆分依赖关系树并将其组织成不同的块，当浏览器需要它们时，可以根据需要加载它们。

Webpack 的功能和灵活性如此迷人，使得许多开发人员开始使用它管理客户端代码。许多客户端库开始默认支持 CommonJS 和 npm，因此会出现一些新的或有趣的场景。例如，可以如下安装 jQuery：

```
npm install jquery
```

然后，可以用一行简单的代码将它加载到代码中：

```
const $ = require('jquery');
```

你将会惊奇地发现很多客户端开始支持 CommonJS 和 Webpack。

## 使用 ES2015 和 Webpack

如上所述，Webpack 的一个主要优点是能够在绑定前使用加载器和插件来转换源代码。

在本书中，我们一直在使用 ES2015 标准提供的许多新特性，即使在一个通用 JavaScript 应用程序中，我们也希望继续使用它。本节我们将了解如何利用 Webpack 的加载功能，在我们的源模块中使用 ES2015 语法重写前面的示例。通过正确的配置，Webpack 会将结果代码转换到 ES5，以确保与所有当前可用浏览器的最大兼容性。

首先，我们将模块移动到一个新的 `src` 文件夹。这样更容易组织代码，并将编译代码与原始源代码分开。这种分离也使我们更容易正确配置 Webpack，并简化从命令行调用 Webpack 的方式。

下面我们重写模块。src/sayHello.js 的 ES2015 版本看起来像这样：

```
const mustache = require('mustache');
const template = '<h1>Hello <i>{{name}}</i></h1>';
mustache.parse(template);
module.exports.sayHello = toWhom => {
  return mustache.render(template, {name: toWhom});
};
```

注意，这里使用了 const、let 和箭头函数语法。

现在可以将 src/main.js 文件更新为 ES2015 版。可以重写如下 src/main.js 文件：

```
window.addEventListener('load', () => {
  const sayHello = require('./sayHello').sayHello;
  const hello = sayHello('Browser!');
  const body = document.getElementsByTagName("body")[0];
  body.innerHTML = hello;
});
```

下面我们定义 webpack.config.js 文件：

```
const path = require('path');

module.exports = {
  entry: path.join(__dirname, "src", "main.js"),
  output: {
    path: path.join(__dirname, "dist"),
    filename: "bundle.js"
  },
  module: {
    loaders: [
      {
        test: path.join(__dirname, "src"),
        loader: 'babel-loader',
        query: {
          presets: ['es2015']
        }
      }
    ]
```

```
        }
    };
```

该文件是一个模块，用于导出配置对象，当我们从命令行调用它而没有提供任何参数时，Webpack 将读取该配置对象。

在配置对象中，将入口文件定义为 `src/main.js`，并将包文件的目的地指定为 `dist/bundle.js`。

这部分内容较简单，现在我们来看看加载器数组。这个可选数组允许我们指定一组加载器，它们可以在 Webpack 构建包文件时改变源文件的内容。这里的想法是每个加载器代表一个特定的转换（在这种情况下，使用 `babel-loader` 将 ES2015 转换到 ES5），这仅适用于当前源文件与加载器中特定 `test` 表达式匹配的情况。在这个例子中，我们告诉 Webpack 对来自 `src` 文件夹的所有文件使用 `babel-loader`，并应用 es2015 预设作为 Babel 选项。

准备工作做好了。运行 Webpack 之前唯一缺少的步骤是使用以下命令安装 Babel 和 eS2015 预设：

```
npm install babel-core babel-loader babel-preset-es2015
```

现在，为了生成包，可以简单地运行 webpack：

```
webpack
```

记得在 `magic.html` 文件中引用新的 `dist/bundle.js`。现在应该能够在浏览器中打开它，并会看到一切正常工作。

如果你很好奇，可以阅读新生成的包文件的内容，你将会发现，所有在源文件中使用的 ES2015 功能已经被转换为 ES5 中等效的代码，这些代码在市面上的每个浏览器中都可以执行得很好。

# 跨平台开发基础

在为不同的平台开发时，我们必须要面对的最常见的问题是共享组件的公共部分，同时为具体平台的细节部分提供不同的实现。下面我们将探讨在面对这一挑战时使用的一些原则和模式。

## 运行时代码分支

基于主机平台提供不同实现最简单和最直观的技术是动态将代码进行分支。为此我们需要有一个机制在运行时识别主机平台，然后使用 `if...else` 语句动态切换实现。有一些通用的方法，可以检查全局变量是否仅在 Node.js 或浏览器中可用。例如，我们可以检查全局 `window` 对象的存在：

```
if(typeof window !== "undefined" && window.document) {
  //client side code
  console.log('Hey browser!');
} else {
  //Node.js code
  console.log('Hey Node.js!');
}
```

使用运行时分支方法在 Node.js 和浏览器之间切换绝对是最直观和最简单的模式，但是，该模式仍然有一些不足之处：

- 两个平台的代码包含在同一个模块中，因此在最终的软件包中，一些无关的代码增加了其大小。

- 如果使用过于广泛，则可能大大降低代码的可读性，因为业务逻辑将与仅用来添加跨平台兼容性的逻辑混合。

- 使用动态分支根据平台加载不同的模块将导致所有模块被添加到最终的软件包中，无论目标平台是什么。例如，考虑下面的代码片段，clientModule 和 serverModule 都将被包含在使用 Webpack 生成的包中，除非从构建中显式地排除掉它：

  ```
  if(typeof window !== "undefined" && window.document) {
    require('clientModule');
  } else {
    require('serverModule');
  }
  ```

最后，捆绑程序在构建时无法确切地知道运行时变量的值（除非变量是常量），所以它们包括任何模块，无论它们的代码是否可访问。

这造成的结果是动态使用变量所需的模块不包含在包中。例如，在下面的代码中，不会捆绑任何模块：

---

```
moduleList.forEach(function(module) {
  require(module);
});
```

这里要强调的是，Webpack 克服了这些限制，在某些特定情况下，它能够猜测动态情况下所需模块。例如，如果你有一段代码，如下所示：

```
function getController(controllerName) {
  return require("./controller/" + controllerName);
}
```

它将所有的模块都放在 controller 文件夹中。

强烈建议查看官方文档以了解所有支持情况。

# 构建时代码分支

这一节，我们将介绍如何使用 Webpack 在构建时删除所有我们只想在服务器中使用的代码。这样我们可以获得轻量级的包文件，并避免意外暴露本该只存在于服务器上的敏感代码。

除了加载器之外，Webpack 还提供对插件的支持，这允许我们扩展构建包文件的处理管道。要在构建时进行代码分支，可以使用两个内置插件的管道，称为 DefinePlugin 和 UglifyJsPlugin。

DefinePlugin 可以用于使用自定义代码或变量替换源文件中的特定代码。相反，Uglify-JsPlugin 允许我们压缩生成的代码并删除不可访问的语句（死代码）。

下面我们看一个实际的例子，以便更好地理解这些概念。假设在 main.js 文件中有以下内容：

```
if (typeof __BROWSER__ !== "undefined") {
  console.log('Hey browser!');
} else {
  console.log('Hey Node.js!');
}
```

然后，定义如下的 webpack.config.js 文件：

```
const path = require('path');
const webpack = require('webpack');
```

```
const definePlugin = new webpack.DefinePlugin({
  "__BROWSER__": "true"
});

const uglifyJsPlugin = new webpack.optimize.UglifyJsPlugin({
  beautify: true,
  dead_code: true
});

module.exports = {
  entry: path.join(__dirname, "src", "main.js"),
  output: {
    path: path.join(__dirname, "dist"),
    filename: "bundle.js"
  },
  plugins: [definePlugin, uglifyJsPlugin]
};
```

上面代码最重要的部分是两个插件的定义和配置。

第一个插件DefinePlugin，允许我们用动态代码或常量值替换源代码的特定部分。它的配置方式有点复杂，但这个例子能帮助我们理解它的工作原理。在这种情况下，我们将配置插件来查找代码中所有出现的 __BROWSER__ ，并将其替换为 true。配置对象中的每个值（在本例中，"true" 作为字符串而非布尔值）表示一段代码，将在构建时对其进行评估，然后用来替换当前匹配的代码段。这允许我们把外部动态值包含在压缩文件中，例如环境变量的内容，当前时间戳或最后一个 git 提交的哈希值。在替换 __BROWSER__ 后，第一个 if 表达式看起来像 if (true !== "undefined") 的形式，但是 Webpack 有足够的智能来理解这个表达式总是被计算为 true，因此它再次将结果代码转换为 if(true)。

相反，第二个插件（UglifyJsPlugin）使用 UglifyJs (https://github.com/mishoo/UglifyJS）来混淆和压缩包文件中的 JavaScript 代码。通过插件提供的 dead_code 选项，UglifyJs 能够删除所有无用的代码，因此当前处理代码如下所示：

```
if (true) {
  console.log('Hey browser!');
} else {
  console.log('Hey Node.js!');
}
```

其可以很容易地被转换为：

```
console.log('Hey browser!');
```

beautify: true 选项用于避免删除所有的缩进和空格，便于你好奇的时候去读生成后的包文件。创建生产包时，最好避免指定这个选项，其值默认为 false。

 除了本书可以下载的示例代码外，你还可以看到另一个例子，该示例将演示如何使用 Webpack DefinePlugin 来替换动态变量和特定常量，例如包生成的时间戳、当前用户和当前的操作系统。

即使这种技术比运行时代码分支更好，因为它生成更精简的包文件，但是滥用它仍可以使我们的源代码变得烦琐。你也不想让你的服务器代码在你的应用程序的浏览器代码分支中声明，对吧?

## 模块交换

大多数时候，我们知道在构建时什么代码必须包含在客户端包中，什么不应该。这意味着我们可以预先做出这个决定，并让打包程序在构建时替换这个模块的实现。这样通常会生成一个更精简的软件包，因为我们排除了不必要的模块，代码更易读，而且没有运行时和构建时分支所需的 if..else 语句。

我们来看一个非常简单的例子，看看它是如何使用 Webpack 进行模块交换的。

构建一个可以导出 alert 函数的模块，该函数只显示一个报警信息。我们将有两种不同的实现，一个用于服务器，一个用于浏览器。我们先从 alertServer.js 开始：

```
module.exports = console.log;
```

然后是 alertBrowser.js 文件：

```
module.exports = alert;
```

代码超级简单。可以说，我们只是使用服务器中默认的 console.log 方法和浏览器中的 alert 方法。它们都接受一个字符串作为参数，但第一个字符串输出在控制台中，而第二个则显示在浏览器窗口中。

我们来编写通用的 main.js 代码，默认情况下，它使用服务器的模块：

```
const alert = require('./alertServer');
alert('Morning comes whether you set the alarm or not!');
```

这里并有什么特殊的，只是导入 alert 模块并使用它。执行：

**node main.js**

其将会在控制台中输出 Morning comes whether you set the alarm or not!

现在重要的部分来了，要为浏览器创建软件包，我们来看看 webpack.config.js 应该如何使用 alertBrowser 来交换 alertServer：

```
const path = require('path');
const webpack = require('webpack');

const moduleReplacementPlugin = new webpack.NormalModuleReplacementPlugin
    (/alertServer.js$/, './alertBrowser.js');

module.exports = {
  entry:  path.join(__dirname, "src", "main.js"),
  output: {
    path: path.join(__dirname, "dist"),
    filename: "bundle.js"
  },
  plugins: [moduleReplacementPlugin]
};
```

这里使用了 NormalModuleReplacementPlugin，它接受两个参数：第一个参数是正则表达式，第二个参数是表示资源路径的字符串。在构建时，如果资源匹配给定的正则表达式，则它将被替换为第二个参数中提供的值。

在这个例子中，我们提供了一个正则表达式，用于匹配 alertServer 模块，并用 alert-Browser 替换它。

 注意，在这个例子中我们使用了 const 关键字，但是为了简单起见，并没有配置将 ES2015 代码转换为 ES5 的功能，因此在当前的配置中，结果代码可能在旧浏览器中不能运行。

当然，我们也可以使用相同的交换技术，从 npm 的外部模块获取。下面我们修改刚才的例子，看看如何与模块交换一起使用一个或多个外部模块。

现在已经没有理由来使用 alert 功能了。这个功能实际上在浏览器中的显示非常糟糕，它阻塞浏览器直到用户将其关闭。使用一个好看的弹出框来显示警告信息会更好一些。在 npm 上有许多库提供此功能，其中一个是 toastr (https://npmjs.com/package/toastr)，该库提供了一个非常简单的编程接口和令人舒适的观感。

toastr 依赖 jQuery，所以我们需要做的第一件事情是安装它们：

**npm install jQuery toastr**

现在我们可以使用 toastr 来重写 alertBrowser 模块，而不是使用本地 alert 功能：

```
const toastr = require('toastr');
module.exports = toastr.info;
```

toastr.info 函数接受一个字符串作为参数，并且一调用，它就在浏览器窗口的右上角弹出一个提示框。

Webpack 配置文件保持不变，但是，Webpack 将解析新版本 alertBrowser 模块的完整依赖关系树，因此，包括 jQuery 和 toastr 的结果文件。

此外，模块的服务器版本和 main.js 文件保持不变，这也说明了该解决方案如何使代码更容易维护。

 为了让这个例子在浏览器中正常工作，应该把 toastr CSS 文件添加到 HTML 文件中。

有了 Webpack 和模块替换插件，我们可以轻松地处理平台之间的结构差异。可以专注于编写单独的模块，提供特定平台的代码，然后可以交换 Node.js，最终软件包中特定浏览器所需模块。

## 用于跨平台开发的设计模式

我们知道了如何在 Node.js 和浏览器代码之间切换，剩下的难题是如何将它集成到我们的设计中，以及我们如何来创建组件，使得它们中的某些部分可以互换。这个挑战对我们来说并不是全新的，实际上，我们在整本书中，一直在分析并使用模式来实现这个目的。

我们来修改其中的某些部分，看它们如何被应用到跨平台开发中。

- **策略和模板**：这两个可能是与浏览器共享代码最有用的模式。它们的目的其实是定义算法的通用步骤，允许替换其中的某些部分，这正是我们需要的。在跨平台开发中，这些模式允许我们共享与平台无关的组件，同时允许使用不同的策略或模块方法来更改平台特定的部分（可以使用运行时或编译时分支来更改）。
- **适配器**：当我们需要交换整个组件时，该模式可能是最有用的。在第 6 章中，我们已经看到过一个示例，如果整个模块与浏览器不兼容，还可以使用一个构建在浏览器兼容界面之上的适配器替换。你还记得 fs 接口的 LevelUP 适配器吗？

- **代理**：当服务器代码运行在浏览器中时，我们通常期望服务器上的代码也能在浏览器中成功运行。这就是 remote 代理模式的由来。想象一下，如果我们想从浏览器访问服务器的文件系统，那么我们可以考虑在客户端上创建一个 fs 对象，使用 Ajax 或 Web 套接字作为交换命令和返回值的一种方法，代理服务器上对 fs 模块的调用。
- **观察者**：观察者模式在组件的发布和接收上提供了一种自然的抽象。在跨平台开发中，这意味着我们可以用浏览器特定的实现替代发生器，而不影响监听，反之亦然。
- **DI 和服务定位器**：DI 和服务定位器都可以用于在其注入时替换模块的实现。

正如我们看到的，我们掌握的模式是相当强大的，但是最强大的武器仍然是开发者依据特定问题来选择最佳方案的能力。在下一节中，我们将利用目前为止学到的概念和模式来进行实践。

# React 介绍

从本章开始，我们将使用 **React**(有时称为 **ReactJS**)，这是一个最初由 Facebook 发布的 JavaScript 库 (http://facebook.github.io/react/)，其专注于提供一套全面的功能和工具来构建应用程序中的视图层。React 提供了一个专注于组件概念的抽象视图，其组件可以是一个按钮、一个表单输入、一个简单的容器（如 HTML div）或者是用户界面中的任何其他元素。这个想法是，你只需要定义和组合具有特定职责的高度可重用组件，就能够构建应用程序的用户界面。

是什么使得 React 不同于其他 Web 视图的实现呢？答案就是它不受 DOM 设计的约束。实际上，它提供了一种称为**虚拟 DOM** 的更高级别的抽象，非常适合 Web 开发，也适合在其他情境中使用，例如构建移动应用程序，3D 环境建模，甚至定义硬件组件间的交互。

> "一次学习，到处使用"
>
> ——Facebook

这是 Facebook 经常用来介绍 React 的座右铭，有嘲笑 Java 著名的座右铭"一次编写，到处运行"之意，意思是远离它，并认为每个上下文都是不同的，需要具体实现。与此同时，一旦你学会了它们，你就可以在上下文中重用一些方便的原则和工具。

如果你有兴趣了解 React 应用程序，并且不限于 Web 开发领域内的，你可以查看以下项目：

React Native for mobile apps（https://facebook.github.io/react-native）。

React Three 创建 3D 场景（https://github.com/Izzimach/react-three）。

React 硬件（https://github.com/iamdustan/react-hardware）。

React 在通用 JavaScript 开发环境中如此受关注的主要原因是，它允许你使用几乎相同的代码，从服务器和客户端渲染视图代码。换句话说，使用 React，我们可以直接从 Node.js 服务器请求页面所需的所有 HTML 代码来渲染页面，然后当页面被加载时，任何额外的交互和渲染都将直接在浏览器上执行。这允许我们构建单页面应用程序（SPA），其中大多数交互发生在浏览器上，只有需要更改的页面部分才会刷新。同时，这利于我们直接从服务器加载初始页面，从而赢得了更快（感知上）的加载速度，并且为搜索引擎提供了更强大和容易的索引。

值得一提的是，虚拟 DOM 能够优化渲染方式。这意味着 DOM 并不是在每次变化后重新渲染，而是 React 使用一种智能的内存对比算法，它能够优先计算应用于 DOM 的最小更改数量，以便更新视图。这提供了一个非常有效快速的浏览器呈现机制，这可能是 React 比其他库和框架获得更多赞誉的另一个重要原因。

闲话少说，下面我们开始使用 React 并且实现一个具体的例子。

# 第一个 React 组件

我们将使用 React 构建一个非常简单的窗口组件，用于在浏览器窗口中显示一个元素列表。

在这个例子中，我们将使用本章介绍的一些工具，例如 Webpack 和 Babel，所以在开始编写代码之前，我们先安装所有需要的依赖：

```
npm install webpack babel-core babel-loader babel-preset-es2015
```

还需要 React 和 Babel 预设来将 React 代码转换为等效的 ES5 代码：

```
npm install react react-dom babel-preset-react
```

在 src/joyceBooks.js 模块中编写我们的第一个 React 组件：

```
const React = require('react');
```

```
const books = [
  'Dubliners',
  'A Portrait of the Artist as a Young Man',
  'Exiles and poetry',
  'Ulysses',
  'Finnegans Wake'
];

class JoyceBooks extends React.Component {
  render() {
    return (
      <div>
        <h2>James Joyce's major works</h2>
        <ul className="books">{
          books.map((book, index) =>
            <li className="book" key={index}>{book}</li>
          )
        }</ul>
      </div>
    );
  }
}

module.exports = JoyceBooks;
```

第一部分代码很简单，只是导入 React 模块并定义包含书名的 books 数组。

第二部分是最重要的部分，是我们组件的核心。注意，如果你是第一次看到 React 代码，它可能看起来很奇怪！

因此，要定义一个 React 组件，需要创建一个从 React.Component 扩展的类。该类必须定义一个 render 函数，用于描述组件负责的 DOM 部分。

但是 render 函数内部在干什么呢？在返回某种 HTML 类型的 JavaScript 代码，这里甚至没有使用引号包裹它。是的，如果你想知道，这不是 JavaScript，它是 JSX！

# JSX 是什么

正如我们之前所说，React 提供了一个高级 API 用于生成和操作虚拟 DOM。DOM 本身是一个伟大的概念，它可以很容易地用 XML 或 HTML 表示，但如果必须动态操作它来处理低级概念树，如节点、父节点和子节点，事情可能很快就会变得麻烦。为了处理这种固有的复杂性，React 引入了 JSX 作为一种描述和操作虚拟 DOM 的中间格式。

实际上，JSX 本身并不是一种语言，它实际上是 JavaScript 的超集，需要被转换为 JavaScript 来执行。然而，它仍然为开发人员提供了一种能力，可以使用 JavaScript 实现基于 XML 的语法。当为浏览器开发时，JSX 用于描述定义 Web 组件的 HTML 代码，正如你在前面的示例中所看到的，可以直接将 HTML 标签放置在 JSX 代码中，就像它们是一种增强的 JavaScript 语法一样。

这种方法具有一种内在的优势，就是现在我们的 HTML 代码在构建时会动态验证，如果我们忘记关闭一个标签，就会提前得到提示。

我们来分析前面示例中的 `render` 函数，以了解 JSX 的一些重要细节：

```
render() {
  return (
    <div>
      <h2>James Joyce's major works</h2>
      <ul className="books">{
        books.map((book, index) =>
        <li className="book" key={index}>{book}</li>
        )
      }</ul>
    </div>
  );
}
```

正如你看到的，可以在 JSX 代码的任何位置插入一段 HTML 代码，而不必在其两边放置任何特定的指示符或包装器。在本例中，只需要简单地定义一个 `div` 标签，用作我们组件的容器。

我们还可以在这个 HTML 块中放置一些 JavaScript 逻辑，注意 `ul` 标签中的大括号。这种方法允许我们动态地定义 HTML 代码部分，如同许多其他模板引擎那样。本例，我们使用原生 JavaScript 的 `map` 函数来遍历 `books` 数组，并为每一个创建另一个 HTML 片段，从而将书名添加到列表中。

大括号用于在 HTML 块中定义表达式，最简单的用例就是使用它们输出变量的内容，就像使用 {book} 那样。

最后请注意，我们可以再次把另一个 HTML 代码块放在 JavaScript 内容里，使 HTML 和 JavaScript 内容可以混合和嵌套在任何级别，来描述虚拟 DOM。

并不是必须要使用 JSX 来开发 React。JSX 只是 React 虚拟 DOM 库的一种友好交互。通过一些其他的方法，你可以完全跳过 JSX 及其扩展步骤，而直接调用这些函数来实现相同的结果。下面只是给你提供一个不使用 JSX 的思路，来看看我们示例中 render 函数的编译版本：

```
function render() {
  return React.createElement(
    'div',
    null,
    React.createElement(
      'h2',
      null,
      'James Joyce\'s major works'
    ),
    React.createElement(
      'ul',
      { className: 'books' },
      books.map(function (book) {
        return React.createElement(
          'li',
          { className: 'book' },
            book
        );
      })
    )
  );
}
```

正如你所看到的，这个代码可读性不强，而且更容易出错，所以大多数时候最好依靠 JSX 并使用一个转换器生成等效的 JavaScript 代码。

让我们来看看这个代码在执行时如何呈现：

```
<div data-reactroot="">
  <h2>James Joyce's major works</h2>
  <ul class="books">
```

```
    <li class="book">Dubliners</li>
    <li class="book">A Portrait of the Artist as a Young Man</li>
    <li class="book">Exiles and poetry</li>
    <li class="book">Ulysses</li>
    <li class="book">Finnegans Wake</li>
  </ul>
</div>
```

最后要注意的是，在 JSX/JavaScript 版本的代码中，使用了 `className` 属性，这里将其转换为 `class`。重要的是，当我们使用虚拟 DOM 时，必须使用 HTML 等效属性，然后 React 在渲染的时候会谨慎地转换它们。

 有关 React 中所有支持的标签和属性的列表，请参见官方文档：https://facebook.github.io/react/docs/tags-and-attributes.html。如果你有兴趣了解更多关于 JSX 的语法，可以阅读 Facebook 提供的官方规范：https://facebook.github.io/jsx。

## 配置 Webpack 以实现 JSX 转换

本节，我们将介绍一个 Webpack 配置的示例，可以使用它将 JSX 代码转换为可以在浏览器中执行的 JavaScript 代码：

```
const path = require('path');
  module.exports = {
    entry:  path.join(__dirname, "src", "main.js"),
    output: {
      path: path.join(__dirname, "dist"),
      filename: "bundle.js"
    },
    module: {
      loaders: [
        {
          test: path.join(__dirname, "src"),
          loader: 'babel-loader',
          query: {
            cacheDirectory: 'babel_cache', presets: ['es2015', 'react']
          }
        }
```

```
      ]
    }
  };
```

你可能已经注意到了，这个配置与之前 ES2015 Webpack 示例的配置几乎相同。仅有的差异是：

- 这里使用 Babel 中的 react 预设。
- 使用 cacheDirectory 选项。这个选项允许 Babel 使用特定目录作为缓存文件夹（在本例中为 babel_cache），这使得在构建包文件时速度更快。这并不是强制性的，但是强烈推荐使用它以加快开发。

## 在浏览器中渲染

现在我们已经准备好了第一个 React 组件，下面可以使用它在浏览器中渲染。创建名为 src/main.js 的 JavaScript 文件并使用 JoyceBooks 组件：

```
const React = require('react');
const ReactDOM = require('react-dom');
const JoyceBooks = require('./joyceBooks');

window.onload = () => {
  ReactDOM.render(<JoyceBooks/>, document.getElementById('main'))
};
```

这里最重要的代码部分是 ReactDOM.render 函数调用。此函数将 JSX 代码块和 DOM 元素作为参数，它将把 JSX 块呈现为 HTML 代码，并将其应用到 DOM 节点作为第二个参数。还要注意，传递的 JSX 块仅包含自定义标签（JoyceBooks）。每当我们需要一个组件时，它都可以作为一个 JSX 标签（其中标签的名称由组件的类名给定），以便我们可以轻松地在其他 JSX 块中插入此组件的新实例。这是允许开发人员将界面拆分成多个内聚组件的基本机制。

现在，需要执行最后一步，查看我们的第一个 React 示例，就是创建一个 index.html 页面：

```
<!DOCTYPE html>
  <html>
    <head>
      <meta charset="utf-8" />
      <title>React Example - James Joyce books</title>
    </head>
```

```
    <body>
      <div id="main"></div>
      <script src="dist/bundle.js"></script>
    </body>
</html>
```

这个例子很简单，并不需要太多解释。只需要将 bundle.js 文件添加到一个纯 HTML 页面
中，其中包含 ID 为 main 的 div，它将作为我们的 React 应用程序的容器。

现在你可以从命令行启动 webpack，然后在浏览器中打开 index.html 页面。

重要的是要理解，当用户加载页面时，客户端渲染会发生什么：

1. 页面的 HTML 代码由浏览器下载，然后渲染。
2. 下载包文件，并评估其 JavaScript 内容。
3. 评估代码会动态生成页面的真实内容，并更新 DOM 来显示它。

这意味着，如果此网页由禁用 JavaScript 的浏览器加载（例如，搜索引擎机器人），我们的网
页将看起来像一个空白网页，没有任何有意义的内容。这可能是一个非常严重的问题，特别
是在 SEO 方面。

在本章的后面，我们将了解如何从服务器渲染相同的 React 组件来克服这个限制。

# React 路由库

这一节，我们将改进之前构建的例子，即包含多个屏幕的简单导航应用程序。其有三个不同
的部分：索引页、James Joyce 的书籍页面及 H.G.Wells 的书籍页面。还会显示一个用户访问
时不存在的页面。

要构建这个应用程序，我们会使用 React Router 库（[https://github.com/reactjs/react-router]），
这个模块使得在 React 中更容易导航组件。所以，我们需要做的第一件事是在项目中下载
React Router：

**npm install react-router**

现在我们已经准备好创建这个新应用程序的所需组件部分。我们从 src/components/
authorsIndex.js 开始：

```
const React = require('react');
const Link = require('react-router').Link;
```

```
const authors = [
  {id: 1, name: 'James Joyce', slug: 'joyce'},
  {id: 2, name: 'Herbert George Wells', slug: 'h-g-wells'}
];

class AuthorsIndex extends React.Component {
  render() {
    return (
      <div>
        <h1>List of authors</h1>
        <ul>{
          authors.map( author =>
            <li key={author.id}><Link to={`/author/${author.slug}`}>
                {author.name}</Link></li>
          )
        }</ul>
      </div> )
  }
}

module.exports = AuthorsIndex;
```

该组件表示了我们应用程序的索引。它显示两个作者的名字。请注意，为了保持简单，我们
存储必要的数据来呈现该组件的 authors，一个对象数组，每个对象代表一个作者。另一个
新元素是 Link 组件。你可能已经猜到了，此组件来自 Router 库，它允许我们渲染可点击的
链接，以浏览应用程序的可用部分。重要的是要理解 Link 组件的属性。当它用于指定相对
URI，表示特定的路线来显示点击链接时，它与常规 HTML <a> 标签没有太大的不同，唯一
的区别是，React Router 不会通过刷新整个页面来移动到新页面，而是会动态地仅刷新页面
的一部分来更改显示与新 URI 相关联的组件。当我们为路由器编写配置时，我们会更好地
了解这种机制的工作原理。现在，我们主要编写想在应用程序中使用的所有其他组件。所
以，重写 JoyceBooks 组件，这一次，将其存储在 components/joyceBooks.js 中：

```
const React = require('react');
const Link = require('react-router').Link;

const books = [
  'Dubliners',
```

```
  'A Portrait of the Artist as a Young Man',
  'Exiles and poetry',
  'Ulysses',
  'Finnegans Wake'
];

class JoyceBooks extends React.Component {
  render() {
    return (
      <div>
        <h2>James Joyce's major works</h2>
        <ul className="books">{
        books.map( (book, key) =>
          <li key={key} className="book">{book}</li>
          )
        }</ul>
        <Link to="/">Go back to index</Link>
      </div>
    );
  }
}

module.exports = JoyceBooks;
```

正如我们预期的，这个组件看起来非常类似于以前的版本。唯一显著的区别是，我们添加了 Link 组件用于返回到组件末尾的索引，并且在 map 函数中使用了 key 属性，有了这最后一个变化，可以告诉 React 特定的元素是通过一个唯一的键来标识的（在这种情况下，我们使用数组的索引来简化），以便它在渲染列表时可以执行一些优化。最后一个变化不是强制性的，但强烈建议这样做，尤其是在较大的应用程序中。

现在遵循同样的模式，编写 components/wellsBooks.js 组件：

```
const React = require('react');
const Link = require('react-router').Link;

const books = [
  'The Time Machine',
  'The War of the Worlds',
  'The First Men in the Moon',
```

```
  'The Invisible Man'
];

class WellsBooks extends React.Component {
  render() {
    return (
      <div>
        <h2>Herbert George Wells's major works</h2>
        <ul className="books">{
          books.map( (book, key) =>
            <li key={key} className="book">{book}</li>
          )
        }</ul>
        <Link to="/">Go back to index</Link>
      </div>
    );
  }
}

module.exports = WellsBooks;
```

这个组件几乎与前一个组件相同，当然，这是应该的。我们可以构建一个更通用的
AuthorPage 组件，避免代码重复，这是下一节的主题，在这里我们只想把重点放在路由上。

我们还需要一个仅显示错误消息的 components/notFound.js 组件。为了简单起见，我们
将跳过这个琐碎的实现。

所以，我们来看重要的部分：routes.js 组件，它定义了路由逻辑：

```
const React = require('react');
const ReactRouter = require('react-router');
const Router = ReactRouter.Router;
const Route = ReactRouter.Route;
const hashHistory = ReactRouter.hashHistory;
const AuthorsIndex = require('./components/authorsIndex');
const JoyceBooks = require('./components/joyceBooks');
const WellsBooks = require('./components/wellsBooks');
const NotFound = require('./components/notFound');

class Routes extends React.Component {
```

```
  render() {
    return (
      <Router history={hashHistory}>
        <Route path="/" component={AuthorsIndex}/>
        <Route path="/author/joyce" component={JoyceBooks}/>
        <Route path="/author/h-g-wells" component={WellsBooks}/>
        <Route path="*" component={NotFound} />
      </Router>
    )
  }
}

module.exports = Routes;
```

首先要分析的是我们的应用程序实现路由组件所需的模块列表。我们需要 react-router，它又包含要使用的三个模块：Router、Route 和 hashHistory。

Router 是保存所有路由配置的主要组件。该元素作为 Routes 组件的根节点。history 属性指定检测的机制，路由是否是活跃的，以及每次用户点击链接时如何更新浏览器中的 URL。通常有两种策略：hashHistory 和 browserHistory。第一个使用 URL 的**片段**部分（由哈希符号分隔的部分）。有了这个策略，我们的链接如下所示：index.html##/author/h-g-wells。第二个策略不使用片段，而是利用 HTML5 **history API**（https://developer.mozilla.org/en-US/docs/Web/API/History_API）来显示更真实的网址。有了这个策略，每个路径都有自己完整的 URI，例如 http://example.com/author/h-g-wells。

在此示例中，我们使用 hashHistory 策略，因为它是最简单的设置，并且不需要 Web 服务器来刷新页面。在本章后面会使用到 browserHistory 策略。

Route 组件允许我们定义路径和组件之间的关联。当 path 和 component 匹配时，将渲染此组件。

在 render 函数中，总结和组合了所有这些概念，由它你可以知道每个组件和选项的含义，并能够深刻理解。

这里需要理解的是 Router 组件使用这种声明性语法的方式：

- 它充当一个容器，它不呈现任何 HTML 代码，但包含 Route 定义的列表。
- 每个 Route 定义都与组件相关联。这里的组件是一个图形组件，这意味着它将在页面的 HTML 代码中呈现，但只有当页面的当前 URL 与路由匹配时才呈现。

- 对于给定的 URI 只能匹配一个路由。在情况不明确时，路由器更喜欢不通用的路由（例如 /author/joyce 胜过 /author）。

- 可以用 * 来定义**全部捕获**路由，只有当所有其他路由都不匹配时才匹配。在这里我们使用它来显示"未找到"消息。

- 现在完成这个例子的最后一步是更新我们的 main.js，使用 Routes 组件作为我们的应用程序的主要组件：

```
const React = require('react');
const ReactDOM = require('react-dom');
const Routes = require('./routes');


window.onload = () => {
  ReactDOM.render(<Routes/>, document.getElementById('main'))
};
```

现在我们只需要运行 Webpack 来重新生成包文件并打开 index.html 来查看新应用程序的工作。

尝试点击一下，看看网址是如何更新的。此外，如果你使用任何调试工具，你将会注意到一个部分和另一个部分之间的转换并不会导致完全刷新页面，也不会触发新的请求。实际上，应用程序是完全加载的，当我们打开索引页面时，并且路由器在这里主要用于显示和隐藏给定当前 URI 的正确组件。无论如何，路由器足够聪明，如果我们尝试使用特定的 URI 刷新页面（例如，index.html##/author/joyce），它将立即显示正确的组件。

React Router 是一个非常强大的组件，它有许多有趣的功能。例如，它允许使用嵌套路由来表示多级用户界面（具有嵌套的组件）。我们还将在本章中看到如何将其扩展为按需加载组件和数据。在此期间，你可以休息一下，阅读组件的官方文档，查找所有可用的功能。

# 创建通用 JavaScript 应用程序

在本章的这个阶段，我们应该拥有了将我们的示例应用程序转换为一个完整通用的 JavaScript 应用程序的大部分基础知识。本章介绍了 Webpack、ReactJs，并分析了大多数的模式，它们可以帮助我们根据需要对平台之间的代码进行统一和区分。

本节，我们将通过创建可重用的组件，通过添加通用路由和渲染，以及最终的通用数据检索来不断改进我们的示例。

# 创建可用的组件

在前面的例子中，我们创建了两个非常相似的组件：JoyceBooks 和 WellsBooks。这两个组件几乎相同，它们之间唯一的区别是它们使用不同的数据。现在想象一个真实的情况，我们可能有成百上千的作者。是的，为每个作者保持专用的组件是没有多大意义的。

我们将创建一个更通用的组件，并更新我们的路由为参数化路由。

下面开始创建通用 components/authorPage.js 组件：

```
const React = require('react');
const Link = require('react-router').Link;
const AUTHORS = require('../authors');

class AuthorPage extends React.Component {
  render() {
    const author = AUTHORS[this.props.params.id];
    return (
      <div>
        <h2>{author.name}'s major works</h2>
        <ul className="books">{
          author.books.map( (book, key) =>
            <li key={key} className="book">{book}</li>
          )
        }</ul>
        <Link to="/">Go back to index</Link>
      </div>
    );
  }
}


module.exports = AuthorPage;
```

这个组件当然与它所替换的两个组件非常相似。这里的两个主要区别是：我们需要有一种从组件中获取数据的方法，和一种可以接受一个指示我们要显示哪个作者的参数的方法。

为了简单起见，我们在这里引用 authors.js，一个导出包含作者数据的 JavaScript 对象的模块，我们使用一个简单的数据库。变量 this.props.params.id 表示需要显示的作者的标识符。此参数由路由器填充，随后就会看到这一点。所以，我们使用这个参数从数据库对象中提取作者，然后我们就拥有了渲染组件所需的一切。

下面的示例只是为了让你了解如何获取数据，请看 authors.js 模块的代码：

```
module.exports = {
  'joyce': {
    'name': 'James Joyce',
    'books': [
      'Dubliners',
      'A Portrait of the Artist as a Young Man',
      'Exiles and poetry',
      'Ulysses',
      'Finnegans Wake'
    ]
  },
  'h-g-wells': {
    'name': 'Herbert George Wells',
    'books': [
      'The Time Machine',
      'The War of the Worlds',
      'The First Men in the Moon',
      'The Invisible Man'
    ]
  }
};
```

它是一个非常简单的对象，通过助记符串标识符来对作者进行索引。

最后一步是回顾 routes.js 组件：

```
const React = require('react');
const ReactRouter = require('react-router');
const Router = ReactRouter.Router;
const hashHistory = ReactRouter.hashHistory;
const AuthorsIndex = require('./components/authorsIndex');
const AuthorPage = require('./components/authorPage');
const NotFound = require('./components/notFound');


const routesConfig = [
    {path: '/', component: AuthorsIndex},
    {path: '/author/:id', component: AuthorPage},
```

```
    {path: '*', component: NotFound}
];

class Routes extends React.Component {
  render() {
    return<Router history={hashHistory} routes={routesConfig}/>;
  }
}
module.exports = Routes;
```

这里，我们使用新的通用 AuthorPage 组件来代替前面示例中的两个特定组件。也为路由器使用替代配置。这里，我们使用一个纯 JavaScript 数组来定义路由，而不是将 Route 组件放在 Routes 组件的 render 函数中。然后将对象传递给 Router 组件的 routes 属性。这个配置完全等同于我们在前面的例子中看到的基于标签的配置，有时其更容易编写。其他时候，例如，当有许多嵌套路由时，基于标签的配置可能更适合一些。这里重要的变化是新的 /author/:id 路由链接到新的通用组件，并替换了旧的特定路由。此路由是参数化的（命名参数使用“列前缀语法”定义），并且其将匹配我们旧的路由 /author/joyce 和 /author/h-g-wells。当然，它将匹配任何其他这种类型的路由，并将 id 参数的匹配字符串直接传递给组件，通过读取 props.params.id 访问它。

我们的例子至此就完成了。你只需要使用 Webpack 重新生成包文件并刷新 index.html 页面就可以运行它。这个页面和 main.js 保持不变。

使用通用组件和参数化路由，可以使我们有很大的灵活性，从而我们能够构建出相当复杂的应用程序。

## 服务端渲染

让我们在通用 JavaScript 的旅程中再向前迈进一小步。我们说，React 最有趣的功能之一是在服务器端渲染组件。下面，我们将利用此功能来更新我们的应用程序，直接从服务器渲染。

我们将使用 Express（http://expressjs.com）作为 Web 服务器和 ejs（https://npmjs.com/package/ejs）作为内部模板引擎。还需要在 Babel 之上运行服务器脚本，以便能够使用 JSX，所以需要做的第一件事是安装所有这些新的依赖项：

```
npm install express ejs babel-cli
```

所有的组件与前面的示例保持一致，所以这里我们只需要关注服务器。在服务器中，需要

访问路由配置，为了使这个任务更简单，我们将从 routes.js 文件中提取一个配置对象到
routesConfig.js 专用模块：

```
const AuthorsIndex = require('./components/authorsIndex');
const AuthorPage = require('./components/authorPage');
const NotFound = require('./components/notFound');

const routesConfig = [
  {path: '/', component: AuthorsIndex},
  {path: '/author/:id', component: AuthorPage},
  {path: '*', component: NotFound}
];
module.exports = routesConfig;
```

还要将静态 index.html 文件转换为名为 views/index.ejs 的 ejs 模板：

```
<!DOCTYPE html>
  <html>
  <head>
    <meta charset="utf-8" />
    <title>React Example - Authors archive</title>
  </head>
  <body>
    <div id="main">
      <%- markup -%>
    </div>
    <!--<script src="dist/bundle.js"></script>-->
  </body>
</html>
```

一切都很简单。只有两个细节需要强调：

- <%- markup -%> 标记是模板的一部分，在将页面提供给浏览器之前，我们将使用
  在服务器端渲染的 React 内容进行动态替换。

- 我们现在注释掉包脚本，因为在这里，我们只关注服务器端的渲染。我们将在下一节
  中集成一个完整的通用渲染解决方案。

现在我们可以创建我们的 server.js 脚本了：

```
const http = require('http');
const Express = require('express');
```

```
const React = require('react');
const ReactDom = require('react-dom/server');
const Router = require('react-router');
const routesConfig = require('./src/routesConfig');

const app = new Express();
const server = new http.Server(app);
app.set('view engine', 'ejs');

app.get('*', (req, res) => {
  Router.match(
    {routes: routesConfig, location: req.url},
    (error, redirectLocation, renderProps) => {
      if (error) {
        res.status(500).send(error.message)
      } else if (redirectLocation) {
        res.redirect(302, redirectLocation.pathname +
          redirectLocation.search)
      } else if (renderProps) {
        const markup = ReactDom.renderToString(<Router.RouterContext
                        {...renderProps} />);
        res.render('index', {markup});
      } else {
        res.status(404).send('Not found')
      }
    }
  );
});

server.listen(3000, (err) => {
  if (err) {
    return console.error(err);
  }
  console.info('Server running on http://localhost:3000');
});
```

这段代码的重要部分是使用 app.get('*', (req, res)=> {...}) 定义的 Express 路由。
这是一个 **Express 捕获全部**路由,它将拦截所有的 GET 请求到服务器中的每个 URL。在这个路由中，我们将路由逻辑委托给我们之前为客户端应用程序设置的 React 路由器。

**模式**

服务器路由器组件（Express 内置路由器）由通用路由器（React Router）替代，该路由器能够匹配客户端和服务器上的路由。

要在服务器中使用 React Router，可以使用 Router.match 函数。此函数接受两个参数：第一个是**配置对象**，第二个是**回调函数**。配置对象必须有两个键。

- routes: 用于传递 React Router 路由配置。这里，我们传递的配置与客户端渲染的配置完全相同，这就是为什么我们在本节开头将它提取到专用组件的原因。

- location: 用于指定当前请求的 URL，路由器将尝试匹配先前定义的路由之一。

当路由匹配时，调用回调函数。它将收到三个参数 error、redirectLocation 和 renderProps，我们将使用它们来确定匹配操作的结果是什么。有四种不同的情况需要处理：

- 第一种情况是，我们在路由解析时出现错误。为了处理这种情况，我们简单地返回一个 500 内部服务器错误响应到浏览器。

- 第二种情况是，当我们匹配作为重定向路由的路由时。在这种情况下，需要创建一个服务器重定向消息（302 重定向），来告诉浏览器去新的目的地。

- 第三种情况是，当我们匹配一个路由时，必须渲染相关的组件。在这种情况下，参数 renderProps 是一个对象，其中包含需要用来渲染组件的一些数据。这是服务器端路由机制的核心，我们使用 ReactDOM.renderToString 函数来呈现代表与当前匹配的路由相关联的组件的 HTML 代码。然后，将生成的 HTML 注入之前定义的 index.ejs 模板中，以获取发送到浏览器的完整 HTML 页面。

- 最后一种情况是，当路由不匹配时，这时我们只简单地向浏览器返回 404 未找到页面的错误。

最后，这段代码的最重要的部分如下：

```
const markup = ReactDom.renderToString(<Router.RouterContext{...
renderProps} />
```

我们来深入地了解一下 renderToString 函数的工作原理：

- 此函数来自于模块 react-dom/server，它能够将任何 React 组件渲染为字符串。其用于将服务器中的 HTML 代码立即发送到浏览器，以加快页面加载，并保持页面 SEO 友好。React 足够聪明，如果我们在浏览器中为同一个组件调用 ReactDOM.render()，它不会再次渲染组件，它只会侦听现有 DOM 节点的事件。

- 我们渲染的组件是 RouterContext（包含在 react-router 模块中），它负责为给定路由器状态渲染组件树。我们向这个组件传递一组属性，它们是 renderProps 对象内的所有字段。要扩展此对象，可以使用 JSX-spread 属性运算符（https://facebook.github.io/react/docs/jsx-spread.html#spread-attributes），它提取对象中的所有键值对到组件属性。

现在运行 server.js 脚本：

```
node server
```

然后，可以打开浏览器，输入 http://localhost:3000，来测试我们的服务器渲染应用程序。

请记住，这里禁用了包文件，所以目前没有在客户端运行 JavaScript 代码，每个交互触发一个新的服务器请求，从而完全刷新页面。这很酷，对吧？

在下一节中，将介绍如何启用客户端和服务器渲染，为我们的示例应用程序添加一个有效的通用路由和渲染解决方案。

## 通用渲染和路由

这一节，我们将更新我们的示例应用程序，以利用服务器端和客户端渲染和路由。前面已经介绍过各个部件的工作原理，下面开始具体操作。

要做的第一件事是不再将 bundle.js 包含在主视图文件（views/index.ejs）中。

然后，需要在客户端应用程序（main.js）中更改历史策略。你还记得我们使用过哈希历史策略吗？这个策略在通用渲染方面并不好，因为我们希望客户端和服务器路由中具有完全相同的 URL。在服务器中，我们只能使用浏览器历史策略，所以要重写 routes.js 模块，以便在客户端中使用它：

```
const React = require('react');
const ReactRouter = require('react-router');
const Router = ReactRouter.Router;
const browserHistory = ReactRouter.browserHistory;
const routesConfig = require('./routesConfig');

class Routes extends React.Component {
  render() {
```

```
    return<Router history={browserHistory} routes={routesConfig}/>;
  }
}
module.exports = Routes;
```

正如你所看到的，唯一相关的变化是我们现在需要 ReactRouter.browserHistory 函数并将其传递给 Router 组件。

已经完成得差不多了。还有一个小更改，需要在服务器应用程序中执行，以便将 bundle.js 文件从服务器作为静态资源提供给客户端。

为此，可以使用 Express.static 中间件，其允许我们将文件夹的内容从特定路径公开作为静态文件。在我们的例子中，公开 dist 文件夹，所以只需要在主服务器路由配置之前添加以下行：

```
app.use('/dist', Express.static('dist'));
```

差不多就是这样了。现在来看看我们的应用程序，我们只需要使用 Webpack 重新生成包文件并重新启动服务器即可。然后和以前一样，可以在 http://localhost:3000 上浏览应用程序。一切看起来一样，但是如果你使用检查器或调试器，就会注意到，这一次，只有第一个请求将完全由服务器渲染，而其他的将由浏览器管理。如果你想继续玩，也可以尝试强制刷新特定 URI 上的页面，并测试路由是否在服务器和浏览器上都能无缝工作。

## 通用数据检索

我们的示例应用程序现在开始要拥有一个坚实的结构，以便成长为一个更完整和可扩展的应用程序。然而，仍然有一个非常基本的问题，我们还没有正确地处理，那就是数据检索。你还记得我们使用了一个只包含 JSON 数据的模块吗？目前，我们使用该模块作为数据库，但是，这是一个非常不理想的方法，原因有很多：

- 我们在应用程序的任何地方都共享 JSON 文件，并直接在前端、后端和每个 React 组件中访问数据。
- 鉴于我们还在前端访问数据，最终将完整的数据库也放在前端包中。这是有风险的，因为我们可能会意外暴露任何敏感信息。此外，我们的包文件将随着数据的增长而增长，而且在每次数据更改后，都被迫重新编译它。

很明显，我们需要一个更好的解决方案，一个解耦性和可扩展性更好的解决方案。

下面我们将通过构建一个专用的 REST API 服务器来改进我们的示例，它允许我们异步并按

---

294　　　　　　　　　　　　　　　　　　　　　　　　　　　　Node.js 设计模式（第 2 版）

需地获取数据。只有真的需要，并且只有我们要渲染到当前应用程序的特定子集时才获取数据。

## API 服务器

我们希望 API 服务器和后端服务器完全分离。在理想情况下，应该可以独立于应用程序的其余部分来扩展此服务器。

废话不多说，我们来看看 apiServer.js 的代码：

```
const http = require('http');
const Express = require('express');

const app = new Express();
const server = new http.Server(app);
const AUTHORS = require('./src/authors');        // [1]

app.use((req, res, next) => {                    // [2]
  console.log(`Received request: ${req.method} ${req.url} from ${req.
      headers['user-agent']}`);
  next();
});

app.get('/authors', (req, res, next) => {        // [3]
  const data = Object.keys(AUTHORS).map(id => {
    return {
      'id': id,
      'name': AUTHORS[id].name
    };
  });

  res.json(data);
});

app.get('/authors/:id', (req, res, next) => {   // [4]
  if (!AUTHORS.hasOwnProperty(req.params.id)) {
    return next();
  }
```

```
  const data = AUTHORS[req.params.id];
  res.json(data);
});

server.listen(3001, (err) => {
  if (err) {
    return console.error(err);
  }
  console.info('API Server running on http://localhost:3001');
});
```

如你所见，我们再次使用 Express 作为 Web 服务器框架。我们来分析一下这段代码的主要部分：

- 数据仍然在一个模块中作为 JSON 文件（src/authors.js）。当然这是为了简单起见，为了我们的例子能正常运行。但是在现实情况下，它应该被真正的数据库替代，如 MongoDB、MySQL 或 LevelDB。在这个例子中，我们将直接从所需的 JSON 对象中访问数据，然而在实际案例中，当我们想要读取数据时，我们会对外部数据源进行查询。

- 使用一个中间件，每当我们收到请求时，都会在控制台输出一些有用的信息。稍后我们将会看到这些日志，了解谁正在调用 API（前端或后端），并验证整个应用程序是否如预期运行。

- 公开了一个返回所有可用作者的 JSON 数组的 URI /authors，用于标识 GET 请求。对于每个作者，都会暴露 id 和 name 字段。同样，在这里，我们直接从作为数据库导入的 JSON 文件中提取数据。在真实场景中，我们更喜欢对真实数据库执行查询。

- 还提供了另一个 GET 请求的 URI /authors/:id，其中，:id 是一个通用的占位符，用于与我们想要读取数据的特定作者 ID 相匹配。如果给定的 ID 有效（在 JSON 文件中有该 ID 条目），API 将返回一个包含作者名称和书籍数组的对象。

现在可以运行 API 服务器：

**node apiServer**

它现在可以访问 http://localhost:3001，如果你想测试它，可以尝试建立几个 curl 请求：

curl **http://localhost:3001/authors/**
[{"id":"joyce","name":"James Joyce"},{"id":"h-g-wells","name":"Herbert
    George Wells"}]

curl **http://localhost:3001/authors/h-g-wells**

```
{"name":"Herbert George Wells","books":["The Time Machine","The War of
    the Worlds","The First Men in the Moon","The Invisible Man"]}
```

## 代理前端的请求

刚刚构建的 API 应该都可以访问前后端。前端需要使用 Ajax 请求调用 API。你可能会想到
安全策略，其只允许浏览器向加载页面域中的 URL 发送 Ajax 请求。这意味着如果我们在
localhost:3001 上运行 API 服务器，并且在 localhost:3000 上运行我们的 Web 服务器，
我们实际上使用两个不同的域，浏览器将无法直接调用 API 端点。为了克服这个限制，可
以在 Web 服务器中创建一个代理，它将使用内部路由（localhost:3000/api）在本地公开
API 服务器的相同端点，如下图所示：

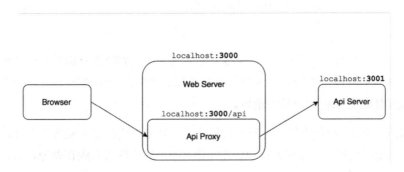

要在 Web 服务器中构建代理组件，我们将使用优秀的 http-proxy 模块（https://npmjs.
com/package/http-proxy），因此需要使用 npm 来安装：

```
npm install http-proxy
```

稍后我们将会看到如何将它包含在 Web 服务器中并对其进行配置。

## 通用 API 客户端

我们将在当前给定环境中使用两种不同的前缀来调用 API：

- http://localhost:3001，当从 Web 服务器调用 API
- /api，当从浏览器调用 API 时

还需要考虑在浏览器中我们只有 XHR/AJAX 机制来进行异步 HTTP 请求，而在服务器上，我
们必须使用一个类库如 request 或内置 http 库。

为了克服所有这些差异并构建一个通用的 API 客户端模块，我们可以使用一个名为 axios

的库（https://npmjs.com/package/axios）。该库可以在客户端和服务器上运行，并且将每个环境下所有的两种不同的机制抽象为将 HTTP 请求发送到一个统一的 API。

所以，需要安装 axios：

```
npm install axios
```

然后，还需要创建一个简单的包装器模块，该模块需要导出 axios 的配置实例。我们称之为 xhrClient.js 模块：

```
const Axios = require('axios');

const baseURL = typeof window !== 'undefined' ? '/api' : 'http://
    localhost:3001';
const xhrClient = Axios.create({baseURL});
module.exports = xhrClient;
```

在这个模块中，我们基本上依靠 window 变量是否被定义来判断是在浏览器还是服务器上运行代码，以便我们可以适当地设置相应的 API 前缀。然后，只需要导出一个新的 axios 客户端实例，并且配置基本 URL 的当前值。

现在我们可以在 React 组件中简单地导入此模块，并且根据它们是在服务器上还是浏览器上执行，我们将能够使用一个通用的接口，并且将这两个环境的所有内在差异隐藏在模块的代码中。

 其他受到广泛好评的通用 HTTP 客户端有 superagent（https://npmjs.com/package/superagent）和 isomorphic-fetch（https://npmjs.com/package/isomorphic-fetch）。

## 异步 React 组件

现在我们的组件将必须使用这些新的 API，它们需要被异步初始化。为此，可以使用名为 async-props（https://npmjs.com/package/async-props）的 React Router 扩展。

因此，我们安装此模块：

```
npm install async-props
```

下面将我们的组件重写为异步方式。我们先从 components/authorsIndex.js 开始：

```
const React = require('react');
const Link = require('react-router').Link;
```

```javascript
const xhrClient = require('../xhrClient');

class AuthorsIndex extends React.Component {
  static loadProps(context, cb) {
    xhrClient.get('authors')
      .then(response => {
        const authors = response.data;
        cb(null, {authors});
      })
      .catch(error => cb(error));
  }

  render() {
    return (
      <div>
        <h1>List of authors</h1>
        <ul>{
          this.props.authors.map(author =>
            <li key={author.id}>
              <Link to={`/author/${author.id}`}>{author.name}</Link>
            </li>
          )
        }</ul>
      </div>
    )
  }
}
module.exports = AuthorsIndex;
```

如上所示，在这个新版本的模块中，我们需要使用新的 xhrClient 代替包含原始 JSON 数据的旧模块。然后，我们在名为 loadProps 的组件类中添加一个新方法。该方法接受一个对象作为参数，该对象包含将由路由器（context）和回调函数（cb）传递的一些上下文参数。在这个方法中，我们可以执行所有需要的异步操作来检索初始化组件所需的数据。当一切都被加载（或者如果有错误），执行回调函数来传播数据，并通知路由器组件已经准备就绪。在这种情况下，我们使用 xhrClient 从 authors 端点获取数据。

以同样的方式，更新 components/authorPage.js 组件：

```
const React = require('react');
const Link = require('react-router').Link;
const xhrClient = require('../xhrClient');

class AuthorPage extends React.Component {
  static loadProps(context, cb) {
    xhrClient.get(`authors/${context.params.id}`)
      .then(response => {
        const author = response.data;
        cb(null, {author});
      })
      .catch(error => cb(error));
  }

  render() {
    return (
      <div>
        <h2>{this.props.author.name}'s major works</h2>
        <ul className="books">{
          this.props.author.books.map( (book, key) =>
            <li key={key} className="book">{book}</li>
          )
        }</ul>
        <Link to="/">Go back to index</Link>
      </div>
    );
  }
}
module.exports = AuthorPage;
```

这里的代码遵循和前面组件相同的逻辑。主要的区别在于，这一次，我们调用 authors/:id API 端点，我们将从路由器传递的 context.params.id 变量中获取 ID 参数。

为了能够正确加载这些异步组件，还需要更新客户端和服务器的路由器定义。现在，我们来看客户端，看看新版本的 routes.js：

```
const React = require('react');
const AsyncProps = require('async-props').default;
const ReactRouter = require('react-router');
```

```
const Router = ReactRouter.Router;
const browserHistory = ReactRouter.browserHistory;
const routesConfig = require('./routesConfig');

class Routes extends React.Component {
  render() {
    return <Router
      history={browserHistory} routes={routesConfig}
      render={(props) => <AsyncProps {...props}/>}
    />;
  }
}
module.exports = Routes;
```

与以前版本的两个区别是，这里需要 async-props 模块，并且我们使用它来重新定义 Router
组件的 render 函数。这种方法实际上将路由器的渲染逻辑和 async-props 模块的逻辑挂
钩，从而支持异步行为。

## Web 服务器

最后，在这个例子中，我们需要完成的最后一个任务是更新 Web 服务器，以便使用代理服
务器将 API 调用重定向到真实的 API 服务器，并使用 async-props 模块渲染路由器。

我们将 server.js 重命名为 webServer.js，以便与其他 API 服务器文件区分开。新文件的
内容如下所示：

```
const http = require('http');
const Express = require('express');
const httpProxy = require('http-proxy');
const React = require('react');

const AsyncProps = require('async-props').default;
const loadPropsOnServer = AsyncProps.loadPropsOnServer;
const ReactDom = require('react-dom/server');
const Router = require('react-router');
const routesConfig = require('./src/routesConfig');

const app = new Express();
const server = new http.Server(app);
```

```
const proxy = httpProxy.createProxyServer({
  target: 'http://localhost:3001'
});

app.set('view engine', 'ejs');
app.use('/dist', Express.static('dist'));
app.use('/api', (req, res) => {
  proxy.web(req, res, {target: targetUrl});
});

app.get('*', (req, res) => {
  Router.match({routes: routesConfig, location: req.url}, (error,
    redirectLocation, renderProps) => {
    if (error) {
      res.status(500).send(error.message)
    } else if (redirectLocation) {
      res.redirect(302, redirectLocation.pathname + redirectLocation.
        search)
    } else if (renderProps) {
      loadPropsOnServer(renderProps, {}, (err, asyncProps, scriptTag) =>
        {
        const markup = ReactDom.renderToString(<AsyncProps {...
          renderProps}
        {...asyncProps} />);
        res.render('index', {markup, scriptTag});
      });
    } else {
      res.status(404).send('Not found')
    }
  });
});

server.listen(3000, (err) => {
  if (err) {
    return console.error(err);
  }
  console.info('WebServer running on http://localhost:3000');
```

```
});
```

对比以前版本，该版本变化如下：

- 首先，需要导入一些新的模块：`http-proxy` 和 `async-props`。
- 初始化 `proxy` 实例，并通过中间件将其添加到 Web 服务器，使其映射到匹配 /api 请求。
- 改变了服务器端的渲染逻辑。这一次，我们不能直接调用 `renderToString` 函数，因为我们必须确保所有的异步数据都已加载。`async-props` 模块提供了 `loadPropsOnServer` 函数来实现这个功能。此函数执行所有必要的逻辑，以异步方式从当前匹配的组件加载数据。当加载完成时，调用一个回调函数，只有在这个函数内才可以调用 `renderToString` 方法。还需要注意，这一次，我们使用 `AsyncProps` 组件来代替 `RouterContext`，传递一组具有 JSX 扩展语法的同步和异步属性。另一个非常重要的细节是，在回调函数中，我们还接收到一个名为 `scriptTag` 的参数。此变量将包含一些需要放置在 HTML 代码中的 JavaScript 代码。这段代码将包含服务器端渲染过程中所加载异步数据的表示形式，以便浏览器能够直接访问这些数据，而不需要建立重复的 API 请求。要将此脚本放在生成的 HTML 代码中，将它传递给视图，包括从组件渲染过程获得的标记。

views/index.ejs 模板也略有修改，以显示我们刚刚提到的 scriptTag 变量：

```
<!DOCTYPE html>
  <html>
    <head>
      <meta charset="utf-8"/>
      <title>React Example - Authors archive</title>
    </head>
    <body>
      <div id="main"><%- markup %></div> <script src="/dist/bundle.js"></
          script> <%- scriptTag %>
    </body>
  </html>
```

如你所见，在关闭页面主体之前添加了 scriptTag。

下面可以执行这个例子了。只需要使用 Webpack 重新生成包文件，并启动 Web 服务器：

```
babel-cli server.js
```

最后，可以打开浏览器访问 http://localhost:3000。一切看起来还是一样，但是在其引擎下已经完全不同了。在浏览器上打开检查器或调试器，并尝试找出浏览器发出的 API 请求。你还可以检查控制台启动 API 服务器的位置，并阅读日志，来了解请求数据的相关信息。

# 总结

在本章中，我们探讨了通用 JavaScript 的革新和快速发展的现状。通用 JavaScript 只是打开了 Web 开发领域的新的场景，但它仍然是一个非常新鲜和不成熟的领域。

重点介绍了这个主题的所有基础知识，讨论了诸如面向组件的用户界面、通用渲染、通用路由和通用数据检索等主题。在整个过程中，我们构建了一个非常简单的应用程序，演示如何将所有这些概念结合在一起。我们还添加了一系列新的强大的工具和库，如 Webpack 和 React。

即使我们讨论了很多话题，我们仍然没有覆盖这个巨大话题的所有方面，如果你有兴趣了解更多信息，你应该已经获得了所有必要的知识，可以继续去探索这个世界了。考虑到这种不成熟，工具和库在未来几年可能会发生很多变化，但所有的基本概念应该保持不变，所以你尽可以去探索与尝试。关于这个主题，现在只能做到使用获得的知识构建一个真正的、业务驱动用例的实际应用程序。

还要强调的是，从本章获得的知识可能对跨 Web 开发的项目很有用，如移动应用程序开发。如果你对这个主题感兴趣，React Native 可能是一个很好的起点。

在下一章中，我们将更进一步讨论异步设计模式，并解决一些特定问题，如异步初始化模块和异步批处理和缓存。你准备好迎接更高级和更令人兴奋的话题了吗？

```
      db.findAll(type, callback);
    }
  }
```

考虑到所涉及的示例代码的代码量,我们会发现,第一个选择会变得非常不受欢迎。

此外,第二个选择,使用 DI,这有时是不可取的,正如我们在第 7 章中看到的那样。在大项目中,它可能很快变得过于复杂,特别是如果手动完成并使用异步初始化的模块。如果我们使用一个设计用于支持异步初始化模块的 DI 容器,这些问题就会得到缓解。

不过,我们将看到,有第三种选择可以让我们轻松地将模块与其依赖的初始化状态隔离开来。

# 预初始化队列

将模块与依赖的初始化状态进行解耦的简单模式包括队列和命令模式。它们的目的是保存模块在尚未初始化时收到的所有操作,并在完成所有初始化步骤后立即执行它们。

## 实现异步初始化的模块

为了演示这个简单而有效的技术,我们来构建一个小的测试应用程序,没有什么花哨的内容,只是一些用来验证我们假设的代码。首先创建一个名为 asyncModule.js 的异步初始化模块:

```
const asyncModule = module.exports;
asyncModule.initialized = false;
asyncModule.initialize = callback => {
  setTimeout(function () {
    asyncModule
  }, 10000);
};
asyncModule.tellMeSomething = callback => {
  process.nextTick(() => {
    if (!asyncModule.initialized) {
      return callback(
        new Error(`I don't have anything to say right now`)
      );
    }
```

```
    callback(null, 'Current time is: ' + new Date());
  });
};
```

在这段代码中，asyncModule尝试演示异步初始化模块的工作原理。它暴露了一个init-ialize()方法，在10 s的延迟之后，将初始化的变量设置为true并通知其回调（10 s对于一个真正的应用程序意味着很长，但对我们来说，可以用于突出竞争条件）。另一种方法tellMeSomething()返回当前时间，但如果模块尚未初始化，则会产生异常。

下一步是根据我们刚创建的服务创建另一个模块。我们来看一个简单的HTTP请求处理程序，其在一个名为routes.js的文件中实现：

```
const asyncModule = require('./asyncModule');
module.exports.say = (req, res) => {
  asyncModule.tellMeSomething((err, something) => {
    if (err) {
      res.writeHead(500);
      return res.end('Error:' + err.message);
    }
    res.writeHead(200);
    res.end('I say: ' + something);
  });
};
```

处理程序调用asyncModule的tellMeSomething()方法，然后将结果写入HTTP响应。可以看到，没有对asyncModule的初始化状态进行任何检查，我们可以想到，这可能会导致问题。

现在，我们创建一个非常简单的HTTP服务器，只需使用核心的http模块（app.js文件）：

```
const http = require('http');
const routes = require('./routes');
const asyncModule = require('./asyncModule');
asyncModule.initialize(() => {
  console.log('Async module initialized');
});
http.createServer((req, res) => {
  if (req.method === 'GET' && req.url === '/say') {
    return routes.say(req, res);
  }
  res.writeHead(404);
```

```
  res.end('Not found');
}).listen(8000, () => console.log('Started'));
```

这个小模块是我们应用程序的入口点，它所做的一切都是触发asyncModule的初始化，并创建一个使用刚才创建的请求处理程序（routes.say()）的HTTP服务器。

现在可以像往常一样执行app.js模块来尝试启动我们的服务器。服务器启动后，可以尝试使用浏览器，输入URL：http://localhost:8000/say，看看我们的asyncModule返回的内容。

如预期的那样，如果我们在服务器启动之后发送请求，结果将是如下所示的错误：

**Error:I don't have anything to say right now**

这意味着asyncModule尚未初始化，但我们仍然尝试使用它。根据异步初始化模块的实现细节，我们可能会收到一个错误提示，丢失一些重要信息，甚至使整个应用程序崩溃。一般来说，我们必须始终避免发生这些情况。在大多数情况下，一些失败的请求可能不会引起关注，或者初始化可能会非常快，导致在实践中，这样的情况可能永远不会发生。然而，对于高负载应用程序和旨在自动扩展的云服务器，这两个假设可能会被快速推翻。

## 使用预初始化队列封装模块

为了增加服务器的健壮性，下面我们将应用本节开头描述的模式重构它。我们将在其尚未初始化的时间内对在asyncModule上调用的任何操作进行排队，然后在我们准备好处理它们之后刷新队列。这看起来像一个伟大的应用程序的状态模式！我们需要两个状态：一个在模块尚未初始化时排队所有操作；另一个状态在初始化完成后，将每个方法简单地委派给原始的asyncModule模块。

通常我们没有机会修改异步模块的代码，因此，要添加排队层，我们需要在原始asyncModule模块外围创建一个代理。

```
const asyncModule = require('./asyncModule');
const asyncModuleWrapper = module.exports;
asyncModuleWrapper.initialized = false;
asyncModuleWrapper.initialize = () => {
  activeState.initialize.apply(activeState, arguments);
};
asyncModuleWrapper.tellMeSomething = () => {
  activeState.tellMeSomething.apply(activeState, arguments);
};
```

在这段代码中，asyncModuleWrapper简单地将它的每个方法委托给当前的活动状态。我们看看这两个状态是什么样的，从notInitializedState开始：

```
const pending = [];
const notInitializedState = {
  initialize: function (callback) {
    asyncModule.initialize(() => {
      asyncModuleWrapper.initalized = true;
      activeState = initializedState; //[1]
      pending.forEach(req => { //[2]
        asyncModule[req.method].apply(null, req.args);
      });
      pending = [];
      callback(); //[3]
    });
  },
  tellMeSomething: callback => {
    return pending.push({
      method: 'tellMeSomething',
      args: arguments
    });
  }
};
```

当调用initialize()方法时，触发原始asyncModule模块的初始化，并提供一个回调代理。这使得包装器知道原始模块何时被初始化，从而触发以下操作：

1. 使用flow-initializedState中的下一个状态对象来更新activeState变量。

2. 执行先前存储在待处理队列中的所有命令。

3. 调用原来的回调。

由于此时尚未初始化模块，因此该状态的tellMeSomething()方法只需创建一个新的Command对象，并将其添加到待处理操作的队列中。

当原始的asyncModule模块尚未被初始化时，模式应该已经清楚了，包装器将简单地排队所有接收到的请求。然后，当初始化完成通知我们时，我们执行所有排队操作，然后将内部状态切换到initializedState。我们来看看这个包装器的最后一行是什么样的：

```
let initializedState = asyncModule;
```

没有（可能）任何惊喜，initializedState 对象只是引用原始 asyncModule！事实上，初始化完成后，我们可以将任何请求直接安全地传递给原始模块。不需要更多代码。

最后，必须设置初始活动状态，当然将是 notInitializedState：

```
let activeState = notInitializedState;
```

现在可以尝试再次启动测试服务器，但首先，不要忘记用新的`asyncModuleWrapper`对象来替换原始`asyncModule`模块的引用，这必须在`app.js`和`routes.js`模块中完成。

之后，如果我们再次向服务器发送请求，将看到在`asyncModule`模块尚未初始化时，请求不会失败；相反，它们将被挂起，直到初始化完成，然后才会被实际执行。可以肯定地说，这是一个更加健壮的行为。

**模式**

如果模块被异步初始化，请对每个操作进行排队，直到模块完全初始化为止。

现在，我们的服务器可以在启动后立即开始接受请求，并确保这些请求不会由于其模块的初始化状态而失败。我们能够在不使用 DI 的情况下获得这样的结果，或者进行详细和易错检查来验证异步模块的状态。

# 题外话

我们刚才讨论的模式被许多数据库驱动程序和 ORM 库使用。最著名的是 Mongoose（`http://mongoosejs.com`），它是 MongoDB 的 ORM。使用 Mongoose，没有必要等待数据库连接打开，然后发送查询操作，因为每个操作都排队，然后在与数据库的连接完全建立后执行。这显然提高了 API 的可用性。

可以查看一下 Mongoose 的代码，看看本机驱动程序中的每个方法如何被代理添加预初始化队列（这也演示了实现此模式的另一种方式）。你可以在这里找到实现模式的代码段：`https://github.com/LearnBoost/mongoose/blob/21f16c62e2f3230fe616745a40f22b4385a11b11/lib/drivers/node-mongodb-native/collection.js#L103-138`

# 异步批处理和缓存

在高负载应用中，缓存起着至关重要的作用，几乎遍布整个网络，从网页、图像和样式表等静态资源到数据库查询的结果等纯数据。这一节我们将了解缓存如何应用于异步操作，以及如何将高请求吞吐量转化为我们的优势。

## 实现没有缓存或批处理的服务器

在我们开始研究这个新的课题之前，实现一个小型演示服务器，我们将用它来衡量我们将要实现的各种技术的影响。

考虑一个管理电子商务公司销售的网络服务器，特别是我们要查询我们的服务器，了解特定类型商品的所有交易。为此，我们将再次使用 LevelUP，因为它既简单又灵活。我们将要使用的数据模型是存储在销售子级别（数据库的一部分）中的简单事务列表，它以下格式组织：

```
transactionId {amount, item}
```

该键由 transactionId 表示，值是一个 JSON 对象，其中包含销售额 (金额) 和物料类型。

要处理的数据非常简单，所以我们在一个名为 totalSales.js 的文件中实现 API，如下所示：

```js
const level = require('level');
const sublevel = require('level-sublevel');
const db = sublevel(level('example-db', { valueEncoding: 'json' }));
const salesDb = db.sublevel('sales');
module.exports = function totalSales(item, callback) {
  console.log('totalSales() invoked');
  let sum = 0;
  salesDb.createValueStream() // [1]
    .on('data', data => {
      if (!item || data.item === item) { // [2]
        sum += data.amount;
      }
    })
    .on('end', () => {
      callback(null, sum); // [3]
    });
};
```

模块的核心是totalSales函数，它也是唯一导出的 API。下面是它的工作原理：

1. 从salesDb子层创建一个包含销售交易的流。流从数据库中拉取所有条目。

2. 数据事件在从数据库流返回时接收每个销售交易记录。我们将当前项的金额值添加到总计值中，但仅当项类型等于输入中提供的项(或者根本不提供输入时，允许我们计算所有事务的总和,而不考虑项类型)时。

3. 最后，当收到结束事件时，我们提供最后的和作为结果来调用callback()方法。

我们构建的简单查询的性能肯定不是最好的。理想情况下，在实际的应用中，将使用一个索引通过项目类型来查询事务，甚至使用更好的增量map/reduce来实时计算总和。然而，对于我们的例子，缓慢的查询实际上更好，因为它将突出显示我们将要分析的模式的优点。

要完成总销售应用程序，只需要从 HTTP 服务器公开 totalSales API。所以下一步是构建一个(app.js 文件)：

```
const http = require('http');
const url = require('url');
const totalSales = require('./totalSales');
http.createServer((req, res) => {
  const query = url.parse(req.url, true).query;
  totalSales(query.item, (err, sum) => {
    res.writeHead(200);
    res.end(`Total sales for item ${query.item} is ${sum}`);
  });
}).listen(8000, () => console.log('Started'));
```

我们创建的服务器非常简约，我们只需要它来暴露totalSales API。

在首次启动服务器之前，需要使用一些示例数据填充数据库。可以使用本节示例中的populate_db.js脚本。该脚本将在数据库中创建 100 K 个随机销售交易。

好! 现在一切都准备好了。如往常一样,为了启动服务器,我们执行以下命令：

```
node app
```

要查询服务器，只需使用浏览器导航到以下 URL：

```
http://localhost:8000?item=book
```

但是，为了更好地了解服务器的性能，我们将需要多个请求，所以我们使用一个名为loadTest.js的小脚本，它以 200 ms 的间隔发送请求。可以在本书的代码示例中找到该脚本，并且其已经被配置为连接到服务器的 URL，因此要运行该脚本，只需执行以下命令：

```
node loadTest
```

我们会看到，完成 20 个请求需要一段时间。注意测试的总执行时间，因为我们现在要执行我们的优化程序并测量我们可以节省多少时间。

## 异步请求批处理

处理异步操作时，最基本的缓存级别可以通过将一组调用组合到同一个 API 来实现。这个想法很简单：如果我们正在调用一个异步函数，而还有另一个正在等待，我们可以将回调附加到已经运行的操作，而不是创建一个全新的请求。看下图：

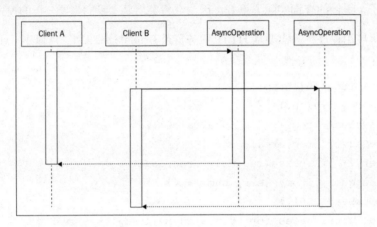

该图显示了两个客户端（可以是两个不同的对象，或者是两个不同的 Web 请求），它们使用完全相同的输入来调用相同的异步操作。当然，我们会想到这种情况，两个客户端启动两个独立的操作，它们将在两个不同的时刻完成，如该图所示。现在，考虑下图所示的下一个场景：

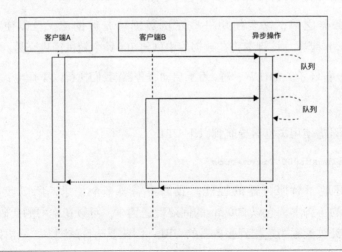

该图向我们展示了如何将两个请求（使用相同的输入调用相同的 API）进行批处理，或者换句话说，附加到相同的运行操作。这样，当操作完成时，将通知两个客户端。这是一种简单但非常强大的方法，用来优化应用程序的负载，而不必处理更复杂的缓存机制，这通常需要足够的内存管理和无效策略。

## 在总销售网络服务器中批处理请求

现在在我们的totalSales API之上添加一个批处理层。要使用的模式非常简单：如果在调用 API 时已经有另一个相同的请求挂起，将把回调添加到队列中。当异步操作完成时，其队列中的所有回调将一次被调用。

我们来看看这个模式如何在代码中实现。创建一个名为totalSalesBatch.js的新模块。在这里，我们将在原始totalSales API之上添加一个批处理层：

```
const totalSales = require('./totalSales');
const queues = {};
module.exports = function totalSalesBatch(item, callback) {
  if (queues[item]) { // [1]
    console.log('Batching operation');
    return queues[item].push(callback);
  }
  queues[item] = [callback]; // [2]
  totalSales(item, (err, res) => {
    const queue = queues[item]; // [3]
    queues[item] = null;
    queue.forEach(cb => cb(err, res));
  });
};
```

totalSalesBatch()函数是原始totalSales()API 的代理，它的工作原理如下：

1. 如果作为输入提供的项目类型已经存在队列，则表示对该特定项目的请求已经在运行。在这种情况下，我们所需要做的只是将回调附加到现有队列，并立即从调用返回。不需要其他。

2. 如果没有为项目定义队列，则意味着我们必须创建一个新的请求。为此，我们为该特定项目创建一个新队列，并使用当前的回调函数进行初始化。接下来，我们调用原始的totalSales()API。

3. 当原始totalSales()请求完成时，我们迭代在该特定项目的队列中添加的所有回调，并且随着操作的结果逐个调用它们。

totalSalesBatch()函数的行为与原始totalSales()API的行为相同，区别在于，现在使用相同输入的API对多次调用进行了批处理，从而节省了时间和资源。

想知道与原始的非批量版本的TotalSales()API相比的性能提升吗？我们用HTTP服务器使用的totalSales模块替换我们刚刚创建的那个app.js文件：

```
//const totalSales = require('./totalSales');
const totalSales = require('./totalSalesBatch');
http.createServer(function(req, res) {
// ...
```

如果我们现在尝试再次启动服务器并对其进行负载测试，我们首先看到的是批量返回请求。这是我们刚刚添加的模式的效果，它是一个很好的实践，可以演示其工作原理。

此外，还应该大幅度减少执行测试的总时间。它应该比原始测试执行原始totalSales()API的速度至少要快四倍！

 请求批处理模式在高负载应用程序和缓慢的API中达到了最大潜力，因为正是在这种情况下，我们可以将大量请求进行批处理。

## 异步请求缓存

请求批处理模式的一个问题是，API越快，我们获得的批量请求就越少。可以认为，如果一个API已经很快，那么尝试优化它就没有意义了。然而，它仍然是应用程序的资源负载的一个因素，结合起来，仍然可以产生实质性影响。另外，有时我们可以放心地假设API调用的结果不会如此频繁地变化，因此，一个简单的请求批处理将不能提供最佳性能。在所有这些情况下，降低应用程序负载并提高其响应速度的最佳选择绝对是一种更具侵略性的缓存模式。

这个想法很简单：一旦请求完成，我们将其结果存储在缓存中，缓存可以是变量，如数据库中的条目或专门的缓存服务器。因此，下次调用API时，可以从缓存中立即检索结果，而不是产生另一个请求。

缓存对于有经验的开发人员来说不是新鲜事物，但异步编程中的这种模式不一样，它应该与请求批处理相结合，才是最佳的。原因是，在未设置缓存时多个请求可能并发运行，并且当这些请求完成时,缓存将被设置多次。

基于这些假设,异步请求缓存模式的最终结构如下图所示:

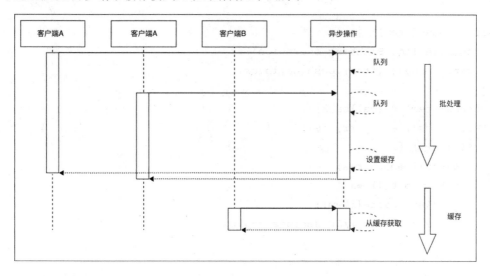

该图显示了最佳异步缓存算法的两个阶段:

- 第一阶段与批处理模式完全相同。缓存未设置时收到的任何请求都将被批处理。当请求完成时,缓存被设置一次。
- 当缓存最后被设置时,任何后续的请求将直接由它提供。

需要考虑的另一个重要细节是释放 *Zalgo* 反模式(我们已经在第 2 章中介绍过它)。正如处理异步 API 一样,我们必须确保始终以异步方式返回缓存的值,即使访问缓存仅涉及同步操作。

## 在整个销售网络服务器中缓存请求

为了演示和评价异步缓存模式的优点,现在将我们学到的知识应用于 totalSales() API。在请求批处理示例中,我们必须为原始 API 创建代理,其唯一目的是添加缓存层。

接下来,创建一个名为 totalSalesCache.js 的新模块,其中包含以下代码:

```
const totalSales = require('./totalSales');
const queues = {};
const cache = {};
module.exports = function totalSalesBatch(item, callback) {
  const cached = cache[item];
  if (cached) {
    console.log('Cache hit');
```

```
    return process.nextTick(callback.bind(null, null, cached));
  }
  if (queues[item]) {
    console.log('Batching operation');
    return queues[item].push(callback);
  }
  queues[item] = [callback];
  totalSales(item, (err, res) => {
    if (!err) {
      cache[item] = res;
      setTimeout(() => {
        delete cache[item];
      }, 30 * 1000); //30 seconds expiry
    }
    const queue = queues[item];
    queues[item] = null;
    queue.forEach(cb => cb(err, res));
  });
};
```

上面的代码与我们用于异步批处理的代码在许多地方都相同。仅有的区别如下：

- 调用 API 时，我们需要做的第一件事是检查缓存是否设置，如果是这样，我们将立即使用callback()返回缓存的值，确保使用process.nextTick()将其延迟。

- 在批处理模式下继续执行，但是这一次，原始 API 成功完成后，我们将结果保存到缓存中。我们还设置了一个超时，在30 s之后使缓存无效。一个简单但有效的技术！

现在，我们测试我们刚创建的 totalSales 包装器，为此只需要更新 app.js 模块，如下所示：

```
//const totalSales = require('./totalSales');
//const totalSales = require('./totalSalesBatch');
const totalSales = require('./totalSalesCache');
http.createServer(function(req, res) {
// ...
```

现在，服务器可以重新启动，并使用loadTest.js脚本进行分析，就像我们在前面的例子中所做的那样。使用默认测试参数，与简单批处理相比，我们应该看到执行时间减少了10%。当然，这取决于很多因素，例如，接收到的请求数，以及一个请求与另一个请求之间的延迟。当请求量更高并且跨越更长的时间段时，使用缓存与批处理相比其优点更加明显。

> **Memoization** 是缓存函数调用结果的做法。在 npm 中，您可以轻松地找到许多实现异步备份的软件包; 其中一个最完整的软件包是 memoizee（`https://npmjs.org/package/memoizee`）。

### 关于实现缓存机制的注意事项

我们必须记住，在实际应用中，我们可能希望使用更先进的失效技术和存储机制。这是很有必要的，原因如下:

- 大量的缓存值可能容易消耗大量内存。在这种情况下，可以应用**最近最少使用（LRU）**算法来维持恒定的存储器利用率。
- 当应用程序分布在多个进程中时，对缓存使用简单变量可能会导致每个服务器实例返回不同的结果。如果我们不希望在正在实现的特定应用程序中出现这种情况，解决方案是使用缓存的共享存储。比较流行的解决方案是 Redis（`http://redis.io`）和 Memcached（`http://memcached.org`）。
- 手动缓存失效，而不是定时到期，可以实现更长时间的缓存，同时提供更多的最新数据，但是当然管理起来要复杂得多。

## 使用 promise 进行批处理和缓存

在第 4 章中我们看到了 promise 怎样简化异步代码，但是在进行批处理和缓存时，其提供了一种更有趣的应用。如果我们回想下关于 promise 的内容，在这种情况下有两个可以利用的优势:

- 多个 then() 监听器可以附加到相同的 promise。
- then() 监听器最多只能被调用一次，即使在 promise 已经执行之后，它也会被附加。此外，then() 保证永远被异步调用。

简而言之，第一个特性正是批处理请求所需要的，而第二个特性则意味着 promise 已经是解析值的缓存，并提供了以一致的异步方式返回缓存值的自然机制。换句话说，这意味着批处理和缓存是非常简单和简明扼要的 promise。

为了证明这一点，我们可以尝试使用 promise 为 totalSales() API 创建一个包装器，查看添加批量和缓存层所需要的内容。我们来看看它是什么样的，创建一个名为 totalSalesPromises.js的新模块:

```
const pify = require('pify'); // [1]
const totalSales = pify(require('./totalSales'));
const cache = {};
module.exports = function totalSalesPromises(item) {
  if (cache[item]) { // [2]
    return cache[item];
  }
  cache[item] = totalSales(item) // [3]
    .then(res => { // [4]
      setTimeout(() => { delete cache[item] }, 30 * 1000); //30s expiry
      return res;
    })
    .catch(err => { // [5]
      delete cache[item];
      throw err;
    });
  return cache[item]; // [6]
};
```

在这个代码中实现的解决方案既简单又优雅。promise 确实是一个很好的工具，但是对于这个特殊的应用，其提供了巨大的开箱即用的优势。我们来看代码中都发生了什么：

1. 首先，需要使用一个名为pify (https://www.npmjs.com/package/pify) 的小模块，这样我们可以 promise 化原始totalSales()。之后，totalSales() 将返回一个 ES2015 promise，而不是接受回调。

2. 当调用totalSalesPromises()包装器时，检查给定的项目类型是否已经存在缓存的 promise。如果已经有了这样的 promise，我们将其返回给调用者。

3. 如果在给定项目类型的缓存中没有 promise，则继续调用原始（promisified）total-Sales()API来创建一个 promise。

4. 当 promise resolve()时，我们设置了清除缓存的时间（30 s 后），返回res以将操作的结果传播给附加到 promise 的任何then()监听器。

5. 如果 promise reject()发生错误，我们立即重置缓存并再次抛出错误，将其传播到 promise 链，因此附加到相同 promise 的任何其他监听器也将收到错误。

6. 最后，我们返回刚刚创建的缓存的 promise。

非常简单直观，更重要的是我们能够实现批量和缓存处理。

如果现在想测试totalSalesPromise()函数，必须稍微调整下app.js模块，因为现在API正在使用 promise 而不是回调。我们通过修改名为appPromises.js的应用程序模块来实现：

```
const http = require('http');
const url = require('url');
const totalSales = require('./totalSalesPromises');
http.createServer(function (req, res) {
  const query = url.parse(req.url, true).query;
  totalSales(query.item).then(function (sum) {
    res.writeHead(200);
    res.end(`Total sales for item ${query.item} is ${sum}`);
  });
}).listen(8000, () => console.log('Started'));
```

它的实现与原始的应用程序模块几乎相同，不同的是现在使用基于 promise 的批处理/缓存包装器版本。因此，我们调用的方式也略有不同。

就这样！现在可以通过执行以下命令来运行这个新版本的服务器：

```
node appPromises
```

使用loadTest脚本，可以验证新的实现是否按预期工作。执行时间应与使用totalSales-Cache()API测试服务器时的执行时间相同。

# 运行 CPU 绑定的任务

TotalSales()API 即便在资源使用方面很昂贵，但并不影响服务器接收并发请求的能力。我们在第 1 章中了解了有关事件循环的信息，应该知道：调用异步操作会导致堆栈退回到事件循环，使其可以随意处理其他请求。

但是，当我们运行一个长时间的同步任务时，不将控制权返还给事件循环会发生什么呢？这种任务也被称为 CPU 绑定，因为它的主要特点是 CPU 利用率很高，而不是重在 I/O 操作上。

我们举一个例子来看看这些类型的任务在 Node.js 中的行为。

## 解决子集和问题

我们选择一个计算量很大的问题，作为我们试验的基础。一个很好的例子是子集和问题，其中包括决定一个集合（或多集）的整数是否包含一个非零子集，其总和等于零。例如，我们

有输入集合 [1, 2, -4, 5, -3]，满足问题的子集是 [1, 2, -3] 和 [2, -4, 5, -3]。

最简单的算法是遍历所有的子集的每个可能的组合，并且它具有 $O(2^n)$ 的复杂度，或者换句话说，它随输入的大小呈指数增长。这意味着一组 20 个整数将需要多达 1 048 576 个组合检查。当然，这个解决方案的提出可能会比那个早很多，因此，为了使事情变得更加复杂，我们将考虑子集和问题的以下变化：给定一组整数，我们要计算总和等于给定任意整数的所有可能组合。

接下来我们构建一个这样的算法。创建一个名为 subsetSum.js 的新模块。首先创建一个名为 SubsetSum 的类：

```
const EventEmitter = require('events').EventEmitter;
class SubsetSum extends EventEmitter {
  constructor(sum, set) {
    super();
    this.sum = sum;
    this.set = set;
    this.totalSubsets = 0;
  }
  //...
```

SubsetSum 类从 EventEmitter 类继承。我们每次找到一个新的子集，其匹配接收作为输入的和时产生一个事件。这会给我们很大的灵活性。

```
_combine(set, subset) {
  for (let i = 0; i < set.length; i++) {
    let newSubset = subset.concat(set[i]);
    this._combine(set.slice(i + 1), newSubset);
    this._processSubset(newSubset);
  }
}
```

该算法不需要太多解释，但有两件事情要注意：

- _combine() 方法是完全同步的；它递归地生成每个可能的子集，而不会回馈对事件循环的控制。对于不需要任何 I/O 的算法，这是完全正常的。

- 每次生成新组合时，我们将其提供给 _processSubset() 方法进行进一步处理。

_processSubset() 方法负责验证给定子集的元素的总和是否等于我们寻找的数值：

```
_processSubset(subset) {
```

```
    console.log('Subset', ++this.totalSubsets, subset);
    const res = subset.reduce((prev, item) => (prev + item), 0);
    if (res == this.sum) {
      this.emit('match', subset);
    }
  }
}
```

简而言之，_processSubset()方法对子集应用reduce操作，以便计算其元素的总和。然后，当得到的和等于我们要查找（this.sum）的总和时，会发出类型为"match"的事件。

最后，start()方法将所有前面的部分整合在一起：

```
start() {
  this._combine(this.set, []);
  this.emit('end');
}
```

上述方法通过调用_combine()来触发所有组合的生成，最后，发出一个"结束"事件，指示所有组合已检查并且任何可能的匹配已经发出。因为_combine()是同步的，所以，一旦函数返回，将发出"结束"事件，这意味着所有的组合都被计算出来。

接下来，必须公开我们刚刚在网络上创建的算法，一如既往，我们可以使用一个简单的HTTP服务器来完成任务。特别是，我们要创建一个格式为subsetSum?data=<Array>&sum=<Integer>的端点，它使用给定的整数数组来调用SubsetSum算法，并且求和。

然后我们在名为app.js的模块中实现这个简单的服务器：

```
const http = require('http');
const SubsetSum = require('./subsetSum');
http.createServer((req, res) => {
  const url = require('url').parse(req.url, true);
  if (url.pathname === '/subsetSum') {
    const data = JSON.parse(url.query.data);
    res.writeHead(200);
    const subsetSum = new SubsetSum(url.query.sum, data);
    subsetSum.on('match', match => {
      res.write('Match: ' + JSON.stringify(match) + '\n');
    });
    subsetSum.on('end', () => res.end());
    subsetSum.start();
  } else {
```

```
      res.writeHead(200);
      res.end('I\m alive!\n');
  }
}).listen(8000, () => console.log('Started'));
```

由于SubsetSum对象使用事件返回结果，所以我们可以实时地通过算法生成匹配的子集。另外一个细节是我们的服务器返回了"I'm Alive"文字！每次我们点击不同于subsetSum的网址。我们将使用它来检查我们服务器的响应性，稍后会看到。

`node app`

一旦服务器启动，我们发送第一个请求。我们使用一组 17 个随机数字，这将导致 131071 个组合产生，这是一个很好的数据，可以保持我们的服务器忙碌一段时间：

```
curl -G http://localhost:8000/subsetSum --data-urlencode "data=[116,
119,101,101,-116,109,101,-105,-102,117,-115,-97,119,-116,-104,-105,115]" --
data-urlencode "sum=0"
```

我们从服务器上查看结果流式传输，但是如果我们在第一个请求仍在运行时在另一个终端中尝试执行以下命令，将出现一个严重的问题：

```
curl -G http://localhost:8000
```

我们立即会看到，最后一个请求被挂起，直到第一个请求的子集和算法完成，服务器无响应！这是我们预期的。Node.js 事件循环在单个线程中运行，如果此线程被长时间的同步计算阻塞，则将无法再执行一个循环，以便通过简单的"I'm Alive"来响应！

我们很快就会明白,这种行为对于任何一种用于服务多个请求的应用程序都不起作用。但是不要对 Node.js 失望，我们可以通过几种方式来处理这种情况。我们来看看两个最重要的方式。

## 交叉使用 setImmediate

通常，CPU 绑定算法是建立在一组步骤之上的。它可以是一组递归调用、循环或任何变体/组合。所以，该问题的一个简单的解决方案是在这些步骤中的每一个步骤完成之后（或者在它们执行一定次数之后），将控制权返回给事件循环。这样，任何待处理的 I/O 仍然可以由事件循环在长时间运行的算法产生 CPU 的间隔中进行处理。为实现这一目的可以简单地安排算法的下一步在任何挂起的 I/O 请求之后运行，这听起来像是setImmediate()函数的一个完美用例（我们已经在第 2 章中介绍过这个 API）。

---

## 交叉子集和算法的步骤

现在我们看看这个模式如何应用于子集和算法。我们要做的只是稍微修改subsetSum.js模块。为了方便起见，我们将创建一个名为subsetSumDefer.js的新模块，将原始的subsetSum类的代码作为基础。

第一个改变是添加一个名为_combineInterleaved()的新方法，它是我们要实现的模式的核心：

```
_combineInterleaved(set, subset) {
  this.runningCombine++;
  setImmediate(() => {
    this._combine(set, subset);
    if (--this.runningCombine === 0) {
      this.emit('end');
    }
  });
}
```

可以看到，我们所要做的只是使用setImmediate()延迟原始（同步）_combine()方法的调用。然而，由于算法不再同步，现在更难以知道函数何时完成所有组合的生成。为了解决这个问题，我们必须跟踪_combine()方法的所有运行的实例，使用非常类似于异步并行执行的模式，我们在第3章中介绍过。当_combine()方法的所有实例都完成运行时，可以发出结束事件，通知所有监听器进程已经完成。

为了最终确定子集算法的重构，我们需要进行更多的调整。首先，需要将 _combine() 方法中的递归步骤替换为递延对应方法：

```
_combine(set, subset) {
  for (let i = 0; i < set.length; i++) {
    let newSubset = subset.concat(set[i]);
    this._combineInterleaved(set.slice(i + 1), newSubset);
    this._processSubset(newSubset);
  }
}
```

通过上述的更改，我们确保算法的每个步骤都将使用 setImmediate() 在事件循环中排队，因此在所有未结束 I/O 请求之后执行，而不是同步运行。

另一个小的调整是在 start() 方法中：

```
start() {
  this.runningCombine = 0;
  this._combineInterleaved(this.set, []);
}
```

在这段代码中，我们将_combine()方法的运行实例的数量初始化为 0，用对_combineInter-leaved()的调用替换了对_combine()的调用，并取消end事件，因为现在在_combine-Interleaved()中为异步处理。

有了最后这个变化，我们的子集求和算法现在应该能够按照事件循环运行的时间间隔来交叉运行 CPU 绑定的代码，并处理所有其他挂起的请求。

最后还需要更新app.js模块，以便它可以使用新版本的SubsetSum API。这实际上是一个很小的变化：

```
const http = require('http');
//const SubsetSum = require('./subsetSum');
const SubsetSum = require('./subsetSumDefer');
http.createServer(function (req, res) {
  // ...
```

我们现在准备测试这个新版本的子集和服务器。使用以下命令启动应用程序模块：

**node app**

然后，尝试再次发送一个请求以计算与给定总和匹配的所有子集：

**curl -G http://localhost:8000/subsetSum --data-urlencode "data=[116, 119,101,101,-116,109,101,-105,-102,117,-115,-97,119,-116,-104,-105,115]" -- data-urlencode "sum=0"**

当请求正在运行时，你可能想看看服务器是否响应：

**curl -G http://localhost:8000**

酷！即使 SubsetSum 任务正在运行，第二个请求都会立即返回。确认我们的模式运行良好。

## 交叉模式的注意事项

正如我们看到的，运行 CPU 绑定任务的同时保留应用程序的响应性并不那么复杂，只需要使用setImmediate()来调度算法的任何未完成的 I/O 之后的下一步即可。然而，这不是提高效率最好的模式。事实上，推迟一个任务会引入一个小的开销，再乘以算法必须运行的所有步骤，可以产生很大的影响。这通常是运行 CPU 绑定任务时要考虑的最后一件事情，特别是如果我们必须将结果直接返回给用户，这应该在合理的时间内完成。缓解问题的一个可能的解决方案是仅在一定数量的步骤之后才使用setImmediate()，而不是在每一个步骤中都使用它，但是这还不能解决根本问题。

请记住，这并不意味着应该不惜一切代价避免使用该模式，实际上，如果我们看图示，同步任务不一定要非常长而复杂，造成麻烦。在忙碌的服务器中，甚至阻止事件循环 200ms 的任务可能会导致不必要的延迟。在偶尔或后台执行任务并且不必运行太长时间的情况下，使用setImmediate()来交叉执行是避免阻塞事件循环的最简单和最有效的方式。

 process.nextTick()不能用于交叉运行长时间的任务。正如我们在第 1 章中看到的，nextTick()在任何待处理的 I/O 之前安排一个操作，并且这可能会在重复调用的情况下最终导致 I/O 饥饿。你可以通过在上一个示例中使用process.nextTick()替换setImmediate()来自己验证。这种行为是 Node.js 0.10 引入的。实际上，使用 Node.js 0.8 时，process.nextTick()仍然可以用作交叉机制。看一看关于 GitHub 的问题，可以了解更多有关这种变化的历史和动机：https://github.com/joyent/node/issues/3335

# 使用多进程

推迟算法步骤不是运行 CPU 绑定任务的唯一选择，防止事件循环阻塞的另一种模式是使用**子进程**。我们知道，Node.js 在运行 I/O 密集型应用程序（如 Web 服务器）方面得到了最大的发挥，这使得我们可以通过异步架构来优化资源利用率。

因此，我们保持应用程序响应能力的最佳方式是在主应用程序的上下文中不运行密集的 CPU 绑定任务，而是使用单独的进程。这有三个主要优点：

- 同步任务可以全速运行，无需交叉执行步骤。

- 使用 Node.js 中的进程很简单，比修改算法使用setImmediate()更容易，并且允许我们轻松地使用多个处理器，而不需要扩展主应用程序本身。

- 如果我们真的需要最高性能，外部过程可能会以较低级别的语言创建，例如旧的 C

（始终使用最好的工具！）

Node.js 具有用于与外部进程交互的 API 的大量工具带。我们可以在child_process模块中找到需要的所有东西。此外，当外部进程只是另一个 Node.js 程序时，将其连接到主应用程序序是非常容易的，我们甚至不觉得我们正在运行本地应用程序外部的东西。这是由于使用了child_process.fork()函数，它创建一个新的 Node.js 进程，并且自动创建一个通信通道，允许我们使用非常类似于EventEmitter的接口交换信息。下面我们来看看如何重新构建我们的子集和服务器。

## 将子集和任务委派给其他进程

重构SubsetSum任务的目的是创建一个单独的子进程，负责处理同步事宜，使服务器的事件循环可以随意处理来自网络的请求。我们将遵循如下步骤：

1. 将创建一个名为processPool.js的新模块，其允许我们创建一个正在运行的进程池。启动一个新的进程是很麻烦的，需要时间，所以保持它们不断运行并准备好处理请求，从而节省时间和 CPU。此外，池将帮助我们限制同时运行的进程数，以避免将应用程序暴露于**拒绝服务（DoS）**攻击。

2. 接下来，创建一个名为subsetSumFork.js的模块，负责抽象子进程中运行的Subset-Sum任务。它的作用是与子进程通信，并将任务的结果暴露出来，就像它们来自当前应用程序一样。

3. 最后，需要一个 worker（我们的子进程），一个新的 Node.js 程序，其目的是运行子集和算法并将结果转发给父进程。

 DoS 攻击试图使机器或网络资源对其用户不可用，例如暂时或无限期地中断或挂起连接到 Internet 主机的服务。

## 实现进程池

我们先从processPool.js模块开始：

```
const fork = require('child_process').fork;
class ProcessPool {
  constructor(file, poolMax) {
    this.file = file;
    this.poolMax = poolMax;
    this.pool = [];
```

```
    this.active = [];
    this.waiting = [];
  }
//...
```

在模块的第一部分，导入用于创建新进程的child_process.fork()函数。然后，定义ProcessPool构造函数，该构造函数接受要运行的 Node.js 程序文件和池中最大的运行实例数（poolMax）作为参数。然后定义三个实例变量：

- pool 是一组可以使用的正在运行的进程

- active 包含当前正在使用的进程的列表

- waiting 包含所有这些请求的回调队列，由于缺少可用进程，因此无法立即实现

第二部分是gets()方法，它负责返回一个准备使用的进程：

```
acquire(callback) {
  let worker;
  if (this.pool.length > 0) { // [1]
    worker = this.pool.pop();
    this.active.push(worker);
    return process.nextTick(callback.bind(null, null, worker));
  }
  if (this.active.length >= this.poolMax) { // [2]
    return this.waiting.push(callback);
  }
  worker = fork(this.file); // [3]
  this.active.push(worker);
  process.nextTick(callback.bind(null, null, worker));
}
```

逻辑非常简单，解释如下：

1. 如果我们准备使用一个池中的进程，只需将其移动到活动列表，然后通过调用回调（以延迟的方式，还记得 Zalgo 吗？）返回它。

2. 如果进程池中没有可用进程，并且已经达到运行进程的最大数量，必须等待一个可用进程。我们通过排队等待列表中的当前回调来实现此目的。

3. 如果还没有达到运行进程的最大数量，使用child_process.fork()创建一个新的进程，将其添加到活动列表中，然后使用回调将其返回给调用者。

ProcessPool类的最后一个方法是release(), 其目的是将一个进程放回池中:

```
release(worker) {
  if (this.waiting.length > 0) { // [1]
    const waitingCallback = this.waiting.shift();
    waitingCallback(null, worker);
  }
  this.active = this.active.filter(w => worker !== w); // [2]
  this.pool.push(worker);
}
```

这段代码也很简单, 解释如下:

- 如果在等待列表中有一个请求, 我们简单地将被释放的工作重新分配给等待队列头部的回调。
- 否则, 我们从活动列表中删除该worker并将其放回池中。

可以看到, 进程永远不会停止, 只是重新分配, 从而我们可以在每次请求时不重新启动它们以便节省时间。然而, 一定要注意, 这并不总是最好的选择, 这在很大程度上取决于应用的要求。可以调整减少长期内存使用量, 增加流程池的健壮性:

- 终止空闲进程, 在一段时间不活动后释放内存。
- 添加一种机制来杀死无响应的进程或重新启动那些刚刚崩溃的进程。

但是在这个例子中, 我们将继续实现我们的流程池, 因为我们想添加的细节真的很多。

## 与子进程通信

现在ProcessPool类已经准备就绪, 可以使用它来实现SubsetSumFork包装器, 该包装器的作用是与工作进程通信并公开其生成的结果。正如你看到的, 使用child_process.fork()启动一个进程也为我们提供了一个简单的基于消息的通信通道, 所以我们来看实现subsetSumFork.js模块的原理:

```
const EventEmitter = require('events').EventEmitter;
const ProcessPool = require('./processPool');
const workers = new ProcessPool(__dirname + '/subsetSumWorker.js', 2);
class SubsetSumFork extends EventEmitter {
  constructor(sum, set) {
    super();
    this.sum = sum;
```

```
    this.set = set;
  }
  start() {
    workers.acquire((err, worker) => { // [1]
      worker.send({ sum: this.sum, set: this.set });
      const onMessage = msg => {
        if (msg.event === 'end') { // [3]
          worker.removeListener('message', onMessage);
          workers.release(worker);
        }
        this.emit(msg.event, msg.data); // [4]
      };
      worker.on('message', onMessage); // [2]
    });
  }
}
module.exports = SubsetSumFork;
```

首先要注意的是,使用名为subsetSumWorker.js的文件作为目标来初始化一个ProcessPool对象,该对象表示我们的子工作进程。我们还将池的最大容量设置为2。

值得一提的另一点是,我们试图维护原来的SubsetSum类的公共API。实际上,SubsetSumFork是一个EventEmitter,它的构造函数接受sum和set参数,而 start() 方法会触发执行算法,该算法在这个单独的进程上运行。当调用start()方法时会做下面这些事情:

1. 我们尝试从池中获取一个新的子进程。当这种情况发生时,我们立即使用工作进程句柄向子进程发送一条消息,并输入作业运行。send()API 由 Node.js 自动提供给以child_process.fork()开头的所有进程,这实质上是我们谈论的通信通道。

2. 然后,我们开始监听从工作进程返回的任何消息,使用on()方法附加一个新的监听器(这也是由以child_process.fork()开头的所有进程提供的通信通道的一部分)。

3. 在监听器中,首先检查是否收到一个结束事件,这意味着SubsetSum任务已经完成,在这种情况下,我们删除onMessage监听器并释放该工作进程,将其放回池中。

4. 工作进程以{event, data}格式生成消息,使我们能够无缝地重新发布子进程生成的任何事件。

这就是SubsetSumFork包装器。现在我们来实现 worker 应用程序。

令我们感到高兴的是，子进程实例上可用的send()方法也可以用于将套接字句柄从主应用程序传播到子进程（http://nodejs.org/api/child_process.html#child_process_child_send_message_sendhandle）。这实际上是集群模块用于跨多个进程（从 Node.js 0.10 开始）分发 HTTP 服务器的负载的技术。这是我们下一章中要详细讨论的内容。

## 与父进程通信

现在，我们创建一个subsetSumWorker.js模块，这是我们的工作者应用程序，这个模块整个将在一个单独的进程中运行：

```
const SubsetSum = require('./subsetSum');
process.on('message', msg => { // [1]
  const subsetSum = new SubsetSum(msg.sum, msg.set);
  subsetSum.on('match', data => { // [2]
    process.send({ event: 'match', data: data });
  });
  subsetSum.on('end', data => {
    process.send({ event: 'end', data: data });
  });
  subsetSum.start();
});
```

可以立即看到，我们正在重用原始（同步）SubsetSum。现在我们处于一个单独的进程中，不必担心会阻塞事件循环，所有 HTTP 请求将继续由主应用程序的事件循环处理，而不会中断。

我们看看当工作进程作为子进程启动时，都发生了什么事情：

1. 它立即开始监听来自父进程的消息。这可以通过process.on()函数（也是当进程使用child_process.fork()启动时提供的通信 API 的一部分）轻松完成。我们期望来自父进程的唯一消息是向新的 SubsetSum 任务提供输入的消息。收到这样的消息后，我们创建一个SubsetSum类的新实例，并为匹配和结束事件注册监听器。最后，使用subsetSum.start()开始计算。

2. 每次从运行算法接收到一个事件，我们将它包装成一个格式为{event，data}的对象，并将其发送到父进程。这些消息然后在subsetSumFork.js模块中被处理，正如我们在上一节中看到的那样。

可以看到，我们只需要包装我们已经构建的算法，而不修改它的内部。这清楚地表明，通过简单地使用上述模式，应用程序的任何部分都可以很容易地放在外部进程中。

 当子进程不是 Node.js 程序时，我们刚才描述的简单通信通道不可用。在这个情况下，我们仍然可以通过在标准输入和标准输出流之上实现我们自己的协议来建立与子进程的接口，该进程暴露给父进程。要了解有关child_process API 的更多信息，可以参考官方的 Node.js 文档：http://nodejs.org/api/child_process.html。

## 多进程模式的注意事项

和往常一样，要测试这个新版本的子集和算法，只需要替换 HTTP 服务器使用的模块（文件app.js）即可：

```
const http = require('http');
//const SubsetSum = require('./subsetSum');
//const SubsetSum = require('./subsetSumDefer');
const SubsetSum = require('./subsetSumFork');
//...
```

现在可以再次启动服务器，并尝试发送示例请求：

```
curl -G http://localhost:8000/subsetSum --data-urlencode
"data=[116,119,101,101,-116,109,101,-105,-102,117,-115,-97,119,-116,-104,-1
05,115]" --data-urlencode "sum=0"
```

类似于我们以前看到的交叉模式，使用这个新版本的 subsetSum 模块，在运行 CPU 绑定任务时事件循环不被阻塞。这可以通过发送另一个并发请求来确认，如下所示：

```
curl -G http://localhost:8000
```

该命令行应立即返回一个字符串，如下所示：

```
I'm alive!
```

更有趣的是，我们也可以同时尝试启动两个subsetSum任务，我们能够看到它们将使用两个不同处理器的全部能力来运行（确认我们的系统有多个处理器）。相反，如果我们尝试同时运行三个subsetSum任务，结果应该是最后一个将被挂起。这不是因为主进程的事件循环被阻塞，而是因为我们为subsetSum任务设置了两个进程的并发限制，这意味着当池中的两个进程中至少有一个再次可用时，将立即处理第三个请求。

我们看到，多进程模式绝对比交叉模式更强大和灵活，但是，由于单个计算机提供的资源数量仍然是一个硬限制，所以它仍然无法扩展。在这种情况下，可以将负载分布在多台机器上，但这是另外一回事，属于分布式架构类别，我们将在下一章中探讨。

 值得一提的是，当运行 CPU 绑定的任务时，线程可能是进程的一种替代方法。目前，有几个 npm 软件包暴露了线程到用户模块的 API，最流行的是 webworker 线程（https://npmjs.org/package/webworker-threads）。然而，即使线程更轻巧，即使在诸如冻结或崩溃等问题的情况下，完整的进程也能提供更多的灵活性和更好的隔离级别。

# 总结

本章为我们的工具链添加了一些新武器，可以看到，我们的探索越来越集中在具体问题上，我们开始深入研究更先进的解决方案。通常，我们会重用前面章节中分析的一些模式：状态、命令和代理，为异步初始化的模块提供有效的抽象，为我们的 API 添加批处理和缓存的异步控制流模式，延迟执行和事件帮助我们运行 CPU 绑定任务。

本章不仅为我们提供了一套重用和定制的编程技巧，而且还展示了如何掌握一些原则和模式，从而帮助我们解决 Node.js 开发中最复杂的问题。

接下来的两章代表了我们探索的最高峰。在研究了各种战术之后，我们准备转向策略，并探索扩展和分发 Node.js 应用程序的模式。

第 *10* 章

# 扩展与架构模式

Node.js 在早期主要是作为一个非阻塞的 Web 服务器，其原名实际上是 web.js。它的创始人 Ryan Dahl 很快就意识到了该平台所具有的潜力，并开始使用工具对它进行扩展，以便在双核 JavaScript/非阻塞范式之上创建各种类型的服务器端应用程序。Node.js 的特点对于分布式系统的实现是非常完美的，它由各个节点组成，通过网络编排其操作。Node.js 天生就是分布式的。与其他 Web 平台不同的是，"可扩展性"一词在应用程序生命周期的早期阶段就进入了 Node.js 开发人员的视野，主要是因为它的单线程特性无法利用一台机器的所有资源，但除此之外还有其他更深层的原因。我们将在本章中看到，扩展应用程序不仅意味着增加其容量，更快地处理更多的请求，同时它也是实现高可用性和高容错应用的关键方法。更令人惊讶的是，它还可以将应用程序的复杂性分解到子应用使其更易于管理。可扩展性是一个涵盖多个方面的概念，其中有 6 个很关键，就像一个立方体的 6 个面（扩展立方体模型（*scale cube*））。

在本章中，你将学习以下这些内容：

- 这个扩展立方体模型是什么？
- 如何通过运行同一应用程序的多个实例进行扩展。
- 如何在扩展应用程序时利用负载均衡。
- 什么是服务注册表，以及如何使用它。
- 如何从单体式应用程序出发设计微服务架构。
- 如何通过使用一些简单的架构模式来编排大量的服务。

# 应用程序扩展介绍

在我们深入了解一些实际的模式和例子之前，有必要提一下关于扩展应用程序的原因以及如何实现。

## 扩展 Node.js 应用程序

我们知道，典型的 Node.js 应用程序的大部分任务都在单线程的上下文中运行。在第 1 章中，我们了解到这其实并不是一个限制，而是一种优势，因为它允许应用程序对并发请求所需的资源进行优化使用，这要归功于非阻塞 I/O 范式。通过对单线程非阻塞 I/O 的完全利用，完美地处理适当数量的并发请求，通常是数百个每秒（这在很大程度上取决于应用程序的实现）。假设我们正在使用一些商用硬件，不管这个服务器有多强大，一个线程可以支持的容量是有限的，因此，如果我们想要使用 Node.js 来实现一个高负载应用程序，唯一的方法是将它扩展到多个线程和机器。

无论如何，工作负载并不是扩展 Node.js 应用程序的唯一原因。事实上，使用相同的技术，我们可以获得其他所需的能力，如**可用性**和**容错性**。可扩展性同样也是适用于应用程序的大小和复杂性的概念。实际上，构建可扩展的架构是设计软件的另一个重要因素。JavaScript 是一个需要谨慎使用的语言，其缺乏类型检查，许多小陷阱可能成为它在应用程序方面发展的障碍，但是通过一些限制和精准的设计，我们可以将这些转化为优势。使用 JavaScript，我们经常被迫保持应用程序简单，并将其分解为更易管理的模块，使其更容易扩展和分发。

## 可扩展性的三个维度

在谈到可扩展性时，要理解的第一个基本原则是**负载均衡**，即将应用程序的负载分解到多个进程和机器。实现负载均衡有很多种方法，而且，由 Martin L. Abbott 和 Michael T. Fisher 所著的 *The Art of Scalability*（可扩展艺术）一书中提出了一种代表这些方法的巧妙模型，称为**扩展立方体模型（scale cube）**。该模型用以下三个维度描述了可扩展性的概念。

- $x$ 轴: 克隆
- $y$ 轴: 服务/功能分解
- $z$ 轴: 分割数据分区

这三个维度可以表示为一个立方体，如下图所示：

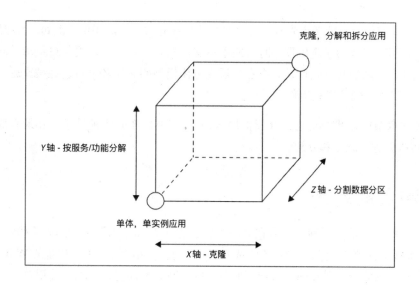

立方体的左下角表示一个单体式应用（代码托管在一个仓库，运行在一个实例上）的所有功能和服务，这是处于开发初期，应用负载较低时的常见情况。

一个单体式的、不可扩展的应用程序的最直观的演变是沿着 $x$ 轴方向移动，这样的方式是最简单、最高效，时间成本最低的（在开发成本方面）。这种技术背后的原理也是最基本的，也就是克隆相同应用程序 $n$ 次，并使每个实例处理工作负载的 $1/n$。

沿着 $y$ 轴进行扩展意味着基于其功能来分解应用程序、服务或用例。在这种情况下，分解意味着创建不同的、独立的应用程序，每个应用程序都有自己的代码库，并且有时会有自己的专用数据库，或者甚至有自己单独的 UI。例如，一种常见的情况是拆分公共产品管理应用的一部分功能。另一个示例是提取负责用户认证的服务，搭建一个专用的认证服务器。按照功能拆分应用程序的主要标准依赖于业务需求、用例、数据等诸多因素，以上我们所讲的内容将在本章后面看到。有趣的是，从发展的角度来看，通过这个维度扩展应用程序是影响最大的，不仅在应用程序的架构上，而且还在于管理它的方式。随后我们将看到，"微服务"是目前最常见的与细粒度的 $y$ 轴扩展相关联的术语。

最后一个维度是通过 $z$ 轴进行扩展，其中应用程序以每个实例仅对整个数据的一部分负责的方式进行拆分。这是一种主要用于数据库的技术，也叫作**水平划分**或**分片**。在此设置中，有多个相同应用程序的实例，每个实例都使用不同的标准来确定数据的分区。例如，我们可以根据国家（列表分区）或基于姓氏（范围分区）的起始字母分区应用程序的用户，或者让散列函数决定每个用户所属的分区（散列分区）。然后可以将每个分区分配给我们应用程序的特定实例。使用数据分区要求在每个操作之前都有一个查找步骤，以确定应用程序的哪个实例对给定的数据负责。正如我们所说，数据分区通常在数据库层面应用和处理，因为它的主要目的是克服与处理大型单体数据集有关的问题（有限的磁盘空间、内存和网络带宽）。在应用程序层面应用它只能考虑到复杂的分布式系构或非常特殊的用例，例如，当使用数据持久化的定制解决方案构建应用程序时，使用不支持分区的数据库，或在 Google scale 上构建应用程序时。考虑到其复杂性，只有在扩展立方体模型的 $x$ 轴和 $y$ 轴已经被充分利用之后，才应该考虑沿着 $z$ 轴扩展应用程序。

在接下来的章节中，我们将重点介绍扩展 Node.js 应用程序的两种最常用和最有效的技术，即按功能/服务进行克隆和分解。

# 克隆和负载均衡

传统的多线程 Web 服务器通常只有在分配给机器的资源无法再升级的情况下才能进行扩展，或者这样做会比简单启动另一台机器的成本更高。通过使用多个线程，传统的 Web 服务器可以利用所有可用的处理器和内存来使用服务器的所有处理能力。然而，使用单个 Node.js 进程是很难做到的，它是单线程的，并且在默认情况下，64 位机器上的内存限制为 1.7GB（需要一个特殊的命令行选项 --max_old_space_size 来增加）。这意味着即使在单个机器的上下文中，Node.js 应用程序通常可以比传统的 Web 服务器被更快地扩展，以便能够利用其所有资源。

 在 Node.js 中，**纵向扩展**（向单个计算机添加更多资源）和**横向扩展**（向基础设施添加更多机器）几乎是同等的概念；事实上，这两种方法都涉及类似的技术，利用所有可用的处理能力。

不要傻傻地认为这是一个缺点。相反，强制扩展有利于获得一个应用程序的其他能力，特别是可用性和容错性。事实上，通过克隆来扩展 Node.js 应用程序是相对简单的，甚至不需要收集更多资源，只是为了有一个冗余，容错设置。

这也推动开发人员从应用程序的早期阶段就考虑可扩展性，以确保应用程序不依赖于不能在多个进程或计算机上共享的任何资源。事实上，扩展应用程序的绝对先决条件是，每个实例都不必在不能共享的资源（通常是硬件，如内存或磁盘）上存储公用信息。例如，在 Web 服务器中，将会话数据存储在存储器或磁盘上是一种在扩展时不能正常工作的做法；相反，使用共享数据库将确保每个实例都可以访问相同的会话信息，无论其部署在什么地方。

下面介绍用于扩展 Node.js 应用程序的最基本的机制：集群模块。

# 集群模块

在 Node.js 中，在单个机器上运行不同实例的应用程序分配负载的最简单方式是使用群集模块，该模块是核心库的一部分。集群模块简化了同一应用程序的新实例的分流，并自动在其间分配传入连接，如下图所示：

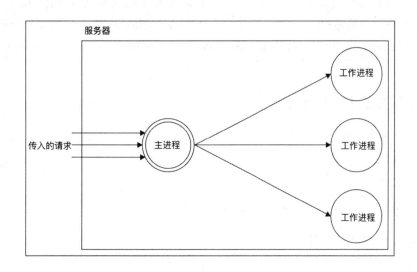

**主进程**负责产生一些进程（**工作进程**），每个进程表示我们要扩展的应用程序的一个实例。然后，每个传入的连接分布在克隆的工作进程上，将负载分散在它们之间。

## 有关群集模块行为的注意事项

在 Node.js 0.8 和 0.10 中，集群模块在工作进程之间共享相同的服务器套接字，并脱离操作系统，负责利用可用的工作线程负载均衡传入的连接。但是，这种方法有问题。事实上，操作系统使用算法在整个工作进程中分配负载并不意味着负载均衡网络请求，而是安排进程的执行。因此，在所有情况下，分布并不总是均匀的；经常会出现一小部分工作进程承担大部分的负载。这种行为对于操作系统调度器是有意义的，因为它侧重于最小化不同进程之间的上下文切换。长话短说就是，当 Node.js 的版本小于等于 0.10 时，集群模块无法充分发挥作用。

然而，情况从版本 0.11.2 开始有所变化，在主进程中包含显式的轮询负载均衡算法，这确保了请求在所有工作进程之间均匀分布。新的负载均衡算法默认在 Windows 之外的所有平台上启用，并且可以通过使用常量cluster.SCHED_RR (round robin) 或cluster.SCHED_NONE (由操作系统处理)，设置变量cluster.schedulingPolicy来进行全局修改。

轮询算法在负载均衡的基础上将负载均匀分布在可用的服务器上。第一个请求被转发到第一个服务器,第二个请求转发到列表中的下一个服务器,依此类推。当达到列表的结尾时,从开始重新开始迭代。这是最简单和最常用的负载均衡算法之一,然而,它不是唯一的。更复杂的算法允许分配优先级,选择最少加载的服务器或具有最快响应时间的服务器。可以在下面这两个 Node.js 问题中找到有关集群模块演进的更多详细信息:https://github.com/nodejs/node-v0.x-archive/issues/3241, https://github.com/nodejs/node-v0.x-archive/issues/4435。

## 构建一个简单的 HTTP 服务器

下面研究一个例子,我们来构建一个小型的 HTTP 服务器,使用群集模块进行克隆和负载均衡。首先,需要使用一个应用程序来扩展,在这个例子中,不需要太多代码,其只是一个非常基本的 HTTP 服务器。

创建一个名为app.js的文件,其中包含以下代码:

```
const http = require('http');
const pid = process.pid;
http.createServer((req, res) => {
  for (let i = 1e7; i > 0; i--) { }
  console.log(`Handling request from ${pid}`);
  res.end(`Hello from ${pid}\n`);
}).listen(8080, () => {
  console.log(`Started ${pid}`);
});
```

这个 HTTP 服务器通过发回包含 PID 的消息来响应任何请求,这将有助于识别应用程序的哪个实例正在处理请求。另外,为了模拟一些实际的 CPU 工作,我们执行了 1000 万次空循环,没有这个,服务器负载几乎不会考虑我们将要运行的这个例子的小规模测试。

要扩展的应用程序模块可以是任何东西,也可以使用 Web 框架来实现,例如 Express。

现在,我们可以检查所有的工作是否像往常一样运行,并使用浏览器或curl向 http://local-host:8080 发送请求。

还可以尝试仅使用一个进程来测算服务器能够处理的每秒请求数;为此,可以使用网络基准测试工具，如 siege (http://www.joedog.org/siege-home) 或 Apache ab (http://httpd.apache.org/docs/2.4/programs/ab.html)：

```
siege -c200 -t10S http://localhost:8080
```

使用 ab，命令行将如下所示：

```
ab -c200 -t10 http://localhost:8080/
```

上述命令将加载具有 200 个并发连接的服务器 10 秒钟。作为参考，具有 4 个处理器的系统的结果为每秒 90 个事务，平均 CPU 利用率仅为 20%。

 请记住，我们将在本章中执行的负载测试是有意用简单和最小的，仅用于参考和学习。它们的结果不能提供对我们正在分析的各种技术的性能的 100% 准确评估。

## 使用集群模块进行扩展

下面我们尝试使用集群模块来扩展我们的应用程序。创建一个名为clusteredApp.js的新模块：

```
const cluster = require('cluster');
const os = require('os');
if (cluster.isMaster) {
  const cpus = os.cpus().length;
  console.log(`Clustering to ${cpus} CPUs`);
  for (let i = 0; i < cpus; i++) { // [1]
    cluster.fork();
  }
} else {
  require('./app'); // [2]
}
```

可以看到，我们只需要写一点点代码就可以实现群集模块。我们分析一下发生了什么：

- 当我们从命令行启动clusteredApp时，我们实际上正在执行主进程。cluster.isMaster变量被设置为true，我们需要做的唯一工作是使用cluster.fork()分派当前进程。在这个例子中，我们fork进程的数量和系统中 CPU 的数量一样多，以利用所有可用的处理能力。
- 当从主进程执行cluster.fork()时，当前主模块（clusteredApp）将再次运行，但这次在工作模式下（cluster.isWorker设置为true，而cluster.isMaster为false）。当应用程序作为工作进程运行时，它可以开始做一些实际的工作。在我们的示例中，我们加载了应用程序模块，它实际上启动了一个新的 HTTP 服务器。

 重要的是要记住，每个工作进程是一个不同的 Node.js 进程，它们有自己的事件循环、内存空间和依赖的模块。

有趣的是，集群模块的使用是基于循环模式的，这使得运行应用程序的多个实例变得非常简单：

```
if(cluster.isMaster) {
  // fork()
} else {
  //do work
}
```

 在底层，集群模块使用了 child_process.fork()API（我们已经在第9章中看到过这个API），因此我们还有一个可以在主服务器和工作进程之间使用的通信通道。可以从变量 cluster.workers 访问工作进程的实例，因此向所有工作进程广播消息，这只需要简单地运行以下几行代码：

```
Object.keys(cluster.workers).forEach(id => {
  cluster.workers[id].send('Hello from the master');
});
```

现在，我们来尝试以集群模式运行我们的 HTTP 服务器。可以像往常一样启动clusteredApp模块：

**node clusteredApp**

如果我们的机器有多个处理器，我们应该能看到一些工作进程由主程序一个接一个地启动。例如，在具有四个处理器的系统中，终端应如下所示：

**Started 14107**
**Started 14099**
**Started 14102**
**Started 14101**

如果我们现在尝试使用 URL http://localhost:8080 重新启动服务器，我们应该能注意到，每个请求将返回一个具有不同 PID 的消息，这意味着这些请求已被不同的工作进程处理，由此确认负载在它们之间分配。

现在我们可以尝试重新加载服务器：

```
siege -c200 -t10S http://localhost:8080
```

这样，我们应该能够发现跨多个流程扩展我们的应用程序获得的性能提升。作为参考，在具有 4 个处理器的 Linux 系统中使用 Node.js 6，性能提升应该大约是 3x（270 trans/sec 和 90 trans/sec 相比），平均 CPU 负载为 90%。

## 集群模块的弹性和可用性

正如我们之前已经提到的，扩展应用程序也有其他好处，特别是即使存在故障或崩溃也能够维持一定的服务水平。该特性也称为弹性，它有助于提高系统的可用性。

通过启动同一应用程序的多个实例，我们可以创建一个冗余系统，这意味着如果一个实例由于某种原因而失败，我们还有其他实例可以准备好接收请求。使用群集模块实现这种模式非常简单。我们看看它是如何工作的！

我们以上一节的代码为起点。具体来说，修改 app.js 模块，以便让它在随机的时间间隔之后崩溃：

```
// ...
// At the end of app.js
setTimeout(() => {
  throw new Error('Ooops');
}, Math.ceil(Math.random() * 3) * 1000);
```

随着这种变化，我们的服务器在 1~3 的随机秒数之间出现错误。在现实生活中，这将导致我们的应用程序停止工作，当然也可以接收请求，除非我们使用一些外部工具来监视其状态并自动重新启动。但是，如果我们只有一个实例，则由应用程序的启动时间引起的重新启动之间可能存在不可忽略的延迟。这意味着在重新启动期间，应用程序不可用。改为多个实例可以确保我们始终拥有一个备份系统来接收传入的请求，即使其中一个工作实例出现错误。

使用集群模块，只要我们检测到一个工作进程由于一个代码错误被终止，我们所要做的就是产生一个新的工作进程。我们来修改clusteredApp.js模块：

```
if (cluster.isMaster) {
  // ...
  cluster.on('exit', (worker, code) => {
    if (code != 0 && !worker.suicide) {
```

```
      console.log('Worker crashed. Starting a new worker');
      cluster.fork();
    }
  });
} else {
  require('./app');
}
```

在这段代码中，一旦主进程接收到"退出"事件，我们会检查进程是否有意外终止或返回错误的结果，通过检查状态代码和`worker.exitedAfterDisconnect`标记来指示工作进程是否被主机明确终止。如果确认进程由于错误而被终止，那么我们启动一个新的工作进程。有趣的是，当终止的工作进程重新启动时，其他工作进程仍然可以服务请求，从而不会影响应用程序的可用性。

为了测试这一点，我们可以尝试使用siege来压测我们的服务器。当压力测试完成时，我们注意到，在siege产生的各种指标中，还有一个衡量应用程序可用性的指标。预期的结果将是这样的：

```
Transactions: 3027 hits
Availability: 99.31 %
[...]
Failed transactions: 21
```

请记住，这个结果可能有很大的不同，它在很大程度上取决于运行实例的数量以及在测试期间崩溃的次数，但它给出了我们的解决方案如何工作的良好指标。以上数字告诉我们，尽管我们的应用程序不断崩溃，但是在 3027 个请求中只有 21 次失败。在我们构建的示例场景中，大多数失败的请求是由于崩溃期间已建立的连接的中断引起的。事实上，当这种情况发生时，siege会输出如下错误信息：

```
[error] socket: read error Connection reset by peer sock.c:479: Connection
reset by peer
```

不幸的是，防止这些类型的故障，我们可以做的其实很少，特别是当应用程序由于崩溃而终止时。尽管如此，我们的解决方案证明是有效的，而且对于经常崩溃的应用程序而言，它的可用性并不差！

## 零停机重启

当需要更新代码时，还可能需要重新启动 Node.js 应用程序。所以，在这种情况下，有多个实例可以帮助维护我们的应用程序的可用性。

当我们必须重新启动应用程序进行更新时，会出现一个小的空窗期，其中的应用程序重新启动并且无法服务请求。如果我们更新我们的个人博客，这是可以接受的，但是对于具有**服务级别协议 (SLA)** 的专业应用程序或经常更新的专业应用程序，持续交付过程的一部分，这不是一个很好的选择。该解决方案是部署**零停机重启**，其中更新应用程序的代码而不会影响应用程序的可用性。

使用群集模块，这又是一个非常简单的任务。该模式包括一次重新启动一个工作实例。这样，剩下的工作实例可以继续运行和维护可用的应用程序的服务。

然后我们将这个新功能添加到我们的集群服务器中。我们所要做的就是添加一些要由主进程执行的新代码 (clusteredApp.js文件)：

```
if (cluster.isMaster) {
  // ...
  process.on('SIGUSR2', () => { //[1]
    const workers = Object.keys(cluster.workers);
    function restartWorker(i) { //[2]
      if (i >= workers.length) return;
      const worker = cluster.workers[workers[i]];
      console.log(`Stopping worker: ${worker.process.pid}`);
      worker.disconnect(); //[3]
      worker.on('exit', () => {
        if (!worker.suicide) return;
        const newWorker = cluster.fork(); //[4]
        newWorker.on('listening', () => {
          restartWorker(i + 1); //[5]
        });
      });
    }
    restartWorker(0);
  });
} else {
  require('./app');
}
```

该代码的工作原理如下：

1. 在接收到SIGUSR2信号时触发工作实例重新启动。

2. 定义一个restartWorker()迭代器函数。这将在cluster.workers对象的项目上实现异步顺序迭代模式。

3. restartWorker()函数的第一个任务是通过调用worker.disconnect()来正常地停止工作。

4. 当终止的进程退出时，可以生成一个新的工作进程。

5. 只有当新的工作进程准备好并且监听新的连接时，我们可以通过调用下一步的迭代继续并重新启动下一个工作进程。

 当我们的程序使用 UNIX 信号时，它将无法在 Windows 系统上正常工作（除非你使用最新的用于 Linux 的 Windows 10 子系统）。信号机制是实现我们的解决方案的最简单机制。但是，这不是唯一的办法；事实上，还有其他方法，包括监听来自套接字、管道或标准输入的命令。

现在我们可以运行clusteredApp模块，然后发送SIGUSR2信号来测试零停机重启功能。但是，首先我们需要获得主进程的PID。下面的命令可以用于从所有运行进程的列表中识别它：

```
ps af
```

主进程应该是一组节点进程的父节点。一旦有我们正在寻找的PID，我们可以发送信号给它：

```
kill -SIGUSR2 <PID>
```

clusteredApp 应用程序输出如下内容：

```
Restarting workers
Stopping worker: 19389
Started 19407
Stopping worker: 19390
Started 19409
```

我们可以尝试再次使用 siege 来验证，重启工作进程没有对我们程序的可用性造成很大的影响。

 PM2（https://github.com/unitech/pm2）是一个小工具，其基于集群，提供负载均衡、过程监控、零停机重启和其他功能。

## 处理有状态通信

集群模块在状态通信中并不是那么好，因为应用程序维护的状态不在各个实例之间共享。这是因为属于同一状态会话的不同请求可能潜在地被应用程序的不同实例处理。这不是仅限于集群模块的问题，通常任何种类的无状态负载均衡算法都有此问题。例如考虑下图描述的情况：

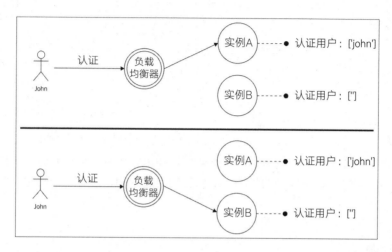

用户 **John** 最初向我们的应用程序发送一个请求来认证自己，但是操作的结果在本地注册（例如，在内存中），因此只有接收到认证请求的应用程序的实例（**实例 A**）才知道 John 已成功验证。当 John 发送新的请求时，负载均衡器可能将其转发到应用程序的不同实例，实际上它不具有身份验证的细节，因此拒绝执行该操作。刚描述的应用程序不能像现在那样被扩展，但幸运的是，我们可以使用两个简单的解决方案来解决问题。

## 在多个实例之间共享状态

我们必须使用有状态通信来扩展应用程序的第一个选项是共享所有实例的状态。这可以通过共享数据存储容易地实现，例如，PostgreSQL (http://www.postgresql.org)、MongoDB (http://www.mongodb.org) 或 CouchDB (http://couchdb.apache.org)，或者甚至我们可以使用诸如 Redis (http://redis.io) 或 Memcached (http://memcached.org) 的内存存储器存储。

下图概述了这个简单有效的解决方案：

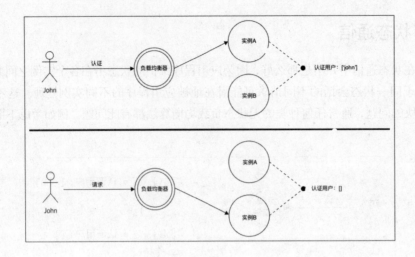

使用通信状态的共享储存唯一的缺点是,有时候并不能完全满足需求,例如,我们可能会使用现有的库来在内存中保持通信状态。无论如何,如果我们有一个现有的应用程序,使用此解决方案仍需要修改应用程序的代码。正如我们将看到的,还有一个侵入性较少的解决方案。

## 黏性负载均衡

我们支持状态通信的另一种选择是,负载均衡器总是将所有与会话关联的请求路由到应用程序的同一个实例。这种技术也称为**黏性负载均衡**。

下图说明了一种涉及此技术的简化方案:

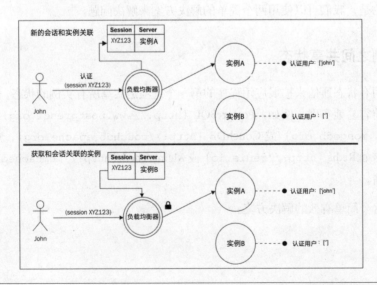

从该图可以看出，当负载均衡器接收到与新会话相关联的请求时，它将创建一个与负载均衡算法选择的一个特定实例的映射。下一次负载均衡器从同一个会话接收到请求时，它绕过负载均衡算法，选择先前与会话关联的应用程序实例。这个技术涉及检查与请求相关联的会话 ID（通常由应用程序或负载均衡器包含在 cookie 中）。

将状态连接与单个服务器相关联的更简单的替代方法是使用执行请求的客户端的 IP 地址。通常，IP 被提供给生成用于接收请求的应用程序实例的 ID 的散列函数。该技术具有不需要由负载均衡器记住关联的优点。然而，对于频繁更改 IP 的设备，例如在不同网络上漫游时，这种方式不能正常工作。

 集群模块默认不支持黏性负载均衡，但是可以添加名为 sticky-session（https://www.npmjs.org/package/sticky-session）的 npm 库。

黏性负载均衡的一个大问题是，它抵消了冗余系统的大部分优点，其中应用程序的所有实例都相同，并且实例最终可以替换另一个停止工作的实例。由于这些原因，建议始终尽量避免黏性负载均衡和构建在共享存储中维护所有会话状态，或根本不需要状态通信的应用程序（例如，将请求中的状态包括在本身中）。

 关于需要黏性负载均衡的库的一个真实例子，可以看看 Socket.io（http://socket.io/blog/introducing-socket-io-1-0/#scalability）。

# 使用反向代理进行扩展

当我们必须扩展应用程序时，集群模块不是 Node.js Web 应用程序的唯一选择。事实上，可以首选传统技术，因为它们在高可用性生产环境中提供更多的控制和功能。

使用集群的替代方法是启动在不同端口或计算机上运行的同一应用程序的多个独立实例，然后使用反向代理（或网关）提供对这些实例的访问，从而在其间分配流量。在这种配置中，我们没有一个主进程向一组工作进程分发请求，而是在同一台机器上运行的一组不同的进程（使用不同的端口）或分散在网络中的不同机器上。为了给我们的应用程序提供一个接入点，我们可以使用反向代理，在客户端和应用程序的实例之间放置一个特殊的设备或服务，它接收任何请求并将其转发到目标服务器，将结果返回给客户端，就像客户端直接向它发送请求一样。在这种情况下，反向代理也用作负载均衡器，在应用程序的实例之间分配请求。

要了解反向代理和转发代理之间的区别，可以参考 Apache HTTP 服务器文档，网址为：http://httpd.apache.org/docs/2.4/mod/mod_proxy.html#forwardreverse。

下图显示了一个典型的多进程多机器配置例子，其中反向代理充当前端的负载均衡器：

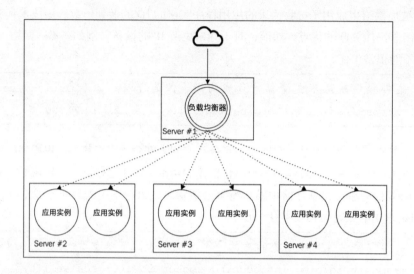

对于 Node.js 应用程序，有很多理由选择此方法来代替群集模块：

- 反向代理可以将负载分布在多台机器上，而不仅仅是几个进程。
- 市场上最流行的反向代理支持黏性负载均衡。
- 反向代理可以将请求路由到任何可用的服务器，而不管其编程语言或平台如何。
- 可以选择更强大的负载均衡算法。
- 许多反向代理还提供其他服务，如 URL 重写、缓存、SSL 终止点，甚至可以提供成熟的 Web 服务器的诸多功能，例如，提供静态文件。

也就是说，如果需要，集群模块也可以轻松地与反向代理组合；例如，使用集群在单个机器内垂直扩展，然后使用反向代理在不同节点之间水平扩展。

 **模式**
使用反向代理来平衡在不同端口或机器上运行的多个实例之间的应用程序的负载。

使用反向代理实现负载均衡器有很多种选择，如下为一些流行的解决方案：

- **Nginx**（`http://nginx.org`）：这是一个基于非阻塞 I/O 模型构建的 Web 服务器，反向代理和负载均衡器。

- **HAProxy**（`http://www.haproxy.org`）：这是一个用于 TCP/HTTP 流量的快速负载均衡器。

- **基于 Node.js 的代理**：在 Node.js 中直接实现反向代理和负载均衡器有很多解决方案，可能有优点也有缺点，我们将在后面看到。

- **基于云的代理**：在云计算时代，利用负载均衡器作为一种服务并不少见。这会很方便，因为它需要极少的维护，通常具有高度的可扩展性，有时它也可以支持动态配置，以实现按需扩展。

在本章的下面几节中，我们将分析一个使用 Nginx 的示例配置，稍后我们还将使用 Node.js 来构建我们自己的负载均衡器！

## 使用 Nginx 进行负载均衡

为了实现一个专用反向代理，我们构建一个基于 Nginx（`http://nginx.org`）的可扩展架构，首先需要安装它。可以按照 `http://nginx.org/en/docs/install.html` 的指示来做。

在最新的 Ubuntu 系统中，可以使用命令快速安装 Nginx：

`sudo apt-get install nginx`

在 Mac OS X 上，可以使用 brew 命令（`http://brew.sh`）安装：

`brew install nginx`

由于我们不会使用群集来启动服务器的多个实例，因此需要稍微修改应用程序的代码，以便可以使用命令行参数指定侦听端口。这将允许我们在不同的端口上启动多个实例。然后，我们再考虑一下我们的示例应用程序的主要模块（app.js）：

```
const http = require('http');
const pid = process.pid;
http.createServer((req, res) => {
  for (let i = 1e7; i > 0; i--) { }
  console.log(`Handling request from ${pid}`);
  res.end(`Hello from ${pid}\n`);
}).listen(process.env.PORT || process.argv[2] || 8080, () => {
  console.log(`Started ${pid}`);
```

```
});
```

另一个我们不使用集群模式所缺少的重要特性是在发生崩溃时自动重启。幸运的是，这很容易通过使用一个运行在我们程序之外的专用监控来解决，并在需要时重新启动它。可能的选择如下：

- **基于 Node.js 的监控**，如 forever (`https://npmjs.org/package/forever`) 或 pm2 (`https://npmjs.org/package/pm2`)。
- **基于操作系统的监控**，如 upstart (`http://upstart.ubuntu.com`)、systemd (`http://freedesktop.org/wiki/software/systemd`) 或者 runit (`http://smarden.org/runit/`)。
- **更先进的监控解决方案**，如 monit (`http://mmonit.com/monit`) 或者 supervisor (`http://supervisor.prg`)。

对于这个例子，我们将使用`forever`，这是最简单和最直接的方法。我们可以通过运行以下命令来进行全局安装：

```
npm install forever -g
```

下一步是启动我们应用程序的四个实例，所有应用都在不同的端口上，并且用`forever`管理：

```
forever start app.js 8081
forever start app.js 8082
forever start app.js 8083
forever start app.js 8084
```

可以使用以下命令检查已启动进程的列表：

```
forever list
```

现在将 Nginx 服务器配置为负载均衡器。

首先，需要确定在以下位置可以找到`nginx.conf`文件，这取决于你的系统上/usr/local/nginx/conf、/etc/nginx 或/usr/local/etc/nginx 的位置。

接下来，打开 nginx.conf 文件，并应用以下配置，这是负载均衡器工作所需的最小配置：

```
http {
  # ...
  upstream nodejs_design_patterns_app {
    server 127.0.0.1:8081;
    server 127.0.0.1:8082;
```

```
    server 127.0.0.1:8083;
    server 127.0.0.1:8084;
  }
  # ...
  server {
    listen 80;
    location / {
      proxy_pass http://nodejs_design_patterns_app;
    }
  }
  # ...
}
```

这个配置不需要过多解释。在upstream nodejs_design_patterns_app部分中，我们定义了用于处理网络请求的后端服务器的列表，然后在服务器部分中指定了proxy_pass指令，该指令本质上告诉 Nginx 将任何请求转发到我们之前定义的服务器组（nodejs_design_patterns_app）。就是这样，现在我们只需要使用命令重新加载 Nginx 配置：

**nginx -s reload**

我们的系统现在应该可以运行，准备接收请求并平衡 Node.js 应用程序的四个实例中的流量。只需将浏览器指向地址 http//localhost，以查看我们的 Nginx 服务器的流量是否平衡。

## 使用服务注册表

现代基于云的基础设施的一个重要优点是能够根据当前或预测的流量动态调整应用程序的容量，这也被称为动态扩展。如果部署得当，这种做法可以大大降低 IT 基础架构的成本，同时仍然保持应用程序的高可用性和响应能力。

这是个很简单的想法：如果我们的应用程序遇到由流量峰值引起的性能下降，我们会自动产生新的服务器来应对增加的负载。我们也可以决定在某些时间关闭一些服务器，例如在晚上，我们知道流量较少，并在早上再次重启。这种机制要求负载均衡器始终与当前的网络拓扑保持同步，随时知道哪台服务器启动。

解决这个问题的常见模式是使用一个名为服务注册表的中央存储库来跟踪运行的服务器及其提供的服务。下图显示了使用前端的负载均衡器的多服务体系结构，并使用服务注册表进行动态配置：

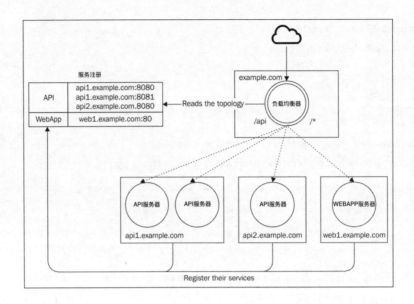

该架构假定存在两个服务 API 和 WebApp。负载均衡器将到达/api 的请求分发到实现 API 服务的所有服务器，而其余请求则分布在部署 WebApp 服务的服务器上。负载均衡器使用服务注册表获取服务器列表。

为了使其完全自动化工作，每个应用程序实例必须在服务注册表上注册，并在停止时自动注销。通过这种方式，负载均衡器可以始终拥有服务器和网络上可用服务的最新视图。

**模式（服务注册表）**

使用中央存储库来存储服务器和系统中可用服务的最新视图。

这种模式不仅可以应用于负载均衡，还可以应用于更一般的将服务类型与提供服务类型的服务器分离的方式。我们可以将其视为应用于网络服务的服务定位器设计模式。

## 使用 http-proxy 和 Consul 实现动态负载均衡器

为了支持动态网络基础设施，我们可以使用反向代理，如 Nginx 或 HAProxy。我们所需要做的就是使用自动化服务更新其配置，然后强制负载均衡器加载更改。对于 Nginx，可以使用以下命令行完成：

```
nginx -s reload
```

也可以通过基于云的解决方案来实现，但是我们有第三种更熟悉的方法来使用我们最喜欢的平台。

我们都知道 Node.js 是构建任何类型的网络应用程序的很好的工具。这正是其主要设计目标之一。那么为什么不使用 Node.js 来构建负载均衡器呢？这将给我们更多的自由和权力，并且允许我们直接在我们定制的负载均衡器中实现任何类型的模式或算法，包括我们将要探索的模式或算法，使用服务注册表的动态负载均衡。在这个例子中，我们将使用 Consul（https://www.consul.io）作为服务注册表。

对于这个例子，我们要复制上一节图中的多服务架构，为此，我们将主要使用三个 npm 软件包。

- http-proxy（https://npmjs.org/package/http-proxy）：这是一个用于简化 Node.js 中代理和负载均衡器的创建的库。
- portfinder（https://npmjs.com/package/portfinder）：这是一个可以发现系统中的空闲端口的库。
- consul（https://npmjs.org/package/consul）：这是一个允许服务在 Consul 中注册的库。

下面我们开始实现服务。它们是简单的 HTTP 服务器，如我们使用的测试集群和 Nginx 的 HTTP 服务器，但是这里我们希望每个服务器在服务注册表启动时注册自己。

我们来看看它的代码（app.js 文件）：

```
const http = require('http');
const pid = process.pid;
const consul = require('consul')();
const portfinder = require('portfinder');
const serviceType = process.argv[2];
portfinder.getPort((err, port) => { // [1]
  const serviceId = serviceType + port;
  consul.agent.service.register({ // [2]
    id: serviceId,
    name: serviceType,
    address: 'localhost',
    port: port,
    tags: [serviceType]
  }, () => {
    const unregisterService = (err) => { // [3]
      consul.agent.service.deregister(serviceId, () => {
        process.exit(err ? 1 : 0);
      });
```

```
  };
  process.on('exit', unregisterService); // [4]
  process.on('SIGINT', unregisterService);
  process.on('uncaughtException', unregisterService);
  http.createServer((req, res) => { // [5]
    for (let i = 1e7; i > 0; i--) { }
    console.log(`Handling request from ${pid}`);
    res.end(`${serviceType} response from ${pid}\n`);
  }).listen(port, () => {
    console.log(`Started ${serviceType} (${pid}) on port ${port}`);
  });
});
```

在该代码中，我们需要注意如下几点：

- 首先，使用portfinder.getPort找到系统中的空闲端口（默认情况下，portfinder从端口 8000 开始搜索）。

- 接下来，使用Consul库在注册表中注册一个新服务。服务定义需要几个属性id（服务的唯一名称）、名称（用于标识服务的通用名称）、地址和端口（识别如何访问服务）、标签（可选的标签数组，可以用于过滤和分组服务）。使用 serviceType（作为命令行参数获取）来指定服务名称并添加标签。这将允许我们区分群集中可用的同一类型的所有服务。

- 定义了一个名为unregisterService的函数，该函数可以删除我们刚才在Consul中注册的服务。

- 最后，在portfinder发现的端口上启动我们的 HTTP 服务器。

现在实现负载均衡器。我们创建一个名为loadBalancer.js的新模块。首先，需要定义路由表以将 URL 路径映射到服务：

```
const routing = [
  {
    path: '/api',
    service: 'api-service',
    index: 0
  },
  {
    path: '/',
```

```
      service: 'webapp-service',
      index: 0
   }
];
```

路由阵列中的每个项目都包含用于处理到达映射路径的请求的服务。索引属性将用于轮询给定服务的请求。

我们实现loadbalancer.js的第二部分，看看它是如何工作的：

```
const http = require('http');
const httpProxy = require('http-proxy');
const consul = require('consul')(); // [1]
const proxy = httpProxy.createProxyServer({});
http.createServer((req, res) => {
  let route;
  routing.some(entry => { // [2]
    route = entry;
    //Starts with the route path?
    return req.url.indexOf(route.path) === 0;
  });
  consul.agent.service.list((err, services) => { // [3]
    const servers = [];
    Object.keys(services).filter(id => { //
      if (services[id].Tags.indexOf(route.service) > -1) {
        servers.push(`http://${services[id].Address}:${services[id].Port
          }`)
      }
    });
    if (!servers.length) {
      res.writeHead(502);
      return res.end('Bad gateway');
    }
    route.index = (route.index + 1) % servers.length; // [4]
    proxy.web(req, res, { target: servers[route.index] });
  });
}).listen(8080, () => console.log('Load balancer started on port 8080'))
    ;
```

这就是我们实现基于 Node.js 的负载均衡器的方法：

1. 首先，我们需要require consul，以便可以访问注册表。接下来，实例化一个http -proxy对象并启动一个普通的 Web 服务器。

2. 在服务器的请求处理程序中，首先做的是将 URL 与路由表匹配。结果将是包含服务名称的描述符。

3. 从consul获得部署所需服务的服务器列表。如果此列表为空，会向客户端返回错误。使用Tag属性过滤所有可用的服务，并找到实现当前服务类型的服务器的地址。

4. 最后，可以将请求路由到目的地。在循环方法之后，更新route.index以指向列表中的下一个服务器。然后，使用索引从列表中选择一个服务器，并将其传递给proxy.web()以及请求（req）和响应（res）对象。这里简单地将请求转发到我们选择的服务器。

你看，使用 Node.js 和服务注册表实现负载均衡器是多么简单，由此我们可以获得很大的灵活性。我们已经准备好了，但是首先，按照https://www.consul.io/intro/getting-started/install.html的官方文档安装consul服务器。

可以使用如下这个简单的命令行，在开发机器中启动consul服务注册表：

```
consul agent -dev
```

现在我们准备启动负载均衡器：

```
node loadBalancer
```

如果我们尝试访问负载均衡器暴露的一些服务，你会注意到它返回 HTTP 502 错误，因为我们还没有启动任何服务器。尝试一下：

```
curl localhost:8080/api
```

该命令应有以下输出：

```
Bad Gateway
```

如果我们产生一些服务实例，例如两个api服务和一个Webapp服务，情况将会改变：

```
forever start app.js api-service
forever start app.js api-service
forever start app.js webapp-service
```

现在，负载均衡器应该自动查看新的服务器，并开始在它们之间分配请求。我们再试一下以下命令：

```
curl localhost:8080/api
```

该命令现在应该返回：

```
api-service response from 6972
```

再次运行，我们现在应该从另一个服务器收到一条消息，确认请求在不同的服务器之间均匀分配：

```
api-service response from 6979
```

这种模式的优点是实时。我们现在可以动态地按需或基于时间表来扩展我们的基础架构，而且负载均衡器将会自动调整新的配置，而无须任何额外的工作！

## 对等负载均衡

当我们想要将复杂的内部网络架构暴露给公共网络（如 Internet）时，使用反向代理几乎是必须的。它有助于隐藏复杂性，提供外部应用程序可以轻松使用和依赖的单一接入点。但是，如果我们需要扩展仅供内部使用的服务，我们可以有更多的灵活性和控制权。

我们假设有一个服务 A 依赖服务 B 实现其功能。服务 B 在多台机器上被进行了扩展，仅在内部网络中可用。到目前为止，我们知道，服务 A 将使用反向代理连接到服务 B，后者将流量分发到部署服务 B 的所有服务器。

但是，还有一种选择。我们可以从图片中删除反向代理，并直接从客户端（服务 A）分发请求，该服务现在直接负责在服务 B 的各种实例中负载均衡连接。有可能只有服务器 A 知道服务器暴露服务 B 的细节，而在内部网络中，这通常是已知的信息。通过这种方式，我们基本上实现了**对等负载均衡（peer-to-peer load balancing）**。

下图比较了我们刚才描述的两种方案：

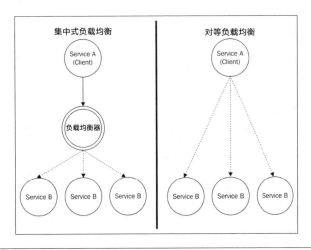

这是一种非常简单有效的模式，可以实现真正的分布式通信，而不会有瓶颈或单体式故障。此外，它还执行以下操作：

- 通过删除网络节点来降低基础架构的复杂性。

- 允许更快的通信，因为消息将通过较少的节点。

- 更好扩展，因为性能不受负载均衡器可以处理什么的限制。

另一方面，通过删除反向代理，我们实际上暴露了基础架构的复杂性。此外，每个客户端都必须通过实施负载均衡算法而变得更**智能**，并且可能也是保持其基础设施知识最新的方法。

 对等负载均衡是一种在ØMQ（http://zeromq.org）库中广泛使用的模式。

## 实现可以跨多个服务器负载均衡请求的 HTTP 客户端

我们已经知道了如何使用 Node.js 实现负载均衡器，并在可用的服务器之间分配传入的请求，那么在客户端实现相同的机制应该与此类似。我们需要做的是包装客户端 API，并用负载均衡机制来添加它。看看下面的模块（balancedRequest.js）：

```
const http = require('http');
const servers = [
  { host: 'localhost', port: '8081' },
  { host: 'localhost', port: '8082' }
];
let i = 0;
module.exports = (options, callback) => {
  i = (i + 1) % servers.length;
  options.hostname = servers[i].host;
  options.port = servers[i].port;
  return http.request(options, callback);
};
```

代码很简单，不需要解释。包装原始的http.request API，以便它使用循环算法从可用服务器列表中选择的请求覆盖主机名和端口。

然后可以无缝地使用新包装的 API（client.js）：

```
const request = require('./balancedRequest');
for (let i = 10; i >= 0; i--) {
```

```
request({ method: 'GET', path: '/' }, res => {
  let str = '';
  res.on('data', chunk => {
    str += chunk;
  }).on('end', () => {
    console.log(str);
  });
}).end();
}
```

要测试上面代码，必须启动提供的示例服务器的两个实例：

```
node app 8081
node app 8082
```

其次是我们刚刚建立的客户端应用程序：

```
node client
```

我们应该注意每个请求如何被发送到不同的服务器，确认我们现在能够平衡负载而没有专用的反向代理！

 我们之前创建的包装器的改进是将服务注册表直接集成到客户端中，并动态获取服务器列表。你可以在本书发布代码中找到此技术的示例。

# 分解复杂的应用程序

到目前为止，在本章中，我们主要分析了通过扩展立方体的 $x$ 轴来扩展应用程序。它代表了分担应用程序负载的最简单和最直接的方法，同时也提高了可用性。在下一节中，我们将重点关注扩展立方体多维数据集的 $y$ 轴，从功能和服务上对应用程序进行分解。正如我们将要学习的，这种技术使我们不仅可以扩展应用程序的容量，更重要的是可以分解它的复杂性。

## 单体式架构

单体式的说法可能会使我们想到一个没有模块化的系统，其中应用程序的所有服务都是互连的，几乎是不可区分的，但是并不总是如此。通常，单体式系统具有高度模块化的架构，并且在内部组件之间实现良好的解耦。

一个完美的例子是 Linux 操作系统内核，它是称为"单体式内核"（与其生态系统和 UNIX 哲学完全相反）类别的一部分。Linux 有数以千计的服务和模块，我们可以在系统运行时动态加载和卸载。但是，它们都以内核模式运行，这意味着它们中的任何一个都可能导致整个操作系统失效。（你是否曾经遇到过内核恐慌?）这种方法与微内核架构相反，只有操作系统的核心服务在内核模式下运行，而其余的则以用户模式运行，通常每个都有自己的进程。这种方法的主要优点是任何这些服务中的问题更有可能导致其独立崩溃而不是影响整个系统的稳定性。

关于内核设计的 Torvalds-Tanenbaum 辩论可能是计算机科学史上最著名的火焰战之一，其中一个主要争议点就是整体式和微型内核设计。你可以在https://groups.google.com/d/msg/comp.os.minix/wlhw16QWltI/P8isWhZ8PJ8J上找到一个网页版本（最初出现在 Usenet 上）。

这些设计原则有超过 30 年的历史，在今天以及在完全不同的环境中仍然可以应用，这是了不起的。现代单体式应用程序与单体式内核相当；如果其任何组件出现故障，整个系统将受到影响，将其转换为 Node.js 术语，即所有服务都是同一代码库的一部分，并在单个进程中运行（不被克隆时）。

举一个单体式架构的例子，我们看下图：

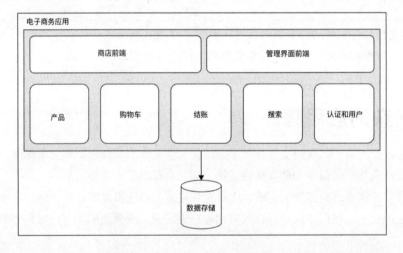

该图显示了典型电子商务应用的架构。其结构是模块化的。有两个不同的前端：一个用于主店；另一个用于管理界面。在内部，明确分离了应用程序实现的服务，每一个负责其业务逻辑的特定部分：**产品**、**购物车**、**结账**、**搜索**、**身份验证**和**用户**。然而，以前的架构是整体的，实际上，每个模块都是相同代码库的一部分，并且作为单个应用程序的一部分运行。任何组件故障，例如未被捕获的异常，都可能会导致整个在线商店崩溃。

这种类型的架构的另一个问题是其模块之间的互连。事实上，它们都在同一个应用程序中，这使得开发人员可以非常容易地建立模块之间的交互和耦合。例如，考虑购买产品时的用例：Checkout模块必须更新Product对象的可用性，并且如果这两个模块位于同一个应用程序中，开发人员可以很容易只获取对产品对象的引用并直接更新其可用性，在单体式架构中保持内部模块之间的低耦合是非常困难的，部分原因是因为它们之间的边界并不总是清晰的。

**高耦合**通常是应用程序增长的主要障碍之一，并且在复杂性方面妨碍其可扩展性。事实上，一个复杂的依赖关系图意味着系统的每个部分都是一个技术债，必须在产品的整个生命周期内进行维护，任何变化都应该仔细评估，因为每个部件都像积木塔中的木块一样：移动或移除其中一个可能会导致整个塔架坍塌。这通常会导致我们需要建立约定和开发过程，以应对项目日益复杂的问题。

# 微服务架构

下面我们将给出一个在 Node.js 中编写大型应用程序时的最重要的模式：避免编写大型应用程序。这似乎是一个微不足道的声明，但在扩展软件系统的复杂性和容量方面，是一个非常有效的策略。那么编写大型应用程序的替代方法是什么呢？答案是扩展立方体的 y 轴，按服务和功能分解。这个想法是将应用程序分解为基本组件，创建单独的独立应用程序。这实际上与单体式架构相反，但完全符合 UNIX 哲学，以及我们在本书开头讨论的 Node.js 原则，特别是 "使每个程序都做好一件事"。

当前，**微服务架构**可能是这种类型方法的主要参考模式，其中一套自给自足的服务取代了大型单体式应用程序。前缀micro意味着服务应尽可能小，但始终在合理的限度内。不要误以为创建具有一百个不同应用程序的体系结构只暴露一个 Web 服务，是一个不错的选择。实际上，对于服务应该多小或多大，大都没有严格的规定。因为这在设计微服务架构时并不重要，相反，需要对不同因素综合考虑，主要是松耦合、高内聚和集成复杂性这些因素。

## 微服务架构的一个例子

我们来看一个使用微服务体系结构的单体式电子商务应用的结构，如下图所示

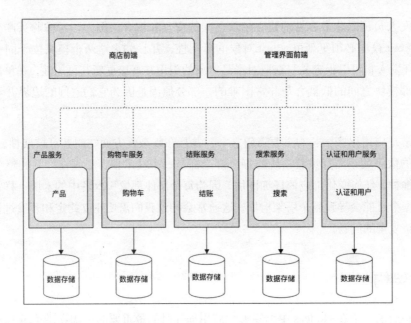

从该图可以看出，电子商务应用的每个基本组成部分现在都是一个自主而独立的实体，它们运行在自己的上下文中，并拥有自己的数据库。实际上，它们都是独立的应用程序，暴露了一系列相关服务（高内聚）。

服务的数据所有权是微服务体系结构的一个重要特征。这就是为什么数据库也必须分开，以保持适当的隔离和独立性。如果使用一个独特的共享数据库，那么这些服务就更容易合作了，然而，这也将引入服务之间的耦合（基于数据），从而抵消了具有不同应用服务的一些优点。

连接所有节点的虚线告诉我们，在某种程度上，它们必须在整个系统进行通信和交换信息才能充分发挥作用。由于这些服务不共享同一个数据库，因此需要通过更多的通信来维持整个系统的一致性。例如，Checkout 应用程序需要了解产品的一些信息，如价格和运输限制，同时需要更新产品服务中存储的数据。举个例子，结账完成时的产品可用性。在该图中，我们试图保持节点之间的通信方式。当然，最流行的策略是使用 Web 服务，但是我们稍后会看到，这不是唯一的选择。

**模式（微服务架构）**
通过创建几个小型、独立的服务来分解复杂的应用程序。

## 微服务的利弊

这一节，我们将重点介绍微服务架构的优缺点。正如我们将看到的，其有助于彻底改变开发应用程序的方式，彻底改变我们看待可扩展性和复杂性的方式，但另一方面，它也带来了非常大的新的挑战。

 Martin Fowler 写了一篇关于微服务的著名的文章，你可以在http://martinfowler.com/articles/microservices.html上找到该文章。

### 每个服务都是消耗品

使每个服务运行在自己的应用程序环境中的主要技术优点是，它自己的崩溃、错误和破坏性更改不会传播到整个系统。目标是建立更小、更容易改变甚至从头开始重建的真正独立的服务。例如，如果我们的电子商务应用程序的Checkout服务由于严重的错误而突然崩溃，则系统的其余部分将继续正常运行。某些功能可能受到影响，例如购买产品的功能，但系统的其余部分将继续运行。

另外，假设我们突然意识到我们用来实现组件的数据库或编程语言没有一个很好的设计决策。在一个单一的应用程序中，我们可以做一些事情而不影响整个系统；相反，在微服务架构中，我们可以更轻松地从头开始重新实现整个服务，使用不同的数据库或平台，而系统的其余部分甚至不会注意到。

### 跨平台和语言的可重用性

将大型单体式应用程序分解成许多小型服务，使我们能够创建更易重用的独立单元。Elasticsearch（http://www.elasticsearch.org）是可重复的搜索服务的一个很好的例子。此外，我们在第7章中构建的认证服务器是另一个可在任何应用程序中轻松重用的服务的示例，无论其内置的编程语言如何。

其主要优点与单体式应用程序相比是，信息隐藏的水平通常要高得多。因为交互通常通过诸如 Web 服务或消息代理之类的远程接口进行，这使得更容易隐藏实现细节并对客户端屏蔽服务的实现或部署方式的变化。例如，如果我们就是调用一个 Web 服务，那么就屏蔽基础设施的规模、使用的编程语言、用来储存数据的数据库，等等。

### 一种扩展应用程序的方法

返回到扩展立方体模型，很明显，微服务相当于沿着 *y* 轴扩展应用程序，因此它已经是在多台计算机上分配负载的一种手段。此外，我们不应该忘记，我们可以将微服务与扩展立方体模型的其他两个维度相结合，以进一步扩展应用程序。例如，可以克隆每个服务来处理更多流量，而有趣的是可以独立地进行扩展，从而实现更好的资源管理

**微服务的挑战**

从这一点上来说，似乎微服务是解决我们所有问题的方法。然而，并非如此。事实上，使用更多的节点来管理，在集成、部署和代码共享方面引入了更高的复杂性。它修复了传统架构的一些痛点，但也引入了许多新的问题。我们如何使服务相互协作？如何部署、扩展和监控如此多的应用程序？我们如何在服务之间共享和重用代码？幸运的是，云服务和现代 DevOps 方法可以为这些问题提供一些答案，而且 Node.js 也可以提供很多帮助。其模块系统是在不同项目之间共享代码的完美方案。Node.js 被认为是分布式系统中的一个节点，例如使用微服务架构实现的节点。

 虽然微服务可以使用任何框架（或者甚至只是核心的 Node.js 模块）构建，但是有一些专门用于此目的的解决方案。著名的有 **Seneca**（`https://npmjs.org/package/seneca`）、**AWS Lambda**（`https://aws.amazon.com/lambda`）、IBM OpenWhisk（`https://developer.ibm.com/openwhisk`）和 **Microsoft Azure Functions**（`https://azure.microsoft.com/en-us/service/functions`）。**Apache Mesos**（`http://mesos.apache.org`）是一个管理微服务部署很有用的工具。

# 微服务架构中的集成模式

微服务架构最大的挑战之一是连接所有节点，使其协作。例如，如果没有添加某些**产品**，我们的电子商务应用程序的**购物车**服务就没有意义，如果没有产品列表（购物车），则**结账**服务将无用。正如我们已经提到的，还有其他因素需要各种服务之间的互动。例如，**搜索**服务必须知道哪些**产品**是可用的，并且还必须确保其信息保持最新。关于**结账**服务也可以这样做，当服务完成时，必须更新有关**产品**可用性的信息。

在设计集成策略时，需要考虑到在系统中的服务之间会引入耦合。我们不应该忘记，在设计一个分布式体系结构时涉及设计模块或子系统时所使用的相同做法和原则，因此，还需要考虑服务的可重用性和可扩展性等特性。

## API 代理

将要介绍的第一种模式，是使用代理客户端和一组远程 API 通信的 API 代理（通常也称为 API 网关）。在微服务体系结构中，其主要目的是为多个 API 端点提供单一的接入点，但也可以提供负载均衡、缓存、认证和流量限制，所有这些功能被证明对实现一个可靠的 API 解决方案非常有用。

这种模式对我们来说不是新鲜事物。我们在使用http-proxy和consul构建自定义负载均衡器时，已经看见过它。对于这个例子，我们的负载均衡器只暴露了两个服务，然后，由于服务注册表，它能够将 URL 路径映射到服务，从而映射到服务器列表。API 代理的工作方式与此相同，它本质上是一个反向代理，通常也是一个负载均衡器，专门用于处理 API 请求。下图显示了如何将该解决方案应用于电子商务应用程序：

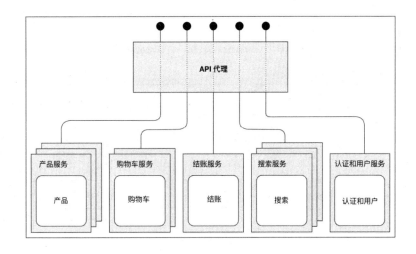

从该图可以清楚地看到，API 代理如何隐藏其基础架构的复杂性。这一点在微服务基础架构中非常有用，因为节点数量可能会很多，特别是每个服务在多个机器上被扩展。因此，API 代理所实现的编排只是结构性的，没有语义机制。它简单地提供了一个复杂的微服务基础设施的整体视图。这与我们要学习的下一个模式是相反的，而集成是有语义的。

## API 编排

接下来要描述的模式可能是编排和组合一组服务的最自然和最显而易见的方式，被称为 API 编排。Netflix API 工程副总裁 Daniel Jacobson 在他的一篇博客文章（http://thenextweb.com/dd/2013/12/17/future-api-design-orchestration-layer）中将 API 编排定义如下：

api 编排层 (ol) 是一个抽象层，它采用通用模型化的数据元素和/或功能，并以更具体的方式为目标开发人员或应用程序做好准备。

一般建模的元素或特征完美地适合于微服务架构中的服务描述。这个想法是创建一个抽象来连接这些位和块实现特定于应用程序的新服务。

我们举个例子，使用电子商务应用程序。参见下图：

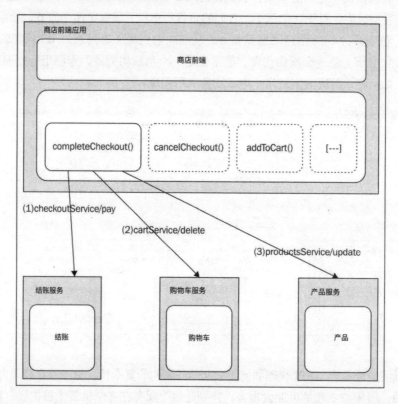

该图显示了商店前端应用程序如何使用编排层通过编写和整合现有服务来构建更复杂和特定的功能。所描述的情景就是一个假设的completeCheckout()服务，在客户单击结账结束时的 Pay 按钮时调用它。该图显示了completeCheckout()是由三个不同步骤组成的复合操作：

1. 首先，通过调用checkoutService/pay完成事务。

2. 然后，当付款被成功处理时，需要告诉购物车服务项目被购买，并可以从购物车中删除它。通过调用 cartService/delete 来实现。

3. 此外，付款完成后，需要更新刚刚购买的 3 种产品的可用性。通过productsService

`/update`完成。

可以看到，我们从三个不同的服务中采取了三个操作，构建了一个新的 API 来编排服务，以使整个系统保持一致状态。

**API 编排层**执行的另一个常见操作是**数据聚合**，换句话说，将来自不同服务的数据组合成单个响应。想象一下，如果我们想列出购物车中包含的所有产品。在这种情况下，编排将需要从**购物车**服务中检索产品 ID 列表，然后从**产品**服务中检索有关产品的完整信息。可以组合和编排服务的方式是无限的，但要记住重要模式是编排层，它作为许多服务和特定应用程序之间的抽象。

编排层是进行进一步功能分割的绝佳候选者。实际上通常它是一个专门的、独立的服务，在这种情况下，它采用 API Orchestrator 的名称。这种做法完全符合微服务理念。

下图显示了改进的架构：

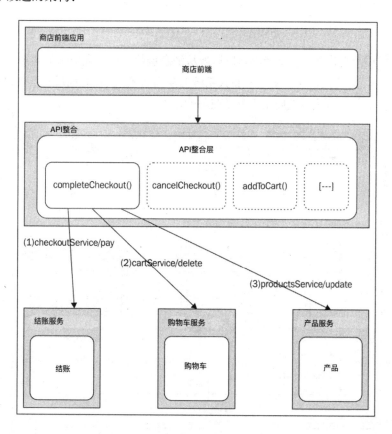

创建独立的编排器，如上图所示，可以帮助将客户端应用程序(在我们的例子中是**存储前端**)与微服务基础结构的复杂性脱钩。这使我们想起了 API 代理；然而，有一个关键的区别；编

排器执行各种服务的语义集成；它不仅仅是一个单纯的代理，它经常暴露出一个与底层服务暴露的 API 不同的 API。

## 与消息代理集成

编排者模式为我们提供了一种以明确的方式编排各种服务的机制。这既有优点又有缺点。它易于设计，易于调试和易于扩展，但遗憾的是，它必须对基础架构以及每个服务的运作方式有完全的了解。如果我们在谈论对象而不是架构节点，则编排者将是一个称为**上帝对象**的反模式，它定义了一个知道并且做得太多的对象，这通常会导致高耦合，低内聚，但最重要的是高复杂度。

我们下面要展示的模式试图分发、跨服务及同步整个系统的信息。然而，我们要做的最后一件事是创建服务之间的直接关系，这将导致高耦合和系统的复杂性进一步增加，这是由于节点之间的互连数量增加造成的。目标是让每个服务保持隔离，即使系统中没有其余服务，也可以与新服务和节点结合使用。

解决方案是使用消息代理，一个能够将发送者从消息接收者中分离出来的系统，允许我们实现集中式发布/订阅模式，实际上是分布式系统的观察者模式(我们稍后将详细讨论此模式)。下图显示了一个如何将该模式应用于电子商务的示例：

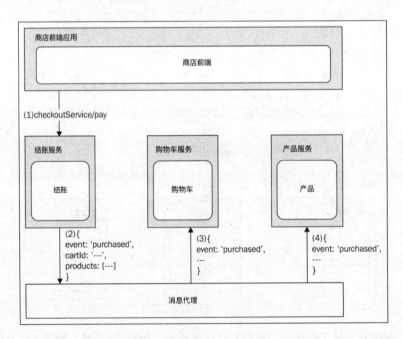

可以看到，作为前端应用程序的**结账**服务的客户端不需要与其他服务进行任何显式的集成。

所有它要做的是调用checkoutService/pay来完成结账并从客户那里获取资金。所有的整合工作都发生在后台：

1. **商店前端**调用**结账**服务上的checkoutService/pay操作。

2. 操作完成后，**结账**服务会生成一个事件，附加操作的详细信息，即cartId和刚刚购买的产品列表。该事件将发布到消息代理中。此时，**结账**服务不知道谁将收到消息。

3. **购物车**服务订阅消息代理，所以将收到刚刚由**结账**服务发布的购买活动。购物车服务通过从数据库中移除消息中包含的 ID 标识的购物车进行响应。

4. **产品**服务也订阅了消息代理，所以它收到相同的购买事件。然后根据这些新信息更新其数据库，调整消息中包含的产品的可用性。

整个过程在没有外部实体 (如协调器) 的任何显式干预的情况下发生。传播知识和保持信息同步的责任在服务本身中分布。没有上帝服务，必须知道如何移动整个系统的齿轮。每个服务都负责自己的集成部分。

消息代理是解耦服务并降低它们间交互复杂性的基本方法。它还可以提供其他有用的功能，例如持久化消息队列和保证消息的排序。下一章将详细介绍这些内容。

# 总结

本章，我们学习了如何设计能够扩展容量和复杂性的 Node.js 架构。扩展应用程序不仅是为了处理更多的通信量或缩短响应时间，当我们想要获得更好的可用性和容错性时这也是一种惯例。这些特性经常是同等重要的，我们知道，早早地进行扩展并不是一个坏的习惯，特别是在 Node.js 中，我们可以轻松地做到这一点，而且仅使用很少的资源。

扩展立方体模型告诉我们，应用程序可以从三个维度上进行扩展。我们着重讨论了两个最重要的：$x$ 和 $y$ 轴，由此发现两个基本的架构模式，即负载均衡和微服务。通过本章的学习，我们知道了如何启动同一个 Node.js 应用程序的多个实例，如何分配它们之间的流量，以及如何利用此设置来实现其他目的，例如容错和零停机重启。我们还分析了如何处理动态和自动化基础设施的问题，在这些情况下服务注册表非常有用。然而，克隆和负载均衡仅涵盖了扩展立方体模型的一个维度，因此我们将研究方向转移到另一个维度上，更详细地研究了如何通过构建服务分割应用程序。我们讨论了微服务如何使项目的开发和管理发生彻底的变化，其提供了分散应用程序负载并分解复杂性的自然方法。然而，这也意味着将复杂性从如何构建一个庞大的单一的应用程序转移到如何整合一组服务上。最后，展示了一些集成一组独立服务的架构解决方案。

在下一章中，我们将更详细地分析本章中讨论的消息传递模式，以及更先进的集成技术，它们在实现复杂的分布式体系结构时很有用。

第11章

# 消息传递与集成模式

如果可扩展性是拆分，那么系统集成就是整合。在上一章中，我们学习了如何分配流量，知道是对所有连接的客户端应用程序的简单迭代，将流量分散在多台机器上。为了使其正常工作，所有这些碎片必须以某种方式进行交流，因此必须集成它们。

集成分布式应用程序的主要技术有两种：一种是将共享存储作为所有信息的中心协调器和保管人；另一种是使用消息在系统的节点上传播数据、事件和命令，这是扩展分布式系统时真正造成的差异，这个差异使得这个主题变得如此迷人，虽然有时候有点复杂。

消息在软件系统的每一层都使用。我们在互联网上交换消息，我们可以使用消息将信息发送到其他的使用管道的进程，我们可以使用应用程序内的消息作为直接函数调用(命令模式)的替代方法，并且设备驱动程序使用消息与硬件通信。任何用于在组件和系统之间交换信息的离散和结构化数据都可以被看作一种消息。但是，在处理分布式体系结构时，术语"消息传递系统"用于描述特定类型的解决方案、模式和体系结构，其旨在促进网络上的信息交换。

我们将看到，这些类型的系统有几个特征。我们可能选择使用代理与对等结构，可能会使用请求/应答或单向通信，或者我们可能会使用队列来更可靠地传递消息；这个话题的范围真的很广泛。由 Gregor Hohpe 和 Bobby Woolf 所著的 *Enterprise Integration patterns* 一书提供了一个关于该主题的广泛性的想法。该书被认为是消息传递和集成模式的圣经，有超过 700 页的内容描述了 65 种不同的集成模式。本章从 Node.js 及其生态系统的角度，探讨了这种最重要且最知名的模式。

总而言之，在本章中，我们将了解以下主题：

- 消息系统的基本原理
- 发布/订阅模式
- 管道和任务分配模式
- 请求/应答模式

# 消息系统的基础

在谈论消息和消息系统时，需要考虑如下四个基本要素：

- 传播的方向，可以是单向或者请求/应答交换。
- 消息的目的，也决定了其内容。
- 消息的时间，可以立即发送和接收，或者稍后 (异步)。
- 消息的传递，可以直接发生或通过代理发生。

在接下来的讲述中，我们将规范这些内容，以便为我们以后的讨论提供一个基础。

## 单向和请求/应答模式

在消息传递系统中最基本的问题是通信的方向，这通常也决定了它的语义。

最简单的通信模式是消息从源单向发送到目的地。下图显示了一个简单的场景，不需要太多的解释：

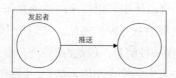

单向通信的典型例子是电子邮件或 Web 服务器，它使用 WebSockets 将消息发送到已连接的浏览器，或将任务分配给有一组工作实例的系统。

然而，请求/应答模式比单向通信更流行，一个典型的例子是调用 Web 服务。下图显示了这个简单且众所周知的场景：

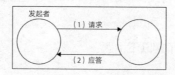

请求/应答模式似乎是一个很简单的模式实现; 然而, 我们将看到, 当通信是异步的或涉及多个节点时, 它变得更加复杂。看下图中的例子:

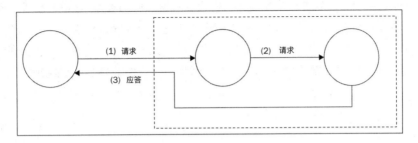

由图中显示的配置, 我们可以对请求/应答模式的复杂性有所理解。如果我们考虑任何两个节点之间的通信方向, 我们肯定可以说它是单向的。但是, 从全局角度来看, 发起者发送一个请求, 而反过来从另一个节点接收相关的响应。在这些情况下, 真正区分单向的和请求/应答模式的是请求和应答之间的关系, 这个关系保存在启动器中。应答通常在请求的相同上下文中处理。

# 消息类型

消息实质上是连接不同软件组件的一种方法, 这样做有不同的原因: 可能是因为我们希望获得其他系统或组件持有的一些信息; 远程执行操作; 或者通知一些对等方, 这是刚刚发生的事情。消息内容也会因通信的原因而有所不同。一般来说, 有三种类型的消息, 具体取决于它们的用途:

- 命令消息
- 事件消息
- 文档消息

## 命令消息

命令消息我们已经很熟悉了, 它本质上是一个序列化的命令对象, 如我们在第 6 章中描述的。这种类型的消息的目的是触发在接收器上执行动作或任务。为此, 消息必须包含运行任务的基本信息, 通常是操作的名称和执行时提供的参数列表。命令消息可用于实现**远程过程调用**(**RPC**) 系统、分布式计算, 或更简单地用于请求某些数据。RESTful HTTP 调用是命令的简单示例, 每个 HTTP 动词具有特定含义, 并与精确操作相关联: GET, 检索资源; POST, 创建一个新的; PUT, 更新; DELETE, 删除。

## 事件消息

**事件消息**用于通知另一个组件已发生某事。它通常包含事件的类型,有时也包括一些细节,如上下文、主题或参与者。在 Web 开发中,当使用长轮询或 WebSockets 接收来自服务器的通知时,我们在浏览器中使用事件消息,例如,数据的更改,或者在一般情况下,系统的状态。事件是分布式应用程序中非常重要的集成机制,因为它使我们能够将系统的所有节点保持在同一页面上。

## 文档消息

**文档消息**主要用于在组件和机器之间传输数据。区分文档消息与命令消息(可能还包含数据)的主要特征是,消息不包含告诉接收者如何处理数据的任何信息。另一方面,它与事件消息的主要区别在于没有与特定事件发生关联,告诉发生的事情。通常,对命令消息的应答是文档消息,因为它们通常只包含请求的数据或操作的结果。

# 异步消息和队列

作为 Node.js 的开发人员,我们应该知道执行异步操作的优点。对于消息和通信,这是同一个故事。

我们可以将同步通信与电话进行比较:两个对等体必须同时连接到同一个信道,并且它们应该实时交换消息。通常,如果我们打电话给别人,我们需要另一个电话关闭正在进行的通信,以便开始一个新的通话。

异步通信类似于 SMS:在发送给接收者的时候,不需要接收者连接到网络,我们可能会立即或延迟收到响应,否则我们可能根本不会收到响应。我们可能会一个接一个地将多个短信发送给多个收件人,并以任何顺序收到他们的应答(如果有的话)。简而言之,我们使用更少的资源获得更好的并行性。

异步通信另一个重要优点是消息可以被存储,然后尽快或稍后传送。当接收机太忙而无法处理新消息或者我们想要保证传送时,这很有用。在消息传递系统中,使用**消息队列**(一个发送方和接收方之间的通信组件),在将消息传递到其目的地之前存储任何消息,如下图所示:

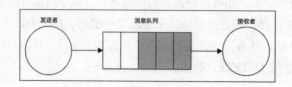

如果由于任何原因，接收机崩溃，断开与网络的连接，或速度变慢，消息将累积在队列中，在接收机上线并且完全正常工作后立即发送。队列可以位于发送方，也可以安排在发送方和接收方之间，或者存在于作为通信中间件的专用外部系统中。

## 对等或基于代理的消息

消息可以以对等方式或通过称为**消息代理**的集中式中介系统直接传送到接收者。代理的主要作用是将消息的接收者与发送方分离。下图显示了两种方法之间的体系结构差异：

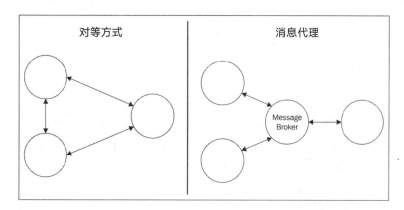

在对等体系结构中，每个节点直接负责将消息传递给接收者。这意味着节点必须知道接收者的地址和端口，并且必须同意协议和消息格式。代理通过以下措施消除了这些复杂性：每个节点可以是完全独立的，并且可以与未定义数量的对等体通信，而不直接知道其细节。代理还可以作为不同通信协议之间的桥梁，例如，流行的 RabbitMQ 代理（http://www.rabbitmq.com）**支持高级消息队列协议（AMQP），消息队列遥测传输（MQTT）和简单/流式传输文本定向消息协议（STOMP）**，使得支持不同消息协议的多个应用程序进行交互。

 MQTT（http://mqtt.org）是一种轻量级的消息协议，专门用于机对机通信（物联网）。AMQP（http://www.amqp.org）是一个更复杂的协议，它被设计为专有消息传递中间件的开放源代码。STOMP（http://stomp.github.io）是一种轻量级的基于文本的协议，来自 HTTP 设计学院。所有这三种协议都是应用层协议，并且基于 TCP/IP。

除了解耦和互操作性之外，代理可以提供更高级的功能，例如持久性队列、路由、消息转换和监控，而无须考虑许多代理开箱即用的广泛的消息传递模式。当然，没有什么可以阻止我们使用对等体系结构实现所有这些功能，但是这需要付出更多的精力。尽管如此，避免代理可能有不同的理由：

- 移除单点故障。

- 一个代理必须被扩展，而在对等架构中，我们只需要扩展单个节点。

- 没有代理地交换消息可以大大减少传输的延迟。

如果我们要实现一个对等的消息传递系统，我们就会有更多的灵活性和更强的能力，因为我们不限于任何特定的技术、协议或架构。例如流行的 ØMQ（http://zeromq.org），它是建立消息系统的低级库，其是通过构建自定义对等或混合架构而让我们拥有灵活性的一个很好的例子。

# 发布/订阅模式

发布/订阅（通常缩写为 pub/sub）可能是最著名的单向消息传递模式。我们对它应该已经很熟悉了，因为它就是分布式观察者模式。与观察者一样，我们有一组用户注册他们对收到特定类别的消息的兴趣。另一方面，发布者产生分布在所有相关订阅者的消息。下图显示了pub/sub模式的两个主要变体，第一个为对等体，第二个使用代理来实现通信：

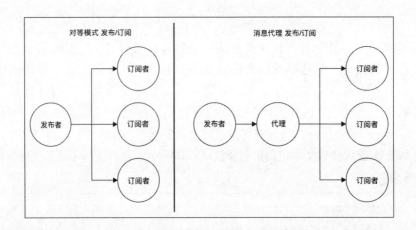

使得pub/sub如此特别的是，发布者提前不知道消息的接收者是谁。正如我们所说，订阅者必须注册其兴趣来接收特定的消息，允许发布者处理未知数量的接收者。换句话说，pub/sub 模式的两边松散耦合，这使得它成为整合不断发展的分布式系统的节点的理想模式。

代理的存在进一步改善了系统节点之间的解耦，因为订阅者仅与代理交互，不知道哪个节点是消息的发布者。正如我们将在后面看到的，代理还可以提供消息队列系统，这样即使在节点之间存在连接性问题也可以进行可靠的传送。

下面，我们举个例子来说明这个模式。

# 构建简约的实时聊天应用程序

为了举一个真实的例子，说明 pub/sub 模式如何帮助我们集成分布式架构，我们将使用纯 WebSockets 构建一个非常简单的实时聊天应用程序。然后，我们将尝试通过运行多个实例并使用消息传递系统来进行扩展。

## 实现服务器端

我们先来构建聊天应用程序。这里我们使用 ws 软件包（https://npmjs.org/package/ws）来构建，这是 Node.js 的纯 WebSocket 实现。我们知道，在 Node.js 中实现实时应用程序非常简单，后面我们的代码将会证明这一点。然后创建聊天的服务器端，其内容如下（在app.js文件中）：

```
const WebSocketServer = require('ws').Server;
//static file server
const server = require('http').createServer(
  require('ecstatic')({ root: `${__dirname}/www` })
);
// [1]
const wss = new WebSocketServer({ server: server });  //[2]
wss.on('connection', ws => {
  console.log('Client connected');
  ws.on('message', msg => {
    console.log(`Message: ${msg}`);
    broadcast(msg);
  });
});
function broadcast(msg) {
  wss.clients.forEach(client => {
    client.send(msg);
  });
}
server.listen(process.argv[2] || 8080);
```

就这样，我们在服务器上实现了聊天应用程序。它的工作方式如下：

1. 首先创建一个 HTTP 服务器，并附加名为 ecstatic（https://npmjs.org/package/ecstatic）的中间件来提供静态文件。需要为我们的应用程序的客户端资源（JavaScript 和 CSS）提供服务。

2. 创建一个 WebSocket 服务器的新实例，并将其附加到 HTTP 服务器。然后，通过为连接事件附加一个事件监听器来开始监听传入的 WebSocket 连接。

3. 每当新的客户端连接到我们的服务器，我们开始收听传入的消息。当新消息到达时，我们将其广播到所有连接的客户端。

4. broadcast() 函数是所有连接的客户端上的简单迭代，其中每个都调用 send() 函数。

## 实现客户端

接下来，实现聊天的客户端，也是一个非常小而简单的代码片段，本质上是一个带有一些基本 JavaScript 代码的最小 HTML 页面。我们创建一个名为www/index.html的文件，如下所示：

```html
<html>
  <head>
    <script>
      var ws = new WebSocket('ws://' + window.document.location.host);
      ws.onmessage = function (message) {
        var msgDiv = document.createElement('div');
        msgDiv.innerHTML = message.data;
        document.getElementById('messages').appendChild(msgDiv);
      };
      function sendMessage() {
        var message = document.getElementById('msgBox').value;
        ws.send(message);
      }
    </script>
  </head>
<body>
  Messages:
  <div id='messages'></div>
  <input type='text' placeholder='Send a message' id='msgBox'>
  <input type='button' onclick='sendMessage()' value='Send'>
</body>
</html>
```

我们创建的 HTML 页面并不需要很多注释，这只是一个简单的 Web 项目的一部分。我们使用本地 WebSocket 对象初始化到 Node.js 服务器的连接，然后开始监听来自服务器的消息，并在新的 div 元素中显示它们。为了发送消息，我们使用一个简单的文本框和一个按钮。

 停止或重新启动聊天服务器时，WebSocket 连接被关闭，并且不会自动重新连接（因为它将使用高级库，如 Socket.io）。这意味着有必要在服务器重新启动后刷新浏览器，重新建立连接（或实现重新连接机制，这里不再赘述）。

## 运行和扩展聊天应用程序

我们可以立即尝试运行我们的应用程序，使用如下命令启动服务器：

```
node app 8080
```

 要运行此示例，你需要一个支持本地 WebSockets 的最新浏览器。这里列出了兼容的浏览器：http://caniuse.com/#feat=websockets。

在浏览器中输入 http://localhost:8080 ，应该显示如下所示的界面：

我们想展示的是，当我们尝试通过启动多个实例来扩展应用程序时会发生什么。因此，在另一个端口上启动另一个服务器:

```
node app 8081
```

扩展聊天应用程序的结果应该是连接到两个不同服务器的两个客户端能够交换聊天消息。遗憾的是，这不是我们当前实现的结果。我们可以尝试打开另一个浏览器并输入 http://localhost:8081。

当在一个实例上发送聊天消息时，我们在本地广播消息，仅将其分发给连接到该特定服务器的客户端。实际上，这两台服务器不相互通信。我们需要整合它们。

在一个实际的应用中，将使用一个负载均衡器在实例中分配负载，但是对于这个示例，不会使用它。它允许我们以确定的方式访问每个服务器，以验证它如何与其他实例进行交互。

## 使用 Redis 作为消息代理

下面我们引入 Redis（http://redis.io）来分析最重要的 pub/sub 实现。**Redis**（http://redis.io）是一种非常快速和灵活的键/值存储，也被许多数据结构服务器定义。Redis 与消息代理相比，其有一个数据库；而且，在其众多功能中，有一对专门设计用于实现集中式的 pub/sub 模式的命令。

当然，这个实现非常简单和基本，与更先进的面向消息的中间件相比，这是它比较受欢迎的主要原因。通常情况下，Redis 直接可以在现有的基础设施中使用，例如作为缓存服务器或会话存储。它的快速和灵活性使其成为在分布式系统中共享数据的非常受欢迎的选择。因此，一旦项目中出现了发布/订阅代理的需求，最简单和最直接的选择就是重用 Redis 本身，这避免了安装和维护专用消息代理的需要。我们举个例子来说明。

 此示例要求安装 Redis，监听默认端口。你可以在 http://redis.io/topics/quickstart 找到更多信息。

我们的计划是在我们的聊天服务器上使用 Redis 作为消息代理。每个实例都将从客户端接收到的任何消息发布到代理，同时它订阅来自其他服务器实例的任何消息。正如我们看到的，我们的架构中的每个服务器都是订阅者和发布者。下图显示了该体系结构的表示形式：

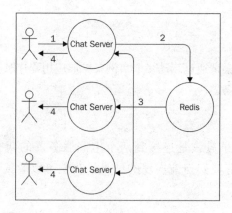

通过看图中的数字，我们可以总结消息的传递过程，具体如下：

1. 将消息输入到网页的文本框中，并发送到我们聊天服务器的连接实例。

2. 然后将消息发布到代理。

3. 代理将消息分发给所有订户，在我们的架构中，它们都是聊天服务器的实例。

4. 在每个实例中，消息都分发给所有连接的客户端。

---

 **Redis** 允许发布和订阅通过字符串标识的频道，例如 chat.nodejs。它还允许我们使用全局模式来定义可能匹配多个通道的订阅，例如 chat*。

---

我们来看看在实践中这是如何工作的。添加发布/订阅逻辑，修改服务器代码如下：

```
const WebSocketServer = require('ws').Server;
const redis = require("redis");  // [1]
const redisSub = redis.createClient();
const redisPub = redis.createClient();
//static file server
const server = require('http').createServer(
  require('ecstatic')({ root: `${__dirname}/www` })
);
const wss = new WebSocketServer({ server: server });
wss.on('connection', ws => {
  console.log('Client connected');
  ws.on('message', msg => {
    console.log(`Message: ${msg}`);
    redisPub.publish('chat_messages', msg);// [2]
  });
});
redisSub.subscribe('chat_messages'); // [3]
redisSub.on('message', (channel, msg) => {
  wss.clients.forEach((client) => {
    client.send(msg);
  });
});
server.listen(process.argv[2] || 8080);
```

对原始聊天服务器所做的更改在代码中高亮显示。以下是它的工作原理：

1. 要将 Node.js 应用程序连接到 Redis 服务器，使用 redis 软件包（https://npmjs.org/package/redis），它是支持所有可用 Redis 命令的完整客户端。接下来，实例化两

---

个不同的连接，一个用于订阅一个通道，另一个用于发布消息。这在 Redis 中是必需的，因为一旦连接进入用户模式，只能使用与订阅相关的命令。这意味着我们需要使用第二个连接来发布消息。

2. 当从连接的客户端接收到新消息时，会在chat_messages通道中发布消息。不直接将消息广播给我们的客户，因为我们的服务器订阅了同一个频道（将在稍后看到），所以它将通过 Redis 回到我们这里。对于本例，这是一个简单有效的机制。

3. 如上所述，我们的服务器还必须订阅chat_messages频道，所以注册一个监听器，以接收发布到该频道的所有消息（由当前服务器或任何其他聊天服务器发布）。收到消息时，我们只需将其广播到连接到当前 WebSocket 服务器的所有客户端。

这几个变化足以整合我们决定启动的所有聊天服务器。为了证明这一点，可以尝试启动我们应用程序的多个实例：

```
node app 8080
node app 8081
node app 8082
```

然后，可以将多个浏览器的标签连接到每个实例，并验证我们发送到一个服务器的消息是否被连接到不同服务器的所有其他客户端成功接收。恭喜！我们刚刚使用发布/订阅模式集成了分布式实时应用程序。

# 使用 ØMQ 对等发布/订阅

代理的存在可以大大简化消息系统的架构，然而，在某些情况下，它不是最佳解决方案，例如，当延迟至关重要时，扩展复杂的分布式系统时，或者当单个故障点的存在不是一个选项时。

## ØMQ

如果我们的项目属于对等消息交换的可能候选类别，则最佳解决方案当然是 ØMQ（http://zeromq.org，也称为 zmq、ZeroMQ 或 0MQ）。我们在本书前面已经提到过这个库。ØMQ 是一个提供构建各种消息传递模式的基本工具网络库。它是低级别的，非常快，并且具有简约的 API，但它提供了消息系统的所有基本构建块，如原子消息、负载均衡、队列，等等。它支持许多类型的传输，例如进程内信道（inproc://）、进程间通信（ipc://）、使用 PGM 协议（pgm://或 epgm://）的多播，当然，还有经典的 TCP（tcp://）。

在 ØMQ 的功能之中，我们还可以找到实现发布/订阅模式的工具，这正是我们需要的示例。那么我们现在要做的就是从我们聊天应用程序的体系结构中删除代理（Redis），并让各个节点以对等方式进行通信，利用 ØMQ 的发布/订阅套接字。

 ØMQ 套接字可以被认为是一个网络套接字上的类固醇，它提供了额外的抽象来帮助实现最常见的消息传递模式。例如，我们可以找到专门实现发布/订阅、请求/应答或单向通信的套接字。

## 为聊天服务器设计一个对等架构

当我们从架构中删除代理时，聊天应用程序的每个实例都必须直接连接到其他可用的实例，以便接收它们发布的消息。在 ØMQ 中，有两种专门为此而设计的套接字：PUB 和 SUB。典型的模式是将 PUB 套接字绑定到端口，该端口将开始监听来自其他 SUB 套接字的订阅。

订阅可以有一个过滤器，指定将哪些消息传递到 SUB 套接字。该过滤器是一个简单的**二进制缓冲区**（也可以是一个字符串），它与消息的开头（也是二进制缓冲区）进行匹配。当通过 PUB 套接字发送消息时，它将被广播到所有连接的 SUB 套接字，但仅在应用订阅过滤器之后。仅当使用连接的协议（例如 TCP）时，过滤器才会应用于发布方。

下图显示了应用于我们的分布式聊天服务器架构的模式（为简单起见，仅有两个实例）：

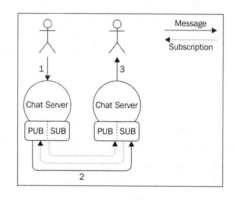

该图显示了当我们有两个聊天应用程序实例时的信息流，但是相同的概念可以应用于 N 个实例。该架构告诉我们，每个节点必须知道系统中的其他节点，以便能够建立所有必要的连接。其还显示了订阅从 SUB 套接字到 PUB 套接字的消息，而消息沿相反的方向行进。

要运行本节中的示例，需要在系统上安装本地 ØMQ 二进制文件。可以在http://zeromq.org/intro:get-thesoftware上找到更多信息。注意：此示例针对 ØMQ 的 4.0 分支进行了测试。

## 使用 ØMQ PUB/SUB 套接字

修改聊天服务器（将只显示更改的部分），我们来看看它在实际场景中如何工作：

```
// ...
const args = require('minimist')(process.argv.slice(2));   //[1]
const zmq = require('zmq');
const pubSocket = zmq.socket('pub');   //[2]
pubSocket.bind(`tcp://127.0.0.1:${args['pub']}`);
const subSocket = zmq.socket('sub');
const subPorts = [].concat(args['sub']);   //[3]
subPorts.forEach(p => {
  console.log(`Subscribing to ${p}`);
  subSocket.connect(`tcp://127.0.0.1:${p}`);
});
subSocket.subscribe('chat');
// ...
ws.on('message', msg => {
  console.log(`Message: ${msg}`);   //[4]
  broadcast(msg);
  pubSocket.send(`chat ${msg}`);
}); //...
subSocket.on('message', msg => {
  console.log(`From other server: ${msg}`);   //[5]
  broadcast(msg.toString().split(' ')[1]);
});
// ...
server.listen(args['http'] || 8080);
```

以上代码清楚地表明，我们的应用逻辑稍微复杂一些。然而，考虑到我们正在部署分布式和对等发布/订阅模式，这仍然是很简单的。我们来看看所有的片段如何组合在一起：

1. 需要zmq包(https://npmjs.org/package/zmq)，它本质上是 ØMQ 本地库的 Node.js 绑定。还需要minimist (https://npmjs.org/package/minimist)，它是一个命

令行参数解析器;有了它才能轻松接受命名参数。

2. 创建 PUB 套接字,并将其绑定到--pub命令行参数中提供的端口。

3. 创建 SUB 套接字,并将其连接到我们应用程序其他实例的 PUB 套接字。目标 PUB 套接字的端口在--sub命令行参数中提供（可能有多个）。然后,我们通过提供chat作为过滤器来创建实际的订阅,这意味着我们将只收到以chat开头的消息。

4. 当 WebSocket 接收到新消息时,将其广播到所有连接到它的客户端,并且通过 PUB 套接字发布。使用chat加空格作为前缀,该消息将被发布到所有使用chat作为过滤器的订阅。

5. 开始收听 SUB 套接字的消息,对消息进行一些简单的解析,以删除chat前缀,然后将其广播到连接到当前 WebSocket 服务器的所有客户端。

我们现在已经建立了一个简单的分布式系统,集成了一个对等的发布/订阅模式!

让我们开始吧,创建三个应用程序实例,确保正确连接它们的 PUB 和 SUB 套接字:

```
node app --http 8080 --pub 5000 --sub 5001 --sub 5002
node app --http 8081 --pub 5001 --sub 5000 --sub 5002
node app --http 8082 --pub 5002 --sub 5000 --sub 5001
```

第一个命令将启动一个使用 HTTP 服务器监听端口 8080 的实例,同时绑定端口 5000 上的 PUB 套接字,并将 SUB 套接字连接到端口 5001 和 5002,这是其他两个实例的 PUB 套接字应该在其中监听的位置。其他两个命令的工作方式类似。

现在,我们可以看到的第一件事是,如果对应于 PUB 套接字的端口不可用,ØMQ 不会报错。例如,在第一个命令时,没有人在端口 5001 和 5002 上监听,但是,ØMQ 并没有抛出任何错误。这是因为 ØMQ 具有重新连接机制,将自动尝试以固定的时间间隔建立与这些端口的连接。如果任何节点关闭或重新启动,此功能也会特别有用。相同的宽容（forgiving）的逻辑适用于 PUB 套接字:如果没有订阅,它将简单地删除所有消息,并且继续工作。

现在,我们可以尝试使用浏览器导航到我们启动的任何服务器实例,并验证消息是否被正确地广播到所有聊天服务器。

 在这个例子中,我们假设一个静态体系结构,其中实例的数量和它们的地址是事先已知的。如前一章所述,我们可以引入服务注册表,以便动态地连接我们的实例。还必须指出,ØMQ 可以用于使用我们在这里演示的相同的原生语言来实现一个代理。

# 持久订阅者

消息传递系统中的重要抽象是**消息队列（MQ）**。使用消息队列，消息的发送者和接收者不一定需要同时被激活并连接以建立通信，因为排队系统会在目标能够接收消息之前，将其存储起来。此行为与set和遗忘范例相对立，而订阅者只能在连接到消息传递系统的时间内接收消息。

能够始终可靠地接收所有消息的用户，甚至在不监听他们时接收消息的用户，也被称为**持久订阅者**。

MQTT 协议定义了在发送方和接收方之间交换的消息的**服务质量（QoS）**级别。这些级别对于描述任何其他消息系统（不仅仅是 MQTT）的可靠性也非常有用。如下：

- **QoS0，最多一次**：也称为设置和忘记，消息不会持续，并且传送不被确认。这意味着在接收机崩溃或断开的情况下，消息可能会丢失。

- **QoS1，至少一次**：保证消息至少被接收一次，但如果在通知发送方之前接收方崩溃，则可能会发生重复。这意味着消息必须被持久化，因为它必须被再次发送。

- **QoS2，恰好一次**：这是最可靠的 QoS，它保证消息被接收一次并且仅一次。为了确认消息传递，会有一些副作用，就是系统更慢和数据更加密集。

有关 MQTT 规范的更多信息，请访问 http://public.dhe.ibm.com/software/dw/webservices/ws-mqtt/mqtt-v3r1.html#qos-flows。

正如我们所说，为了允许持久订阅者，我们的系统必须使用消息队列在订阅者断开连接时累积消息。队列可以存储在内存中或持久存储在磁盘上，以便即使代理重新启动或崩溃也可以恢复其消息。下图显示了由消息队列支持的持久订阅者：

　　　　　　　　　　　　　　　　　　　　　　　　**Node.js 设计模式（第 2 版）**

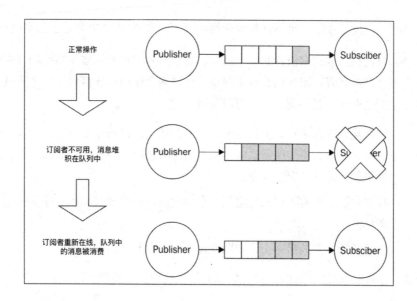

持久订阅者可能是消息队列使用的最重要的模式,但它肯定不是唯一的一个,稍后我们就会看到其他的模式。

 Redis 发布/订阅命令实现一个设置和忘记机制（QoS0）。然而，Redis 仍然可以用于使用其他命令的组合来实现持久的订阅者（不直接依赖于其发布/订阅实现）。你可以在以下博客文章中找到对此技术的描述：http://davidmarquis.wordpress.com/2013/01/03/reliable-delivery-message-queues-with-redis。http://www.ericjperry.com/redis-message-queue ØMQ 定义了一些支持持久订阅者的模式，但是实现这个机制的主要是开发人员。

## AMQP

消息队列通常用于不能丢失消息的情况,包括关键业务应用程序（如银行或金融系统）。这通常意味着典型的企业级消息队列是一个非常复杂的软件,它利用防弹协议和持久存储来保证即使在存在故障的情况下也能传送消息。因此,企业消息传递中间件多年来一直是 Oracle 和 IBM 等巨头的特权,每个人通常都会部署自己的专有协议,从而导致强大的客户锁定。幸运的是,由于 AMQP、STOMP 和 MQTT 等开放协议的成长,消息系统进入主流市场有好几年了。要了解消息队列系统的工作原理,需要了解 AMQP,这是了解如何使用基于此协议的典型 API 的基础。

**AMQP** 是许多消息队列系统支持的开放标准协议。除了定义通用通信协议外，它还提供了一种描述路由、过滤、排队、可靠性和安全性的模型。在 AMQP 中有三个基本组成部分。

- **队列**：负责存储客户端消息的数据结构。来自队列的消息基本上被推送（或拉出）到一个或多个消费者，即我们的应用程序。如果多个使用者连接到同一个队列，那么消息在它们之间要负载均衡。队列可以是以下之一：

  - **持久化**：这意味着如果代理重新启动，队列将自动重新创建。持久的队列并不意味着其内容也被保留。实际上，只有被标记为持久性的消息被保存到磁盘并在重新启动的情况下恢复。

  - **独占**：这意味着队列只绑定到一个特定的订阅者连接。当连接关闭时，队列被破坏。

  - **自动删除**：当最后一个用户断开连接时，将导致队列被删除。

- **交换**：这是发布消息的地方。交换机根据其实现的算法将消息路由到一个或多个队列：

  - **直接交换**：通过匹配整个路由密钥（例如 chat.msg）来路由消息。

  - **主题交换**：它使用与路由密钥匹配的类似 glob 的模式来分发消息（例如，chat。#匹配从聊天开始的所有路由密钥）。

  - **扇出交换**：它向所有连接的队列广播消息，忽略提供的任何路由密钥。

- **绑定**：这是交换和队列之间的链接。它还定义了路由密钥或用于过滤从交换机过来的消息的模式。

这些组件由代理管理，该代理公开一个用于创建和操作它们的 API。当连接到代理时，客户端创建一个通道，连接抽象负责维护与代理的通信状态。

 在 AMQP 中，持久订阅者模式可以通过创建不排斥或自动删除的任何类型的队列实现。

如下图所示我们将这些组件放在了一起：

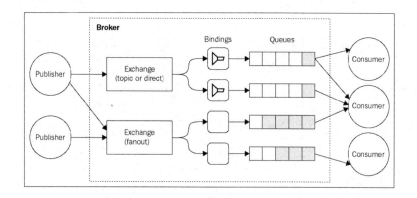

AMQP 模式比我们使用的消息系统（Redis 和 ØMQ）更复杂。然而，它提供了一系列功能和只使用原始的发布/订阅机制很难获得的可靠性。

 你可以在 RabbitMQ 网站上找到 AMQP 模型的详细介绍：`https://www.rabbitmq.com/tutorials/amqp-concepts.html`。

## 持久订阅者与 AMQP 和 RabbitMQ

现在我们来温习一下持久订阅者和 AMQP，并举一个小例子。一个典型的情况是，当我们想保持微服务架构的不同服务同步时，重要的是保证不丢失任何消息。我们已经在上一章中描述了这种集成模式。如果我们想使用代理将所有的服务保留在同一页面上，那么我们不会丢失任何信息，否则我们就可能会处于不一致的状态。

### 设计聊天应用程序的历史服务

现在我们使用微服务的方式扩展我们的小型聊天应用程序。添加一个将聊天消息保持在数据库中的历史服务，以便客户端连接时，我们可以查询服务并检索整个聊天记录。我们将使用 RabbitMQ 代理（`https://www.rabbitmq.com`）和 AMQP 将聊天服务与聊天服务器集成。

下图显示了我们预想的架构：

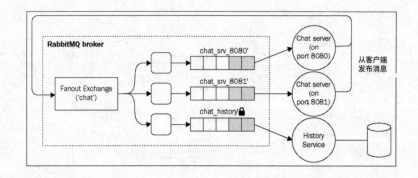

在该架构中，我们使用一个单一的扇出交换，不需要任何特定的路由，因此我们的场景不需要任何比这更复杂的交换。接下来，我们为聊天服务器的每个实例创建一个队列。这些队列是排他的，当聊天服务器脱机时，我们不会收到任何错过的消息，这是我们的历史服务的工作，最终也可以对存储的消息执行更复杂的查询。实际上，这意味着我们的聊天服务器不是持久的订阅者，并且连接关闭后它们的队列将被销毁。

相反，历史服务不能丢失任何信息；否则，就不能达到目的。我们要为其创建的队列必须是持久的，以便在历史服务断开连接时发布的任何消息将保留在队列中，并在重新在线时传递。

使用我们熟悉的 LevelUP 作为历史服务的存储引擎，同时使用 amqplib 软件包（https://npmjs.org/package/amqplib）以 AMQP 协议连接到 RabbitMQ。

 以下示例需要一个工作的 RabbitMQ 服务器，监听其默认端口。有关更多信息，请参阅官方安装指南，网址为：http://www.rabbitmq.com/download.html。

### 使用 AMQP 实现一个可靠的历史服务

现在我们来实现历史服务！我们将创建一个独立的应用程序（典型的微服务器），我们在模块historySvc.js中实现。该模块由两部分组成：向客户端公开聊天记录的 HTTP 服务器和负责捕获聊天消息并将其存储在本地数据库中的 AMQP 消费者。

我们来看下面的代码：

```
const level = require('level');
const timestamp = require('monotonic-timestamp');
const JSONStream = require('JSONStream');
const amqp = require('amqplib');
const db = level('./msgHistory');
require('http').createServer((req, res) => {
  res.writeHead(200);
```

```
    db.createValueStream()
      .pipe(JSONStream.stringify())
      .pipe(res);
}).listen(8090);
let channel, queue;
amqp
  .connect('amqp://localhost') // [1]
  .then(conn => conn.createChannel())
  .then(ch => {
    channel = ch;
    return channel.assertExchange('chat', 'fanout'); // [2]
  })
  .then(() => channel.assertQueue('chat_history')) // [3]
  .then((q) => {
    queue = q.queue;
    return channel.bindQueue(queue, 'chat'); // [4]
  })
  .then(() => {
    return channel.consume(queue, msg => { // [5]
      const content = msg.content.toString();
      console.log(`Saving message: ${content}`);
      db.put(timestamp(), content, err => {
        if (!err) channel.ack(msg);
      });
    });
  })
  .catch(err => console.log(err));
```

可以看到，AMQP 需要一些设置，这是创建和连接模型的所有组件所必需的。还有一点很有意思，amqplib默认支持Promise，所以我们可以充分利用它来简化应用程序的异步步骤。我们来看看它是如何工作的：

1. 首先与AMQP代理建立联系，就是RabbitMQ。然后，创建一个通道，类似于保持通信状态的会话。

2. 接下来,创建了我们的exchange并命名为 chat。正如我们已经提到的,这是一个扇出的交换。assertExchange()命令确保在代理上存在 exchange,否则将创建该交换。

3. 也创建了队列，称为chat_history。默认情况下，队列是持久的。不排他而不是自动删除，所以我们不需要传递任何额外的选项来支持持久订阅者。

4. 接下来，将队列绑定到我们以前创建的 exchange。在这里，我们不需要任何其他特定的选项，例如路由密钥或模式，因为交换机是扇出类型，所以它不执行任何过滤。

5. 最后，可以监听来自我们刚刚创建的队列的消息。保存在 LevelDB 数据库中使用单调时间戳作为密钥(https://npmjs.org/package/monotonic-timestamp)接收的每条消息，按日期对消息进行排序。有趣的是，我们确认每个消息都使用channel.ack (msg)，且只在消息被成功保存到数据库之后确认。如果代理未收到 ACK（确认），则该消息将保留在队列中，以便再次处理。这是 AMQP 的另一个伟大的特点，其使我们服务的可靠性到了一个全新的水平。如果我们不想发送显式确认，则可以将选项 {noack: true} 传递到channel.consume()API。

### 将聊天应用程序与 AMQP 集成

要使用 AMQP 集成聊天服务器，必须使用与我们在历史服务中实现的设置非常相似的设置，所以我们不会在这里完全重复设置。但是，需要知道队列是如何创建的，以及如何将新消息发布到交换机中。新的 app.js 文件的相关内容如下：

```
// ...
  .then(() => {
  return channel.assertQueue(`chat_srv_${httpPort}`, { exclusive: true })
    ;
})
// ...
ws.on('message', msg => {
  console.log(`Message: ${msg}`);
  channel.publish('chat', '', new Buffer(msg));
});
// ...
```

正如前面提到的，我们的聊天服务器不需要是持久订阅者，set和forget范例就足够了。所以当我们创建队列时，传递选项{exclusive: true}，指示队列被限定到当前连接，因此一旦聊天服务器关闭，它将被破坏。

发布新消息也很简单，只需要指定目标exchange (chat) 和路由密钥，我们的例子是empty ('')，因为我们使用扇出交换。

现在可以运行我们改进的聊天架构；为此，我们运行两个聊天服务器和历史服务：

```
node app 8080
node app 8081
```

```
node historySvc
```

现在让我们感兴趣的是,我们的系统特别是历史服务在停机的情况下的行为。如果我们停止历史服务器并使用聊天应用程序的 Web UI 继续发送消息,将看到当历史记录服务器重新启动时,它将立即收到所有错过的消息。这是一个完美的演示持久订阅者模式如何工作的例子!

 使我们高兴的是,即使没有该组件(历史服务),微服务方法也允许我们的系统继续运行。尽管会暂时减少功能(没有聊天记录),但是人们仍然可以实时交换聊天消息。真的很棒!

# 管道和任务分配模式

在第 9 章中,我们学习了如何将成本高昂的任务委派给多个本地进程,但即使这是一个有效的方法,也不能超越单个机器的边界。在本节中,我们将看到如何在分布式架构中使用类似的模式,使用位于网络中任何位置的远程实例。

这个想法是,有一个消息传递模式,允许我们跨多个机器传播任务。这些任务可能是使用分裂和征服技术(*divide and conquer*)拆分的大量工作或更大任务的碎片。

如果我们看下图所示的逻辑架构,我们应该能够看到一个熟悉的模式:

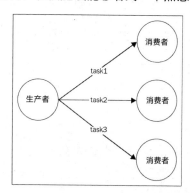

从该图可以看出,发布/订阅模式不适合这种类型的应用程序,因为我们绝对不希望多个 worker 接收到任务。我们需要的是一种类似于负载均衡器的消息分发模式,它将每条消息分派给不同的消费者(在这种情况下也称为 worker)。在消息系统术语中,这种模式被称为竞争消费者、扇出分配或 **ventilator**。

与上一章中我们看到的 HTTP 负载均衡器的一个重要区别是,在这里,消费者有更积极的作用。事实上,正如我们将在后面看到的,大多数时候它不是连接消费者的供应商,而是消费者自己连接到任务制作人或任务队列，以便接收新的作业。这在可扩展系统中是一个很大的优势，因为它允许我们无缝地增加工作实例数量，而无须修改 producer 或采用服务注册表。

此外，在通用消息系统中，我们不一定需要 producer 和 worker 之间的请求/应答通信。相反，大多数时候首选的方法是使用单向异步通信，由此可以获得更好的并行性和可扩展性。在这样的架构中，消息可能总是沿着一个方向行进，创建管道，如下图所示：

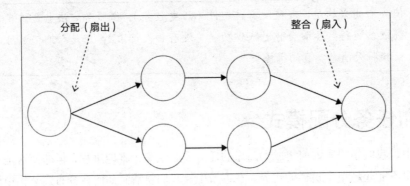

管道允许我们构建非常复杂的处理架构，而不会造成同步请求/应答通信负担，通常这会导致更低的延迟和更高的吞吐量。在上图中，我们可以看到消息能够被如何分布在一组 worker（fanout）中，转发到其他处理单元，然后聚合到单个节点（fanin），通常称为**接收器**。

在本节中，我们通过分析两个最重要的变体来分析这些架构的构建块：对等网络和代理。

 管道与任务分配模式的组合也被称为**并行管道**。

# ØMQ 扇出/扇入模式

我们已经发现了 ØMQ 的一些功能可以用来构建对等分布式架构。在上一节中，我们使用 PUB 和 SUB 套接字向多个消费者传播单个消息。下面我们将研究如何使用另一对称为 PUSH 和 PULL 的套接字构建并行管道。

## PUSH/PULL 套接字

我们可以从直观上认为 PUSH 套接字用于发送消息，而 PULL 套接字用于接收。这似乎是一个微不足道的组合，然而，它们有一些很好的特点，使得能完美地建立单向通信系统：

- 两者都可以在连接模式或绑定模式下工作。换句话说，我们可以构建一个 PUSH 套接字并将其绑定到本地端口，监听来自 PULL 套接字的传入连接，反之亦然，PULL 套接字可能会监听来自 PUSH 套接字的连接。消息总是沿着相同的方向行进，从 PUSH 到 PULL，只是连接的启动器可以不同。绑定模式是持久节点（例如任务生成器和接收器）的最佳解决方案，而连接模式对于瞬态节点（例如任务 worker）是完美的。这允许瞬态节点的数量任意变化，而不影响更持久的节点。

- 如果有多个 PULL 套接字连接到单个 PUSH 套接字，则消息均匀分布在所有 PULL 套接字上，实际上它们是负载均衡的（对等负载均衡）。另一方面，从多个 PUSH 套接字接收消息的 PULL 套接字将使用公平的排队系统处理消息，这意味着它们从所有源均匀地消耗：轮询应用于入站消息。

- 通过 PUSH 套接字发送的消息，没有任何连接的 PULL 套接字不会丢失，它们反而在生产者上排队等待，直到节点上线并开始拉出消息。

下面我们讨论 ØMQ 与传统 Web 服务的不同之处，以及为什么它是构建任何类型的邮件系统的完美工具。

## 使用 ØMQ 构建分布式哈希和破解程序

构建一个示例应用程序来研究我们刚才描述的 PUSH/PULL 套接字的特性。

哈希和破解程序是一个简单而迷人的应用程序，是一个使用强力技术来尝试将给定的哈希和（MD5、SHA1 等）与给定字母表的每个可能变化的字符匹配的系统。这是一个易并行（embarrassingly parallel）负载（http://en.wikipedia.org/wiki/Embarrassingly_parallel），它非常适合构建一个演示并行管道功能的示例。

对于我们的应用程序，我们希望实现一个典型的并行管道，其中一个节点可以在多个 worker 之间创建和分配任务，外加一个节点来收集所有的结果。刚才描述的系统可以在 ØMQ 中使用以下体系结构实现:

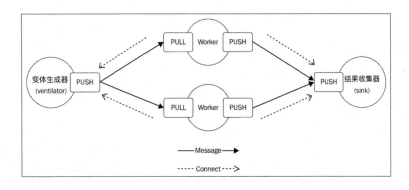

在我们的架构中，有一个 ventilator 用于产生给定字母表中所有可能的字符变体，并将它们分配给一组 worker，这些 worker 反过来计算每个给定变体的散列值，并尝试将其与作为输入给出的校验和相匹配。如果找到匹配项，结果将被发送到结果收集器节点（sink）。

我们架构的持久节点是 ventilator 和 sink，而瞬态节点是 worker。这意味着每个 worker 将其 PULL 套接字连接到 ventilator 及将 PUSH 套接字连接到接收器。这样，我们可以启动和停止想要的 worker，而不用改变 ventilator 或 sink 中的任何参数。

### 实现 ventilator

现在，我们开始实现系统，为 ventilator 创建一个新的模块，写在ventilator.js中：

```
const zmq = require('zmq');
const variationsStream = require('variations-stream');
const alphabet = 'abcdefghijklmnopqrstuvwxyz';
const batchSize = 10000;
const maxLength = process.argv[2];
const searchHash = process.argv[3];
const ventilator = zmq.socket('push');
ventilator.bindSync("tcp://*:5000");
let batch = [];
variationsStream(alphabet, maxLength)
  .on('data', combination => {
    batch.push(combination);
    if (batch.length === batchSize) {
      // [1]
      // [2]
      const msg = { searchHash: searchHash, variations: batch };
      ventilator.send(JSON.stringify(msg));
      batch = [];
    }
  })
  .on('end', () => {
    //send remaining combinations
    const msg = { searchHash: searchHash, variations: batch };
    ventilator.send(JSON.stringify(msg));
  });
```

为了避免产生太多变化，我们的生成器只使用英文小写字母，并对生成的字词的大小设置一个限制。这个限制在输入中作为命令行参数（maxLength）和要匹配的校验和（searchHash）一起提供。使用一个vary-stream库（https://npmjs.org/package/variations-stream）来使用流媒体接口生成所有的变体。

而我们最感兴趣的是如何将工作分配给 worker：

1. 首先创建一个 PUSH 套接字，并将其绑定到本地端口 5000，这是 worker 的 PULL 套接字将被连接来接收任务的地方。

2. 我们将生成的变量分组为 10000 个项目，然后制作一个包含要匹配的哈希值和批量单词的消息。这本质上就是 worker 接收的任务对象。当我们通过 ventilator 套接字调用send()时，消息将被传递给下一个可用的 worker，并循环分发。

**实现 worker**

下面实现 worker（worker.js）：

```
const zmq = require('zmq');
const crypto = require('crypto');
const fromVentilator = zmq.socket('pull');
const toSink = zmq.socket('push');
fromVentilator.connect('tcp://localhost:5016');
toSink.connect('tcp://localhost:5017');
fromVentilator.on('message', buffer => {
  const msg = JSON.parse(buffer);
  const variations = msg.variations;
  variations.forEach(word => {
    console.log(`Processing: ${word}`);
    const shasum = crypto.createHash('sha1');
    shasum.update(word);
    const digest = shasum.digest('hex');
    if (digest === msg.searchHash) {
      console.log(`Found! => ${word}`);
      toSink.send(`Found! ${digest} => ${word}`);
    }
  });
});
```

如上所述，worker 代表了架构中的一个临时节点，因此，它的套接字应该连接到远程节点，而不是监听传入的连接。我们在 worker 中创建了两个套接字：

- 连接到 ventilator 的 PULL 套接字，用于接收任务。
- 一个连接到 sink 的 PUSH 套接字，用于传播结果。

### 实现 sink

对于我们的示例，sink 是一个非常基本的结果收集器，它只需将 worker 收到的消息输出到控制台。文件sink.js的内容如下所示：

```
const zmq = require('zmq');
const sink = zmq.socket('pull');
sink.bindSync("tcp://*:5017");
sink.on('message', buffer => {
  console.log('Message from worker: ', buffer.toString());
});
```

有趣的是，sink（作为 ventilator）也是我们架构的持久节点，因此我们绑定其 PULL 套接字，而不是显式地将其连接到 worker 的 PUSH 插座。

### 运行程序

现在准备运行程序了，运行几个 worker 和 sink：

```
node worker
node worker
node sink
```

启动 ventilator，指定要生成的单词的最大长度及要匹配的 SHA1 校验和。以下是参数的示例列表：

```
node ventilator 4 f8e966d1e207d02c44511a58dccff2f5429e9a3b
```

当上面的命令运行时，ventilator 将开始生成长度最多为四个字符的所有可能的单词。将它们分发给我们启动的一组 worker 及我们提供的校验和。计算结果（如果有的话）将显示在 sink 应用程序的终端中。

## 使用 AMQP 实现管道和竞争消费者模式

在上一节中，我们学习了如何在对等网络上下文中实现并行管道。下面，我们将其实际应用于一个完全成熟的消息代理（如 RabbitMQ）中来进一步探索此模式。

人都会从队列中拉出一个不同的消息。结果是多个任务将在不同的 worker 上并行执行。

r 生成的任何结果都会发布到另一个队列中，我们称之为结果队列，然后由结果收集器
这实际上相当于一个 sink，或者是扇入分配。在整个架构中，我们不利用任何交换，
只将消息直接发送到其目的地队列，实现点对点通信。

## 变量生成器

来看看如何实现这样一个系统，从 producer（变量生成器）开始。其代码与上一节中
列代码相同，除了与消息交换相关的部分外。producer.js 文件将如下所示：

```
t amqp = require('amqplib');

connection, channel;

onnect('amqp://localhost')
hen(conn => {
connection = conn;
return conn.createChannel();

hen(ch => {
channel = ch;
produce();

catch(err => console.log(err));
tion produce() {
/...
ariationsStream(alphabet, maxLength)
.on('data', combination => {
  //...
  const msg = { searchHash: searchHash, variations: batch }; channel.
      sendToQueue('jobs_queue',
    new Buffer(JSON.stringify(msg)));
  //...
})
/...
```

以看到，没有任何交换或约束，因此 AMQP 通信的设置变得更简单了。在上面的代码中，

## 点对点通信和竞争消费者

在对等配置中，管道是一个非常简单的概念。在中间有一个消息代理
的关系有点难以理解。代理本身就是通信的中介，而且我们通常也不
例如，当我们使用 AMQP 发送消息时，我们不会将其直接发送到目的
交换机，然后再发送到队列。最后，代理将根据交换机中定义的规则
定将消息路由到哪里。

如果我们使用像 AMQP 这样的系统来实现管道和任务分配模式，必须
个消费者接收，但不可能保证一个交换机能够被绑定到多个队列。那么
息直接发送到目的队列，绕过交换机，这样，可以确保只有一个队列收
式称为**点到点**模式。

一旦我们能够将一组消息直接发送到一个队列，我们已经实现任务分发
上，下一步是自然而然的：当多个消费者在同一个队列中进行监听时
地分布在其间，实现扇出分发。在消息代理的上下文中，这被称为**竞
consumers**）模式。

## 使用 AMQP 实现哈希和破解程序

我们知道，交换是一个消息被多播到一组消费者的代理的要点，而队列
地方。思考这些知识，现在我们在 AMQP 代理（例如 RabbitMQ）上实
破解程序。下图概述了我们想要实现的系统：

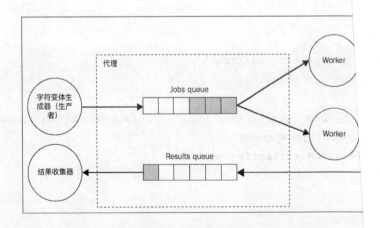

正如我们讨论的，为了在多个 worker 之间分配一组任务，需要使用一个队
们称之为作业队列。在作业队列的另一边，有一组 worker，它们是竞争消

我们甚至不需要一个队列，因为我们只对发布一个消息感兴趣。

最重要的部分是channel.sendToQueue()API，这对我们来说实际上是一个新的API。顾名思义，该API负责在我们的示例中传递一个消息并直接将其发送到队列，即作业队列，不经过任何交换机或路由。

### 实现 worker

在作业队列的另一边，我们让 worker 监听进来的任务。我们在worker.js的文件中实现worker，如下所示：

```
const amqp = require('amqplib');
//...
let channel, queue;
amqp
  .connect('amqp://localhost')
  .then(conn => conn.createChannel())
  .then(ch => {
    channel = ch;
    return channel.assertQueue('jobs_queue');
  })
  .then(q => {
    queue = q.queue;
    consume();
  }) //...
function consume() {
  channel.consume(queue, msg => {
    //...
    variations.forEach(word => {
      //...
      if (digest === data.searchHash) {
        console.log(`Found! => ${word}`);
        channel.sendToQueue('results_queue',
          new Buffer(`Found! ${digest} => ${word}`));
      }
      //...
    });
    channel.ack(msg);
  });
```

```
};
```

新的 worker 也非常类似于上一节中使用 ØMQ 实现的 worker，除了与消息交换相关的部分外。在上面的代码中，你可以看到，如何首先确保jobs_queue存在，然后使用channel. consume()监听传入的任务。而且，每次发现匹配时，通过结果队列将结果发送给收集器，再次使用点对点通信。

如果启动多个 worker，它们将在同一个队列上监听，从而使消息在它们之间均衡分配。

## 实现结果收集器

结果收集器也是一个简单的模块，它只需将任何收到的消息输出到控制台。结果收集器在collector.js文件中实现，如下所示：

```
//...
  .then(ch => {
    channel = ch;
    return channel.assertQueue('results_queue');
  })
  .then(q => {
    queue = q.queue;
    channel.consume(queue, msg => {
      console.log('Message from worker: ', msg.content.toString());
    });
  })
//...
```

## 运行程序

现在一切都准备好了，下面来使用我们的新系统。可以通过运行几个 worker 开始，这两个 worker 将连接到同一个队列（作业队列），以便消息在它们之间均衡分配：

```
node worker
node worker
```

然后，运行收集器模块和生成器（通过提供最大的字长和散列来破解）：

```
node collector
node producer 4 f8e966d1e207d02c44511a58dccff2f5429e9a3b
```

Node.js 设计模式（第 2 版）

就这样，我们实现了一个消息管道和竞争消费者模式，只使用了 AMQP。

# 请求/应答模式

处理消息系统通常意味着单向异步通信。发布/订阅是一个很好的例子。

单向通信可以在并行性和效率方面给予我们很大的优势，但是它们无法解决所有的集成和通信问题。有时，一个很好的旧请求/应答模式可能只是这个工作的完美工具。因此，在所有这些异步单向通道都由我们拥有的情况下，重要的是要知道如何构建一个抽象，使我们能够以请求/应答方式交换消息。这正是我们接下来要学习的内容。

## 关联标识符

我们要学习的第一个请求/应答模式称为**关联标识符（correlation identifier）**，它是在单向通道之上构建请求/应答抽象的基石。

该模式包括用标识符标记每个请求，然后将其附加到接收者的响应，这样，请求的发送者可以将两个消息相关联，并将响应返回给正确的处理程序。这优雅地解决了单向异步通道的问题，消息可以随时在任何方向上行进。我们来看下图中的例子：

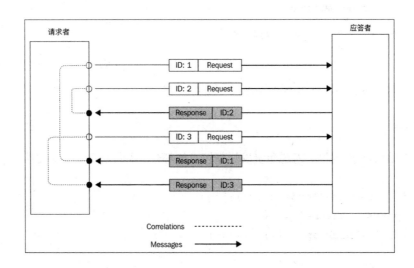

该图说明了如何使用关联标识符来将每个响应与正确的请求相匹配，即使这些请求以不同的顺序被发送，然后被接收。

---

## 使用关联标识符实现请求/应答抽象

我们选择最简单类型的单向通道，即点对点（直接连接系统的两个节点）和全双工（消息可以在两个方向上传输）。

简单类型的通道，可以选择 WebSockets，其在服务器和浏览器之间建立点对点的连接，并且其中的消息可以在任何方向上行进。另一个例子是使用child_process.fork()生成子进程时创建的通信通道。我们在第 9 章中看到过这个 API。此通道也是异步的，它仅将父进程连接到子进程，并允许消息在任何方向上移动。它可能是这个类别的最基本的通道，所以我们将在下一个例子中使用它。

对于下一个应用程序，我们计划构建一个抽象，以包装在父进程和子进程之间创建的通道。这种抽象应该通过关联标识符自动标记每个请求，然后将任何进入的应答的 ID 与等待响应的请求处理程序的列表进行匹配来提供请求/应答通信。

在第 9 章中我们介绍过，父进程可以使用两个基元访问子进程的通道：

- child.send(message)
- child.on('message',callback)

以类似的方式，子进程可以使用以下方式访问父进程的通道：

- process.send(message)
- process.on('message',callback)

这意味着父进程中可用的通道的接口与子进程中可用的通道的接口相同。由此我们可以构建一个通用的抽象，以便从通道的两端发送请求。

### 抽象 request

下面我们开始构建这个抽象,考虑负责发送新请求的部分。我们创建一个新文件request.js:

```
const uuid = require('node-uuid');
module.exports = channel => {
  const idToCallbackMap = {};  // [1]

  channel.on('message', message => { // [2]
    const handler = idToCallbackMap[message.inReplyTo];
    if (handler) {
      handler(message.data);
```

```
    }
  });
  return function sendRequest(req, callback) { // [3]
    const correlationId = uuid.v4();
    idToCallbackMap[correlationId] = callback;
    channel.send({
      type: 'request',
      data: req,
      id: correlationId
    });
  };
};
```

该 request 抽象的工作原理如下:

1. 下面是一个围绕请求函数创建的闭包。该模式的魔力在于idToCallbackMap变量,它存储传出请求与应答处理程序之间的关联。

2. 一旦调用工厂,首先要监听传入的消息。如果消息的相关 ID(包含在inReplyTo属性中)与idToCallbackMap变量中包含的任何 ID 匹配,则我们知道刚收到应答,所以我们获得了对相关响应处理程序的引用,并且使用消息中包含的数据调用它。

3. 最后,返回发送新请求的函数。它的任务是使用node-uuid包(https://npmjs.org/package/node-uuid)生成相关 ID,然后将请求数据包装在一个消息体中,允许我们指定相关 ID 和消息的类型。

这就是请求模块。

**抽象 reply**

我们现在距离完整模式只差一步,所以我们来看看request.js模块的对应方法是如何工作的。我们创建另一个名为reply.js的文件,它将包含包装应答处理程序的抽象:

```
module.exports = channel => {
  return function registerHandler(handler) {
    channel.on('message', message => {
      if (message.type !== 'request') return;
      handler(message.data, reply => {
        channel.send({
          type: 'response',
          data: reply,
```

```
      inReplyTo: message.id
    });
  });
};
};
```

我们的reply模块仍然是一个工厂，返回一个函数来注册新的应答处理程序。以下是注册新处理程序时会发生的事情：

1. 我们监听传入的请求，当收到一个请求时，立即通过传递消息的数据和回调函数来收集处理程序的应答并立即调用处理程序。

2. 一旦处理程序完成工作，它将调用我们提供的回调，返回应答。然后，我们通过附加请求的相关ID（inReplyTo属性）构建一个消息体，然后将所有内容都放回到管道中。

这个模式令人惊奇的地方在于，在 Node.js 中它非常容易实现。现在所有的东西都是异步的了，所以在单向通道之上构建的异步请求/应答通信模式与任何其他异步操作并没有太大的不同，特别是当我们通过抽象来隐藏其实现细节时。

**尝试一个完整的请求/应答周期**

现在我们尝试使用新的异步请求/应答抽象。在一个名为 replier.js 的文件中创建一个示例 replier 程序：

```
const reply = require('./reply')(process);
reply((req, cb) => {
  setTimeout(() => {
    cb({ sum: req.a + req.b });
  }, req.delay);
});
```

我们的 replier 程序只是计算收到的两个数字的和，并在一定的延迟之后（这也在请求中指定）返回结果。由此我们可以验证应答的顺序有可能与发送请求的顺序不同，以确认我们的模式是否正常工作。

完成示例的最后一步是在一个名为requestor.js的文件中创建 requestor，该文件还具有使用child_process.fork()启动 replier 的任务：

```
const replier = require('child_process')
```

```
  .fork(`${__dirname}/replier.js`;
const request = require('./request')(replier);
request({ a: 1, b: 2, delay: 500 }, res => {
  console.log('1 + 2 = ', res.sum);
  replier.disconnect();
});
request({ a: 6, b: 1, delay: 100 }, res => {
  console.log('6 + 1 = ', res.sum);
});
```

请求者启动 replier 程序，然后将其引用传递给请求抽象。下面，我们运行几个示例请求，来验证它们与收到的响应的相关性是否正确。

要运行示例，只需启动 requestor.js 模块。输出应该如下所示：

```
6+1= 7
1+2= 3
```

这证实了我们的模式完美运行，并且应答与它们自己的请求正确相关，无论它们被发送或接收的顺序如何。

# 返回地址

关联标识符是在单向信道之上创建请求/应答通信的基本模式，然而，当我们的消息架构有多个通道或队列，或者有多个请求者时，这是不够的。在这些情况下，除了相关 ID 之外，我们还需要知道返回地址，即允许应答者将响应发送回请求的原始发件人。

## 在 AMQP 中实现返回地址模式

在 AMQP 中，返回地址是请求方监听的传入应答的队列。由于响应仅由一个请求者接收，所以重要的是队列是私有的，而不是在不同的消费者之间共享。从这些特性，可以推断，我们需要一个临时队列，用于请求者的连接，并且应答者必须与返回队列建立点对点通信，以便能够传递其响应。

下图给出了一个这种情况的例子：

---

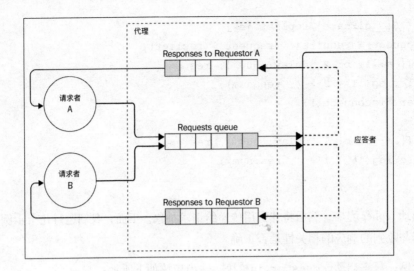

要在 AMQP 上创建请求/应答模式，需要在消息属性中指定响应队列的名称，这样，应答者知道响应消息会被传送到哪里。理论似乎很简单，所以我们来看看如何在一个真正的应用程序中实现它。

## 实现请求抽象

我们现在在 AMQP 上构建一个请求/应答抽象。使用 RabbitMQ 作为代理，但任何兼容的 AMQP 代理都可以做这个工作。我们从请求抽象开始（在 amqpRequest.js 模块中实现）。这里仅显示相关部分。

要思考的第一件事情是如何创建队列来保存响应。代码如下所示：

```
channel.assertQueue('', {exclusive: true});
```

创建队列时，我们不指定任何名称，这意味着会有一个随机的名称。除此之外，队列是排他的，这意味着它被绑定到活动的 AMQP 连接，并且当连接关闭时它将被销毁。不需要将队列绑定到交换机，因为我们不需要路由或分配多个队列，这意味着消息必须直接传递到响应队列中。

接下来，我们看看如何生成一个新的请求：

```
classAMQPRequest {
  //...
  request(queue, message, callback) {
    const id = uuid.v4();
    this.idToCallbackMap[id] = callback;
```

Node.js 设计模式（第 2 版）

```
    this.channel.sendToQueue(queue, new Buffer(JSON.stringify(message)),
      { correlationId: id, replyTo: this.replyQueue }
    );
  }
}
```

request()方法接受请求队列的名称和要发送的消息作为输入。正如我们在上一节中学到的，我们需要生成一个关联 ID 并将其与回调函数相关联。最后，我们发送消息，指定correlationId和replyTo属性作为元数据。

有趣的是，发送消息时我们使用channel.sentToQueue()API 而不是channel.publish()，这是因为我们对使用交换机实现发布/订阅模式不感兴趣，而是直接使用目标队列的更基本的点到点传递方式。

 在 AMQP 中，可以指定要传递给消费者的一组属性（或元数据）以及主消息。

amqpRequest 原型的最后一个重要部分是收听传入响应的代码：

```
_listenForResponses() {
  return this.channel.consume(this.replyQueue, msg => {
    const correlationId = msg.properties.correlationId;
    const handler = this.idToCallbackMap[correlationId];
    if (handler) {
      handler(JSON.parse(msg.content.toString()));
    }
  }, { noAck: true });
}
```

在该代码中，收听我们为接收响应显式创建的队列上的消息，然后对于每个传入的消息我们读取相关 ID，并且我们将其与等待应答的处理程序列表进行匹配。一旦我们有了处理程序，我们只需要通过传递应答消息来调用它。

## 实现应答抽象

下面我们在一个名为amqpReply.js的新模块中实现应答抽象。

在这里，我们必须创建接收一个传入请求的队列，为此，我们可以使用一个简单的持久队列。这里不显示这部分代码，因为它也是 AMQP 之类的东西。我们感兴趣的是如何处理请求，然后将其发送回正确的队列：

```
class AMQPReply {
  //...
  handleRequest(handler) {
    return this.channel.consume(this.queue, msg => {
      const content = JSON.parse(msg.content.toString());
      handler(content, reply => {
        this.channel.sendToQueue(
          msg.properties.replyTo,
          new Buffer(JSON.stringify(reply)),
          { correlationId: msg.properties.correlationId }
        );
        this.channel.ack(msg);
      });
    });
  }
}
```

发回应答时，使用channel.sendToQueue()将消息直接发布到消息的replyTo属性（返回地址）指定的队列中。amqpReply对象的另一个重要任务是在应答中设置correlationId，以便接收者可以将消息与待处理请求列表进行匹配。

## 实现请求者和应答者

一切事情都准备好了，我们可以试着运行下我们的系统，但首先，我们需要构建一个示例请求者和应答者，来看看如何使用新抽象。

我们从模块 replier.js 开始：

```
const Reply = require('./amqpReply');
const reply = Reply('requests_queue');
reply.initialize().then(() => {
  reply.handleRequest((req, cb) => {
    console.log('Request received', req);
    cb({ sum: req.a + req.b });
  });
});
```

很高兴看到我们构建的抽象方法能够隐藏处理关联 ID 和返回地址的所有机制。我们需要做的就是初始化一个新的应答对象，指定要接收请求的队列名称（'requests_queue'）。其余的代码是微不足道的。我们的示例代码只需要计算接收到的两个数字的总和作为输入，并使用回调返回结果。

另一方面，我们有一个在 requestor.js 文件中实现的示例请求者：

```
const req = require('./amqpRequest')();
req.initialize().then(() => {
  for (let i = 100; i > 0; i--) {
    sendRandomRequest();
  }
});
function sendRandomRequest() {
  const a = Math.round(Math.random() * 100);
  const b = Math.round(Math.random() * 100);
  req.request('requests_queue', { a: a, b: b },
    res => {
      console.log(`${a} + ${b} = ${res.sum}`);
    });
}
```

我们的示例请求者向请求队列发送 100 个随机请求。在这种情况下，令人兴奋的是，我们的抽象完美地完成了工作，隐藏了异步请求/应答模式的所有细节。

现在，测试下我们的系统，只需运行 replier 模块，然后是 requestar 模块：

**node replier**

**node requestor**

我们将看到由请求者发布的一组操作，然后由应答者接收，而这些操作反过来将返回应答。

现在可以测试其他的功能。replier 第一次启动时，它将创建一个持久的队列，这意味着，如果我们现在停止它，然后再次运行 requestor，不会丢失任何请求。所有消息都被存储在队列中，直到 replier 再次启动！

我们使用 AMQP 可以免费获得另一个很好的功能，即 replier 开箱即用。我们来对此进行测试。可以尝试启动两个或更多的 replier 实例，并观察它们之间的负载均衡。这样做是因为每次 requestor 启动时，它将自己作为监听器连接到同一个持久队列，结果，代理将负责平衡队列中所有消费者（竞争消费者模式）的消息。

ØMQ 有一对专用于实现请求/应答模式（REQ/REP）的套接字。然而，它们是同步的（一次只有一个请求/响应对）。也存在更复杂的技术，更复杂的请求/应答模式。有关更多信息，请参阅http://zguide.zeromq.org/page:all#advanced-request-reply上的官方指南。

# 总结

本章我们学习了最重要的消息传递和集成模式及其在分布式系统设计中的应用。了解了消息交换模式的三种主要类型：发布/订阅、管道和请求/应答。通过本章的学习我们知道了如何使用点对点结构或消息代理实现它们。同时分析了它们的利弊。我们知道，使用 AMQP 和一个成熟的消息代理，可以实现可靠和可扩展的应用程序，而不需要做很多的开发工作，但是需要耗费更多的系统来维护和扩展。此外，我们还学习了如何使用 ØMQ 构建分布式系统，在系统中我们可以完全控制架构的各个方面，并根据自己的需求对其特性进行微调。

本章是本书的最后一章。到目前为止，我们应该有了一个可以在我们的项目中应用的模式和技术的工具链。我们也应该对 Node.js 的开发及优缺点有了更深入的了解。在本书中，我们还有机会使用许多非凡的开发人员开发的软件包和解决方案。最后，这是 Node.js 最迷人的地方：Node.js 社区的每个爱好者都回馈给大家一些东西。

希望你们喜欢我们的这些成果!